全国一级建造师执业资格考试红宝书

建筑工程管理与实务

历年真题解析及预测

2024 版

主　编　左红军
副主编　闫力齐
主　审　李佳升　王树京

机械工业出版社

本书亮点——以一级建造师考试大纲为依据，以现行法律法规、标准规范为根基，在突出实操题型和案例题型的同时，兼顾40分客观试题。

本书特色——以章节为纲领，以考点为程序，通过一级建造师、二级建造师、监理工程师、造价工程师经典考试真题与考点的呼应，使考生能够极为便利地抓住应试要点，并通过经典题目将考点激活，从而解决了死记硬背的问题，真正做到60分靠理解，30分靠实操，只有6分靠记忆。

主要内容——通用管理：各个专业实务考试的通用内容，招投标管理是起点，合同管理是全局，造价管理是重心，进度管理是难点。专业管理：质量管理重在实体项目，安全管理重在措施项目，现场管理重在文明施工。专业技术：施工的源头是材料，施工的前提是设计，施工的依据是规范。

本书适用于2024年参加全国一级建造师执业资格考试的考生，同时可作为二级建造师、监理工程师考试的重要参考资料。

图书在版编目（CIP）数据

建筑工程管理与实务：历年真题解析及预测：2024版/左红军主编．—4版．—北京：机械工业出版社，2024.1

（全国一级建造师执业资格考试红宝书）

ISBN 978-7-111-75075-8

Ⅰ.①建⋯　Ⅱ.①左⋯　Ⅲ.①建筑工程-工程管理-资格考试-习题集　Ⅳ.①TU71-44

中国国家版本馆CIP数据核字（2024）第016252号

机械工业出版社（北京市百万庄大街22号　邮政编码100037）
策划编辑：王春雨　　　　　责任编辑：王春雨　李含杨
责任校对：王乐廷　王　延　　封面设计：马精明
责任印制：任维东
北京中兴印刷有限公司印刷
2024年2月第4版第1次印刷
184mm×260mm·19.75印张·488千字
标准书号：ISBN 978-7-111-75075-8
定价：69.00元

电话服务　　　　　　　　　网络服务
客服电话：010-88361066　　机　工　官　网：www.cmpbook.com
　　　　　010-88379833　　机　工　官　博：weibo.com/cmp1952
　　　　　010-68326294　　金　书　网：www.golden-book.com
封底无防伪标均为盗版　机工教育服务网：www.cmpedu.com

本书编审人员

主　　编　左红军
副 主 编　闫力齐
主　　审　李佳升　王树京
编写人员　左红军　闫力齐　林炳坚　谭兆江　黄成建　薛小荣
　　　　　　刘光美　查相林　黄海浪　潘传登　赵肖峰　吴蔚惠
　　　　　　张建华　王　敬　纪永会　李芬香　程　洋　郝云飞
　　　　　　娄　卫　李泽冰　谢钊茂　马延伟　王文艳　肖明辉
　　　　　　屈亨泽　李丹竹　章媛媛　宋　姗　李伟明　蒋　旭
　　　　　　李　爽　李　玥　谢本飞　侯玉飞　刘彦博　张　魏
　　　　　　苗露珠　韩燕龙　赵梦园

前 言
——96 分须知

历年真题是建筑实务考试科目命题的风向标，也是考生顺利通过 96 分"生命线"的依靠，在搭建框架、锁定题型、填充细节三部曲之后，把历年真题精练 3 遍，96 分就会指日可待。所以，历年真题解析是考生应试的必备资料。

本书严格按照现行的法律、法规、部门规章和标准规范的要求，对历年真题进行了体系性的解析，从根源上解决了"会干不会考，考场得分少"的应试通病。

一、客观试题

1. 单项选择题（20 分）

（1）规则：每题备选项中，只有一项最符合题意。

（2）要求：在考场上，题干读 3 遍，细想 3 秒钟，看全备选项。

（3）例外：没有复习到的考点，先放行，案例部分可能对其有提示。

2. 多项选择题（20 分）

（1）程序规则：①至少有两个备选项是正确的→②至少有一个备选项是错误的→③错选，不得分→④少选，每个正确选项得 0.5 分。

（2）依据①：如果用排除法已经确定三个备选项不符合题意，剩下的两个备选项怎么办？全选！

（3）依据②：如果用排除法确定备选项，发现每个备选项均不能排除，说明该考点没有完全掌握到位，怎么办？在考场上你必须按照程序规则②执行！

（4）依据③：如果已经选定了两个正确的，第 3 个不能确定，或已经选定了 3 个正确的，第 4 个不能确定，怎么办？在考场上你必须按照程序规则③执行！

（5）依据④：如果该考点是根本就没有复习到的专业技术知识，怎么办？在考场上你必须按照程序规则④执行！

上述一系列的怎么办，请考生参照历年真题解析中的应试技巧，不同章节有不同的选定方法，但总的原则是"胆大心细规则定，无法排除 AE 并，两个确定不选三，完全不知 C 上挺"。该原则也适用于公共课的多项选择题。

二、主观试题

1. 分值分布

满分 120 分：前三个题，每题 20 分；后两个题，每题 30 分。

2. 前提背景

每个案例分析中的第一段称为前提背景，一建建筑实务早些年的题目，除了招标投标和危险性较大的分部分项工程外，前提背景不设问，与核心背景也没有关系，但近三年有部分题目的前提背景开始作为隐项条件在答案中必须考虑。

3. 核心背景

（1）除2017年和2016年外，以前年度案例分析题的核心背景一般均以"事件"形式出现，其后的设问也是针对每个事件提出问题；2014年以前，每年案例分析中共设置24个事件，从2015年开始事件增加到32个，题量突增导致多数考生答不完题，这也是控制通过率的一项重要措施；每个案例题中，事件与事件之间以不关联为原则，以关联为例外。

（2）事件与事件之间以不关联为原则的含义：第一问针对事件一，第二问针对事件二，事件一是招标投标的问题，事件二是施工方案的问题，相互没有任何关系。一建建筑实务是以不关联为原则的，而一建市政实务则是以关联为原则。

（3）以关联为例外的含义：在回答事件二的设问时，应当考虑前提背景和事件一对事件二的影响。网络索赔、流水施工、清单计价三大管理体系的事件可能相互关联，基础工程、主体结构、防水工程三大技术体系的事件也可能相互关联。

（4）2017年和2016年全部案例分析题的核心背景是一段、一段、又一段，这一变化给考生带来了极度的混乱。实际上，一建市政实务一直都是采用这种核心背景的形式。

4. 收尾背景

案例分析题可以有收尾背景，也可以罗列几个事件或几个段落后，戛然而止。如果设有收尾背景，则是工程验收要素、工程资料管理、工程档案管理、竣工备案管理或诚信行为管理五个方面中的一个方面。

三、基本题型

根据问题的设问方法和答题模板，把案例分析题型划分为六大类：找错简答三主打，计算画图填辅助。

1. 开口找错题

找错题分为两类，首先是开口找错题，即指出不妥之处（或错误之处、违规之处、不足之处、存在的问题及类似语句），说明理由并写出正确做法。

（1）1分论：问题中只是"指出不妥之处"，没有让你说明理由并写出正确做法，你只需要找出不妥之处，无须说明理由，也无须写出正确做法，这就是有问必答、没问不答的应试准则。

（2）2分论：问题设问的是"指出不妥之处，并说明理由"，你就要按历年真题中的答题模板严格训练，但无须写出正确做法。

（3）3分论：问题设问的是"指出不妥之处，说明理由并写出正确做法"，你就必须按历年真题中3分题的答题模板严格训练。

（4）事件：84个考点中的64个考点均能以找错题的形式出现在案例中，可以是文字找错，也可以是表格找错，或是图形找错。

（5）原则：究竟需要找几个错？有的题是很明确的，但多数题可以拆分或合并，这就涉及答题中的模板问题；再就是本来对的做法，只是语言不够规范，如果按"错误"的答题模板作答了，标准答案中没有这个答案，原则是不扣分的，但不能因此得出多多益善的结论。一是考虑答题时间不允许，二是找错的个数超过标准答案太多不合适，当然也不能少找，否则，会丢分。找多少个合适的问题，考生可反复研读历年真题解析，务必掌握分值分配原则。

2. 闭口找错题

找错题的另一类是闭口找错题，即是否妥当（或是否正确、是否违规、是否齐全及类似语句），说明理由（或不妥当的，说明理由）。闭口找错题与开口找错题的答题模板基本相同，其差异在于开口找错题具有一定的柔性，而闭口找错题则是刚性答案。

（1）"是否妥当？说明理由"。这类设问的答题模板：妥当与不妥当均须说明理由，考生在答题时，不妥当的，说明理由较为简单，而妥当的，说明理由则无从下手，这就需要按题型对历年真题进行百问训练。对一建建筑实务考生而言，这类题目是主打题目，是力求多拿分的题目，必须达到无意识作答的程度。

（2）"是否妥当？不妥当的，说明理由"。如果是这种问法，妥当的，就无须再回答理由了。考生对历年真题训练时，应精准掌握闭口找错题两种设问的差异。

（3）考生在考场认定不了某种行为或做法是否妥当时，说明平时对该考点没有精准掌握，或是该考点"超纲"，或是该考点语言不规范。如何处理？没有万全之策，需要考生结合事件中的上下文背景和已经找出的妥当与不妥当的个数，在考场综合判定。特别需要注意的是"惯性思维分数低"，命题人一定会揣摩考生的惯性思维。

（4）无论是开口题还是闭口题，都必须进行7天的专题训练，这是一建建筑实务考试的主打题型，要通过对历年真题的反复研读，形成建筑专业的第一个定式。

（5）找错题针对的对象是事件中某方主体的行为、做法、观点，或专业技术中的流程、构造，或通用管理中的依据、内容、程序等。

3. 简答题

简答题是一建建筑实务考试的主打题型，其范围包括84个考点中的69个考点，每个考点中又有几个可能作为简答题的命题点，考虑公共课的可能性，合计约320个。全部掌握，这是绝大多数考生无能为力的，所以迫切需要在整个学习过程中，通过历年真题的演练、演变和延伸，掌握30个左右的简答题，更重要的是根据历年真题的答案和上下文背景，固定简答题的思维方式。

（1）纯粹简答题：一建考试的早些年，每年均有3个纯粹简答题，如钢筋隐蔽工程验收的内容、质量验收不合格的处理等，教材中写了几条，你就必须回答出几条，因为写1条得1分。很多考生最害怕这类题，实际上通过历年真题的演练，这类题有着极强的规律性。

（2）补齐简答题：在考场上，绝大多数考生对这类题型无从下手，教材某个章节中写了10条，试卷上给了7条，让你补齐剩下的3条。这种题从2010年至今每年均设3问左右，仔细分析历年真题，就会发现回答这类问题的技巧。

（3）补不齐的简答题：教材中超过10条以上的命题点，定义为补不齐的简答题，需要在平时通过较长时间的揣摩，找出该类多条款命题点的内在规律，如从时空角度、主体角度、模块角度考虑。对于没有掌握到位的考点，在考场上就必须根据已经给出的条款进行不确定性的推定。

（4）程序性的简答题：这类问题是管理考点的常见题型，如项目管理实施规划的编制程序，项目部施工成本管理的程序，质量、安全、环保、合同、风险等的管理程序。这类题要找出前、中、后的规律，它们往往有很强的逻辑性。当然，也有一些异类程序需要在平时学习中归类总结，如噪声扰民后的项目经理处理程序、基坑验槽时发现软弱下卧层的处理程序、隐蔽工程完成后的验收程序等。

（5）工艺流程简答题：这类题在 2018 年考试中很突出，这是一建市政实务考试的主打考题，建筑实务通过模仿市政实务的题型控制通过率已是大趋势，如坑底钎探工艺流程、桩基施工工艺流程、各类装修子分部的工艺流程等。

（6）施工现场简答题：这类题也是一建市政实务的主打考题，没有标准答案，需要对若干知识点进行整合，是施工现场应知应会的内容。这类题称为作文题，要靠平时积累。

4. 填空题

这是工艺流程简答题简化后演变出的一类题型，背景中给出了一个较大的工艺流程，其中有几个步骤以①、②、③、④表示，然后问你①、②、③、④分别是什么，如泥浆护壁成孔灌注桩的工艺流程、有黏结预应力施工的工艺流程等。

5. 计算题

一建建筑实务考试的计算题背景主要依附着四大管理体系：清单计价规范、施工成本管理、现场流水施工、网络进度计划。体系性的计算题需要参照历年真题投入一定的精力，因为体系知识的逻辑性极强，要么放弃，要么学精。

计算题是能否顺利通过考试的瓶颈题目，历年真题具有很强的借鉴意义。建议考生按框架体系整理历年真题中的计算题，带着系列问题去学习每个体系中的每个考点。

6. 画图题

进度控制中的横道图和网络图是必须掌握的图形题，通过历年真题的归类，总结出画图题的经典题，然后用 7 天时间深入研究进度计划的基本理论，这样不仅解决了实务中的 6 分题，同时为项目管理试卷中的 12 分客观试题奠定了基础。

四、考生注意

1. 背书肯定考不过

在整个应试学习过程中，背书是肯定考不过的，理解是前提，记忆是辅助，特别是非专业考生，必须借助历年真题解析中的大量图表去理解每一个模块的知识体系。

2. 勾画教材考不过

从 2009 年开始，通过勾画教材进行押题通过考试已经成为"历史上的传说"，一建考题的显著特点是以知识体系为基础的"海阔天空"，试题本身的难度并不大，但涉及的面太广。考生必须首先搭建起属于自己的知识体系框架，然后通过真题的反复演练，在知识体系框架中填充题型。

3. 只听不练难通过

听课不是考试过关的唯一条件，但听了一个好老师的讲课对你搭建体系框架和突破体系难点会有很大帮助，特别是非专业考生。听完课后要配合历年真题进行精练，至少三遍，反复矫正答题模板，形成定式。

4. 区别对待不同体系

在历年真题总结归纳的基础上，区别对待不同的知识体系：费用控制和进度控制应当在知识体系的基础上固定题型，质量控制和安全管理则应当在熟悉题型的基础上按照一定的程序精读体系条款，招标投标的关键是程序，合同管理的核心在索赔，信息管理是偶然，综合管理是意外。

5. 细节决定考试成败

一方面我们强调前期知识体系和历年真题的重要性，另一方面更要聚焦细节，因为最终要用 32 个事件和 72 个考点量化你的考试分数。

6. 先实务课后公共课

建筑工程管理与实务考题最大的特点是融合了三门公共课的知识点：《建筑工程项目管理》的整个课程体系是实务教材的宏观框架，《建设工程经济》中的第三章是造价计算的基础，《建设工程法规及相关知识》中的三法两条例是采购管理、合同管理、质量管理、安全管理的法定依据。但公共课的授课方式完全是从本科角度堆砌单项选择题和多项选择题，而不是知识体系的精讲，这就需要以实务为龙头形成体系框架，在此基础上跟进公共课的选择题，从而达到实务课与公共课相互融合的目的。

7. 有问必答自建序号

一定要知道，你在应试，不是在写论文，固定的答题模板就像乒乓球训练一样：答题→校正→重答题→再校正。不同知识体系的题型，要形成不同的答题模板：计算题要有过程，找错题一二三步，补齐题四五六条等，通过历年真题的训练，完整地形成六大题型的答题定式，同时兼顾公共课的选择题，因公共课的选择题实际上就是实务课中的找错题。

8. 真题答案的说明

纵观历年真题的命题规律，重复一次的事件占到 82%，重复两次的事件占到 68%，索赔、总分包、违法分包几乎年年出现，但问题的答案差异很大，这称为真题答案的动态性。本书力求在言简意赅的基础上，按现行的标准规范，给出不丢分的答案。

五、超值服务

扫描下面二维码加入微信群可以获得：

（1）1 对 1 伴学顾问。

（2）2024 全章节高频考点习题精讲课。

（3）2024 全章节高频考点习题精讲课配套讲义（电子版）。

（4）2024 一建全阶段备考白皮书（电子版）。

（5）红宝书备考交流群：群内定期更新不同备考阶段精品资料、课程、指导。

本书编写过程中得到了业内多位专家的启发和帮助，在此深表感谢！由于时间和水平有限，书中难免有疏漏和不当之处，敬请广大读者批评指正。

编　者

目　　录

前言

第一章　通用管理　/ 1
第一节　招标投标管理　/ 1
一、案例及参考答案　/ 1
二、2024 考点预测　/ 7
第二节　施工合同管理　/ 7
一、案例及参考答案　/ 7
二、2024 考点预测　/ 17
第三节　工程造价管理　/ 17
一、案例及参考答案　/ 17
二、2024 考点预测　/ 29
第四节　横道计划管理　/ 29
一、案例及参考答案　/ 30
二、选择题及答案解析　/ 41
三、2024 考点预测　/ 45
第五节　网络计划管理　/ 45
一、案例及参考答案　/ 45
二、选择题及答案解析　/ 57
三、2024 考点预测　/ 64

第二章　专业管理　/ 65
第一节　质量管理　/ 65
一、案例及参考答案　/ 65
二、2024 考点预测　/ 76
第二节　安全管理　/ 76
一、选择题及答案解析　/ 76
二、案例及参考答案　/ 78
三、2024 考点预测　/ 91

第三节　现场管理　/ 91
一、选择题及答案解析　/ 91
二、案例及参考答案　/ 94
三、2024 考点预测　/ 109

第三章　专业技术　/ 110
第一节　工程材料　/ 110
一、案例及参考答案　/ 110
二、选择题及答案解析　/ 111
三、2024 考点预测　/ 122
第二节　工程设计　/ 122
一、选择题及答案解析　/ 122
二、2024 考点预测　/ 135
第三节　工程施工　/ 135
一、案例及参考答案　/ 135
二、选择题及答案解析　/ 166
三、2024 考点预测　/ 204

附录　2024 年全国一级建造师执业资格考试"建筑工程管理与实务"预测模拟试卷　/ 205
附录 A　预测模拟试卷（一）　/ 205
附录 B　预测模拟试卷（二）　/ 219
附录 C　预测模拟试卷（三）　/ 226
附录 D　预测模拟试卷（四）　/ 234
附录 E　预测模拟试卷（五）　/ 241
附录 F　预测模拟试卷（六）　/ 245
附录 G　预测模拟试卷（七）　/ 254
附录 H　预测模拟试卷（八）　/ 281

第一章 通用管理

第一节 招标投标管理

考点一：招标准备阶段
考点二：招标投标阶段
考点三：决标成交阶段

一、案例及参考答案

案 例 一

【2020年一建建筑】

某建设单位编制的招标文件部分内容为：投标人为本省一级资质证书的企业，投标保证金为500万元，投标有效期从2019年3月1日到4月15日。招标人对投标人提出的疑问，以书面形式回复对应的投标人，工程质量为合格。建设单位于5月28日确定甲公司最终中标，并与其签订了合同，合同价款为2.1亿元，工程质量为优良。

问题：
招投标过程中的不妥之处？并说明理由。

【参考答案】（本小题7.5分）

(1) 不妥之一：投标人为本省一级资质证书的企业。 (0.5分)
理由：招标人不得以不合理的条件限制、排斥潜在投标人。 (1.0分)
(2) 不妥之二：投标保证金500万元。 (0.5分)
理由：不得超过招标项目估算价的2%，且不得超过80万元。 (1.0分)
(3) 不妥之三：以书面形式回复对应的投标人。 (0.5分)
理由：招标人应当通知所有招标文件收受人。 (1.0分)
(4) 不妥之四：5月28日确定中标人。 (0.5分)
理由：应在投标有效期内确定中标人，并签订合同。 (1.0分)
(5) 不妥之五：工程质量标准为优良。 (0.5分)
理由：应依据招标文件和中标人的投标文件确定工程质量标准。 (1.0分)

案 例 二

【2016年一建建筑】

某工程总承包单位按市场价格计算的报价为25200万元，为确保中标最终以23500万元作为投标价，经公开招标，该总承包单位中标，双方签订了工程施工总承包合同

A，并上报建设行政主管部门。建设单位因资金紧张提出工程款支付比例修改为按每月完成工作量的70%支付，并提出今后在同等条件下该施工总承包单位可以优先中标的条件。施工总承包单位同意了建设单位这一要求，双方据此重新签订了施工总承包合同B，约定照此执行。

问题：
双方签订合同的行为是否违法？双方签订的哪份合同有效？施工单位遇到此类现象时，需要把握哪些关键点？

【参考答案】（本小题4.0分）
（1）双方签订合同的行为违法。　　　　　　　　　　　　　　　　　　　　（1.0分）
（2）双方签订的合同A有效。　　　　　　　　　　　　　　　　　　　　　（1.0分）
（3）需要把握的关键点：工期、造价、质量要求、承包范围、合同内容、计价方式等实质性内容。　　　　　　　　　　　　　　　　　　　　　　　　　　　　　（2.0分）

案 例 三

【经典案例】
某市政府投资一建设项目，法人单位委托招标代理机构采用公开招标方式代理招标，并委托有资质的工程造价咨询企业编制了招标控制价。

招投标过程中发生了如下事件：

事件一：招标信息在招标信息网上发布后，招标人考虑到该项目建设工期紧，为缩短招标时间，而改为邀请招标方式，并要求在当地承包商中选择中标人。

事件二：资格预审时，招标代理机构审查了各潜在投标人的专业技术资格和技术能力。

事件三：招标代理机构确定招标文件出售时间为3日，要求投标保证金为招标项目估算价的5%。

事件四：开标后，招标代理机构组建了评标委员会，由技术专家2人、经济专家3人、招标人代表1人、该项目主管部门主要负责人1人组成。

事件五：招标人向中标人发出中标通知书后，向其提出降价要求，双方经多次谈判，签订了书面合同，合同价比中标价降低2%。招标人在与中标人签订合同3周后，退还了未中标的其他投标人的投标保证金。

问题：
1. 说明编制招标控制价的主要依据。
2. 指出事件一中招标人行为的不妥之处，说明理由。
3. 事件二中还应审查哪些内容？
4. 指出事件三、事件四中招标代理机构行为的不妥之处，说明理由。
5. 指出事件五中招标人行为的不妥之处，说明理由。

【参考答案】
1.（本小题3.0分）
（1）工程量清单计价规范、计量规范。　　　　　　　　　　　　　　　　　（0.5分）
（2）技术标准、技术文件。　　　　　　　　　　　　　　　　　　　　　　（0.5分）

(3) 设计文件、相关资料。 (0.5分)
(4) 拟定的招标文件。 (0.5分)
(5) 国家、行业发布的定额。 (0.5分)
(6) 造价管理机构发布的造价信息。 (0.5分)

2. (本小题3.0分)
(1) 不妥之一：改为邀请招标方式。 (0.5分)
理由：政府投资的建设项目应当公开招标。 (1.0分)
(2) 不妥之二：要求在当地承包商中选择中标人。 (0.5分)
理由：招标人不得限制或排斥外地区、外系统的投标人或潜在投标人。 (1.0分)

3. (本小题2.0分)
(1) 营业执照、资质证书、安全生产许可。 (0.5分)
(2) 经营业绩、施工经历、人员构成、财务状况、机械装备。 (0.5分)
(3) 投标资格、财产状况、银行账户。 (0.5分)
(4) 近三年是否发生过重大安全、质量事故，是否发生过重大违约事件。 (0.5分)

4. (本小题7.5分)
(1) 不妥之一：招标文件出售期为3日。 (0.5分)
理由：招标文件自出售之日至停止出售之日不得少于5日。 (1.0分)
(2) 不妥之二：要求投标保证金为5%。 (0.5分)
理由：投标保证金不得超过项目估算价的2%，且不得超过80万元。 (1.0分)
(3) 不妥之三：开标后组建评标委员会。 (0.5分)
理由：评标委员会应于开标前组建。 (1.0分)
(4) 不妥之四：招标代理机构组建评标委员会。 (0.5分)
理由：评标委员会应由招标人负责组建。 (1.0分)
(5) 不妥之五：该项目主管部门主要负责人1人。 (0.5分)
理由：项目主管部门的监督人员不得担任评委。 (1.0分)

5. (本小题4.5分)
(1) 不妥之一：向其提出降价要求。 (0.5分)
理由：确定中标人后，不得变更报价、工期等实质性内容。 (1.0分)
(2) 不妥之二：合同价比中标价降低2%。 (0.5分)
理由：中标通知书发出后的30日内，招标人与中标人依据招标文件与中标人的投标文件签订合同，且不得再订立背离合同实质内容的其他协议。 (1.0分)
(3) 不妥之三：签订合同3周后，退还未中标的其他投标人的投标保证金。 (0.5分)
理由：应在签订合同后的5日内，退还中标人和未中标人的投标保证金以及银行同期存款利息。 (1.0分)

案 例 四

【经典案例】
事件一：《招标投标法》规定，必须进行招标的项目包括哪些？
(1) 大型基础设施、公用事业等关系社会公共利益、公共安全的项目。

(2) 技术复杂、专业性强或有其他特殊要求的项目。
(3) 使用国有资金投资或国家融资的项目。
(4) 使用国际组织或者外国政府贷款、援助资金的项目。
(5) 采用特定专利或专有技术的项目。

【参考答案】（本小题3.0分）
(1)(3)(4)　　　　　　　　　　　　　　　　　　　　　　　　　　　　　　　　　(3.0分)

【解析】
"(2)"不属于依法必须招标的范畴，严格来讲也不属于依法可不招标的范畴。"(5)"属于依法可不招标的范畴。根据《招标投标法》及《招标投标法实施条例》的规定，满足"安全抢险扶贫金、专利两建中标人"的项目，可不进行招标。

事件二：指出关于工程建设项目必须招标的下列说法的不妥之处，说明理由。
(1) 使用国有企业事业单位自有资金的工程建设项目必须进行招标。
(2) 施工单项合同估算价为人民币100万元，但项目总投资额为人民币2000万元的工程建设项目必须进行招标。
(3) 利用扶贫资金实行以工代赈、需要使用农民工的建设工程项目可以不进行招标。
(4) 需要采用专利或者专有技术的建设工程项目可以不进行招标。

【参考答案】（本小题6.0分）
(1) 不妥之一：使用国有企业事业单位自有资金的工程建设项目必须进行招标。
　　　　　　　　　　　　　　　　　　　　　　　　　　　　　　　　　　　　　(1.0分)
理由：建设项目未达法定规模标准的，可不进行招标。　　　　　　　　　　　　　(1.0分)

(2) 不妥之二：施工单项合同估算价为人民币100万元，但项目总投资额为人民币2000万元的工程建设项目必须进行招标。　　　　　　　　　　　　　　　　　　　　　　(1.0分)
理由：单项合同估算价人民币100万元的施工合同可不招标，且不受总投资额的限制。
　　　　　　　　　　　　　　　　　　　　　　　　　　　　　　　　　　　　　(1.0分)

(3) 不妥之三：采用专利或者专有技术的建设工程项目可以不进行招标。　　　　　(1.0分)
理由：采用"不可替代"的专利或专有技术时，才可以不进行招标。　　　　　　　(1.0分)

事件三：下列哪些施工项目经批准可以采用邀请招标方式发包？
(1) 受自然地域环境限制，仅有几家投标人满足条件的。
(2) 涉及国家安全、国家秘密的项目而不适宜招标的。
(3) 施工主要技术需要使用某项特定专利的。
(4) 技术复杂，仅有几家投标人满足条件的。
(5) 公开招标费用与项目的价值相比不值得的。

【参考答案】（本小题3.0分）
(1)(4)(5)　　　　　　　　　　　　　　　　　　　　　　　　　　　　　　　　　(3.0分)

【解析】
根据《招标投标法实施条例》《七部委30号令》的规定，依法应当公开招标的项目，满足"人少钱多不适宜"三种情况，依法经有关行政监督主管、项目审批部门认定后，可以采用邀请招标。

"(2)(3)"均属于可以不招标的范围。

案 例 五

【经典案例】

事件一：指出投标保证金的说法的不妥之处，写出正确做法。

（1）投标保证金有效期应当与投标有效期一致。

（2）招标人最迟应当在书面合同签订后的5日内，向中标人退还投标保证金。

（3）投标截止时间后，投标人撤销投标文件的，招标人应当没收其投标保证金。

（4）依法必须进行招标的项目的境内投标单位，以现金形式提交投标保证金的，可以从其任一账户转出。

【参考答案】（本小题6.0分）

（1）不妥之一：向中标人退还投标保证金。　　　　　　　　　　　　　　（1.0分）

正确做法：应向中标人及未中标的投标人退还投标保证金及银行同期存款利息。（1.0分）

（2）不妥之二：投标截止时间后，投标人撤销投标文件的，招标人应当没收其投标保证金。　　　　　　　　　　　　　　　　　　　　　　　　　　　　　　　　（1.0分）

正确做法：是否没收投标保证金是招标人的权利，不得强制招标人没收。（1.0分）

（3）不妥之三：依法必须进行招标的项目的境内投标单位，以现金形式提交投标保证金的，可以从其任一账户转出。　　　　　　　　　　　　　　　　　　（1.0分）

正确做法：以现金形式提交投标保证金的，应从企业的基本账户转出。（1.0分）

【解析】

（1）无论是中标人还是未中标人均按要求提交了投标保函，期间也未发生"撤标拒签拒提交"三类情形，因此招标人应依法退还其投标保证金以及合理的资金时间价值补偿。

（2）基本账户是办理日常转账结算和现金存取的主办账户。公司开业之前要在商业银行开办基本账户，且一家公司只能开设一个基本账户。

一般账户是存款人的辅助结算账户，且没有开设数量限制；可办理存款，但不能支取现金，属于"只存不取"性质的账户。

由此得到，以现金或者支票形式提交的投标保证金应当从其基本账户转出。

事件二：指出投标保证金说法不妥之处，并写出正确做法。

（1）投标保证金有效期应当与投标有效期一致。

（2）实行两阶段招标的，招标人要求投标人提交投标保证金的，应当在第一阶段提出。

【参考答案】（本小题2.0分）

不妥之处：实行两阶段招标的，招标人要求投标人提交投标保证金的，应当在第一阶段提出。　　　　　　　　　　　　　　　　　　　　　　　　　　　　　（1.0分）

正确做法：实行两阶段招标，招标人要求提交投标保证金的，应当在第二阶段提出。（1.0分）

【解析】

两阶段招标——对应技术复杂、招标人无法准确拟定技术规格的项目，因此在第一阶段，招标人需要投标人提交不带报价的技术建议，并据此编制招标文件。这样既向投标人征求了技术参考，同时也筛选出了真正有能力胜任该工程的投标人。

第二阶段，招标人只对第一阶段提交过技术建议（能胜任本项工程）的投标人提供招标文件，投标人据此提出最终技术方案和投标文件——投标保证金是在本阶段提交的。

案 例 六

【经典案例】
事件一：指出下列联合体共同承包的不妥之处，并写出正确做法。
（1）联合体中标的，联合体各方就中标项目向招标人承担连带责任。
（2）联合体共同承包适用范围为大型且结构复杂的建筑工程。
（3）联合体中标的，联合体各方应分别与招标人签订合同。
（4）联合体属于非法人组织。
（5）联合体的成员可以对同一工程单独投标。

【参考答案】（本小题2.0分）
（1）不妥之一：（3）联合体中标的，联合体各方应分别与招标人签订合同。
正确做法：联合体各方应共同与招标人签订合同，承担连带责任。（1.0分）
（2）不妥之二：（5）联合体的成员可以对同一工程单独投标。
正确做法：组成联合体的投标人，不得组成其他联合体，也不得再单独投标；否则相关投标均无效。（1.0分）

【解析】
联合体承担的连带责任，是指联合体一旦违约，招标人既可以追究联合体中某个或某些投标人的责任，也可以将联合体"打包"追究其整体责任。

事件二：指出下列电子招标投标说法的不妥之处，并写出正确做法。
（1）投标人在投标截止时间前可以撤回投标文件。
（2）数据电文形式与纸质形式的招标投标活动具有同等法律效力。
（3）投标截止时间后送达的投标文件，电子招标投标平台不得拒收。
（4）依法必须进行公开招标项目的招标公告，应当在电子招标投标交易平台和国家指定的招标公告媒介同步发布。
（5）投标人应当在投标截止时间前完成投标文件的传输递交，但不可修改投标文件。

【参考答案】（本小题2.0分）
（1）不妥之一：（3）投标截止时间后送达的投标文件，电子招标投标平台不得拒收。
正确做法：投标截止时间后送达的投标文件，电子招标投标平台应当拒收。（1.0分）
（2）不妥之二：（5）投标人应当在投标截止时间前完成投标文件的传输递交，但不可修改投标文件。
正确做法：投标人在投标截止时间前，均可补充、修改或者撤回投标文件。（1.0分）

【解析】
"（1）（2）（4）"电子招标投标与传统招标投标只是形式上的区别，两者均应遵守以招标投标法为首的相关法律法规。
"（3）"招标人拒收招标文件的三大类情形——"逾期送错、装订不符、加密不符"。
逾期送错：①投标文件逾期送达；②未送达指定地点。

装订不符：①投标文件未按要求包装和封口；②投标文件正、副本未分开包装；③投标文件未加贴封条；④封口处未加盖公章。

加密不符：是针对电子招标投标的，具体是指投标人未按规定加密招标文件。

出现上述情形中的任意一种，招标人应当拒收其投标文件。

二、2024考点预测

1. 投标文件的初审废标和详评选优。
2. 投标保证金的四要素和定标的五个期限。

第二节　施工合同管理

考点一：合同构成
考点二：三方责任
考点三：质量责任
考点四：安环责任
考点五：进度责任
考点六：工程价款
考点七：工程风险
考点八：工程索赔
考点九：工程分包
考点十：11个附件

一、案例及参考答案

案 例 一

【2023年一建建筑】

某施工单位承接一工程，双方按《建设项目工程总承包合同（示范文本）》（GF—2020—0216）签订了工程总承包合同。合同部分内容：质量为合格，工期6个月，按月度完成量的85%支付进度款。

施工单位进场后，技术人员发现土建图纸中缺少了建筑总平面图，要求建设单位补发。按照施工平面管理总体要求：包括满足施工要求、不损害公众利益等内容，绘制了施工平面布置图，满足了施工需要。

问题：
1. 通常情况下，一套完整的建筑工程土建施工图纸由哪几部分组成？
2. 除质量标准、工期、工程价款与支付方式外，签订合同签约价时还应明确哪些事项？

【参考答案】

1.（本小题2.0分）

包括：建筑施工图、结构施工图。　　　　　　　　　　　　　　　　　　　　（2.0分）

2. (本小题 5.0 分)
(1) 采用固定价格应注意明确包死价的种类。 (1.0 分)
(2) 采用固定价格必须把风险范围约定清楚。 (1.0 分)
(3) 应当把风险费用的计算方法约定清楚。 (1.0 分)
(4) 竣工结算方式和时间的约定。 (1.0 分)
(5) 违约条款。 (1.0 分)

案 例 二

【2022 年一建建筑】

建设单位发布某新建工程招标文件，部分条款有：发包范围为土建、水电、通风空调、消防、装饰等工程，实行施工总承包管理；投标限额为 65000.00 万元，暂列金额为 1500.00 万元；工程款按月度完成工作量的 80% 支付；质量保证金为 5%，履约保证金为 15%；钢材指定采购本市钢厂的产品；消防及通风空调专项工程金额 1200.00 万元，由建设单位指定发包，总承包服务费 3.00%。投标单位对部分条款提出了异议。

问题：

1. 指出招标文件中的不妥之处，分别说明理由。
2. 施工企业除施工总承包合同外，还可能签订哪些与工程相关的合同？
3. 物资采购合同中的标的内容还有哪些？

【参考答案】

1. (本小题 8.0 分)
(1) 不妥之一：质量保证金为 5%。 (1.0 分)
理由：质量保证金不得超过工程价款结算总额的 3%。 (1.0 分)
(2) 不妥之二：履约保证金为 15%。 (1.0 分)
理由：履约保证金不得超过中标合同金额的 10%。 (1.0 分)
(3) 不妥之三：钢材指定采购本市钢厂的产品。 (1.0 分)
理由：建设单位不得指定专利、商标、品牌、原产地或者供应商。 (1.0 分)
(4) 不妥之四：消防及通风空调专项工程由建设单位指定发包。 (1.0 分)
理由：建设单位不得指定分包人。 (1.0 分)

2. (本小题 4.0 分)
① 分包合同； (0.5 分)
② 劳务合同； (0.5 分)
③ 采购合同； (0.5 分)
④ 租赁合同； (0.5 分)
⑤ 借款合同； (0.5 分)
⑥ 担保合同； (0.5 分)
⑦ 咨询合同； (0.5 分)
⑧ 保险合同。 (0.5 分)

3. (本小题 2.5 分)
品种、型号、规格、花色和质量要求。 (2.5 分)

第一章 通用管理

案 例 三

【2021年一建建筑】

某新建住宅楼工程，建筑面积25000m²，装配式钢筋混凝土结构。建设单位编制了招标工程量清单等招标文件，其中部分条款内容为：本工程实行施工总承包模式，承包范围为土建、电气等全部工程内容，质量标准为合格，开工前业主向承包商支付合同工程造价的25%作为预付备料款，保修金为总价的3%。经公开招投标，某施工总承包单位以12500万元中标。其中：工地总成本9200万元，公司管理费按10%计，利润按5%计，暂列金额1000万元。主要材料及构配件金额占合同额70%。双方签订了工程施工总承包合同。

项目经理部按照包括统一管理、资金集中等内容的资金管理原则编制年、季、月度资金收支计划，认真做好项目资金管理工作。施工单位按照建设单位要求，通过专家论证，采用了一种新型预制钢筋混凝土剪力墙结构体系，致使实际工地总成本增加到9500万元。施工单位在工程结算时，对增加费用进行了索赔。

项目经理部按照单位工程量使用成本费用（包括可变费用和固定费用，如大修费、小修费等）较低的原则对主要施工设备进行了选择，其中施工塔式起重机供应渠道为企业自有设备。

项目检验试验由建设单位委托具有相应资质的检测机构负责，施工单位支付了相关费用，并向建设单位提出以下索赔事项：

（1）现场自建试验室费用超过预算费用3.5万元。
（2）新型预制钢筋混凝土剪力墙结构验证试验费25万元。
（3）新型预制钢筋混凝土剪力墙构件抽样检测费12万元。
（4）预制钢筋混凝土剪力墙破坏性试验费8万元。
（5）施工企业采购的钢筋连接套筒抽检不合格增加的检测费1.5万元。

问题：
1. 施工总承包通常包括哪些工程内容？（如土建、电气）
2. 项目施工机械设备的供应渠道有哪些？机械设备使用成本费用中固定费用有哪些？
3. 分别判断检测试验索赔事项的各项费用是否成立？

【参考答案】

1. （本小题4.0分）

施工总承包通常包括：装饰装修工程、节能工程、智能化建筑、电梯工程、给排水工程、采暖与通风工程、消防工程、管道安装工程、厂区绿化工程。　　　　　　　（4.0分）

2. （本小题9.0分）
（1）供应渠道包括：
① 企业自有设备调配；　　　　　　　　　　　　　　　　　　　　　　　　　（1.0分）
② 市场租赁设备；　　　　　　　　　　　　　　　　　　　　　　　　　　　（1.0分）
③ 专门购置机械设备；　　　　　　　　　　　　　　　　　　　　　　　　　（1.0分）
④ 专业分包队伍自带设备。　　　　　　　　　　　　　　　　　　　　　　　（1.0分）

（2）固定费用包括：
① 折旧费； (1.0分)
② 大修费； (1.0分)
③ 机械管理费； (1.0分)
④ 投资应付利息； (1.0分)
⑤ 固定资产占用费。 (1.0分)
3. （本小题5.0分）
（1）不成立。 (1.0分)
（2）成立。 (1.0分)
（3）成立。 (1.0分)
（4）成立。 (1.0分)
（5）不成立。 (1.0分)

案 例 四

【2020年一建建筑】

发包人负责采购的装配式混凝土构件，提前一个月运抵合同约定的施工现场，监理会同施工验收合格。为了节约场地，承包人将构件集中堆放，由于堆放层数过多，导致下层部分构件出现裂缝。两个月后，发包人在承包人准备安装此构件时知悉此事。发包人要求施工方检验并赔偿损失，施工方以材料提早到场为由，拒绝赔偿。

问题：

施工方拒绝赔偿的做法是否合理？并说明理由。施工方可获得赔偿几个月的材料保管费？

【参考答案】（本小题3.5分）

（1）不合理。 (0.5分)

理由：承包人将构件集中堆放，由于堆放层数过多，导致下层部分构件出现裂缝，是承包人的责任，应予赔偿。 (2.0分)

（2）可获得赔偿一个月的材料保管费。 (1.0分)

案 例 五

【2019年一建建筑】

某施工单位通过竞标承建一工程项目，甲乙双方通过协商对工程合同协议书（编号HT—TY—201909001），以及专用合同条款（编号HT—ZY—201909001）和通用合同条款（编号HT—ZY—201909001）修改意见达成一致，签订了施工合同。确认包括投标函、中标通知书等合同文件按照《建设工程施工合同（示范文本）》（GF—2017—0201）规定的优先顺序进行解释。

建设单位对一关键线路上的工序内容提出修改，由设计单位发出设计变更通知。为此造成工程停工10天，施工单位对此提出索赔事项如下：

（1）按当地造价部门发布的工资标准计算停工窝工人工费8.5万元。

（2）塔式起重机等机械停工窝工台班费5.1万元。

（3）索赔工期10天。

问题：
1. 指出合同签订中的不妥之处，写出背景资料中 5 个合同文件解释的优先顺序。
2. 办理设计变更的步骤有哪些？施工单位的索赔事项是否成立？并说明理由。

【参考答案】
1. （本小题 3.0 分）
（1）不妥之处：
① 专用合同条款与通用合同条款编号不一致； (0.5 分)
② 甲乙双方通过协商修改了通用条款。 (0.5 分)
（2）优先顺序：协议书、中标通知书、投标函、专用合同条款、通用合同条款。 (2.0 分)
2. （本小题 11.5 分）
（1）办理设计变更的步骤：
① 有关单位提出设计变更； (1.0 分)
② 建设单位、设计单位、施工单位和监理单位共同协商； (1.0 分)
③ 经设计单位确认后，编制设计变更图纸和说明； (1.0 分)
④ 经监理单位签发工程变更手续后实施； (1.0 分)
⑤ 组织实施。 (1.0 分)
（2）索赔：
"（1）" 8.5 万元索赔不成立。 (0.5 分)
理由：窝工人工费应按合同约定的窝工补偿标准计算。 (1.0 分)
"（2）" 5.1 万元索赔不成立。 (0.5 分)
理由：自有机械停工窝工应按折旧费计算，租赁机械应按租赁费计算。 (2.0 分)
"（3）" 10 天工期索赔成立。 (0.5 分)
理由：建设单位原因造成的停工，且关键工序停工 10 天，使工期延长 10 天。 (2.0 分)

案 例 六

【2018 年一建建筑】

某开发商拟建一城市综合体项目，预计总投资 15 亿元。发包方式采用施工总承包，施工单位承担部分垫资，按月度实际完成工作量的 75% 支付工程款，工程质量为合格，保修金为 3%，合同总工期为 32 个月。

某总包单位对该开发商社会信誉、偿债备付率、利息备付率等偿债能力及其他情况进行了尽职调查。中标后，双方依据《建设工程工程量清单计价规范》（GB 50500—2013），对工程量清单编制方法等强制性规定进行了确认，对工程造价进行了全面审核。最终确定有关费用如下：分部分项工程费 82000.00 万元，措施费 20500.00 万元，其他项目费 12800.00 万元，暂列金额 8200.00 万元，规费 2470.00 万元，税金 3750.00 万元。双方依据《建设工程施工合同（示范文本）》（GF—2017—0201）签订了工程施工总承包合同。

竣工结算时，总包单位提出索赔事项如下：
1. 特大暴雨造成停工 7 天，开发商要求总包单位安排 20 人留守现场照管工地，发生费用 5.60 万元。

2. 本工程设计采用了某种新材料，总包单位为此支付给检测单位检验试验费 4.60 万元，要求开发商承担。

3. 工程主体完工 3 个月后，总包单位为配合开发商自行发包的燃气等专业工程施工，脚手架留置比计划延长 2 个月拆除。为此要求开发商支付 2 个月脚手架租赁费 68.00 万元。

4. 总包单位要求开发商按照银行同期同类贷款利率，支付垫资利息 1142.00 万元。

问题：
总包单位提出的索赔是否成立？并说明理由。

【参考答案】（本小题 8.0 分）
"1" 工期索赔和费用索赔均成立。 （1.0 分）
理由：特大暴雨属于不可抗力，由此引发的工期损失、工地照管费的增加，均应由发包人承担。 （1.0 分）
"2" 费用索赔成立。 （1.0 分）
理由：新材料检验试验费未包含在建设工程合同价中，应当由发包人另行支付。 （1.0 分）
"3" 费用索赔成立。 （1.0 分）
理由：脚手架比计划延长 2 个月拆除，是业主应承担的责任事件。 （1.0 分）
"4" 利息索赔不成立。 （1.0 分）
理由：发承包双方未在合同中约定垫资利息的，视为不计利息。 （1.0 分）

案 例 七

【2017 年一建建筑】
某建设单位投资兴建一办公楼，投资概算 25000.00 万元，建筑面积 21000m^2；钢筋混凝土框架-剪力墙结构，地下 2 层，层高 4.5m，地上 18 层，层高 3.6m；采取工程总承包交钥匙方式对外公开招标，招标范围为工程至交付使用全过程。经公开招标投标，A 工程总承包单位中标。A 单位对工程施工等工程内容进行了招标。

B 施工单位中标后第 8 天，双方签订了项目工程施工承包合同，规定了双方的权利、义务和责任。部分条款如下：工程质量为合格；除钢材及混凝土材料价格浮动超出 ±10%（含 10%）工程设计变更允许调整以外，其他一律不允许调整；工程预付款比例为 10%；合同工期为 485 日历天，于 2014 年 2 月 1 日起至 2015 年 5 月 31 日止。

A 工程总承包单位审查结算资料时，发现 B 施工单位提供的部分索赔资料不完整，如：原图纸设计室外回填土为 2:8 灰土，实际施工时变更为级配砂石，B 施工单位仅仅提供了一份设计变更单，A 工程总承包单位要求 B 施工单位补充相关资料。

问题：
1. 与 B 施工单位签订的工程施工承包合同中，A 工程总承包单位应承担哪些主要义务？
2. A 工程总承包单位的费用变更控制程序有哪些？B 施工单位还需补充哪些索赔资料？

【参考答案】
1.（本小题 8.0 分）
（1）支付分包工程价款。 （1.0 分）

(2) 办理分包工程的相关证件。 (1.0分)
(3) 提供分包工程施工所需的施工现场。 (1.0分)
(4) 提供分包工程施工所需的交通道路。 (1.0分)
(5) 提供勘察报告、设计文件及相关基础资料。 (1.0分)
(6) 组织分包人参加发包人组织的设计交底。 (1.0分)
(7) 审核分包人提交的施工组织设计,并对施工过程进行监督。 (1.0分)
(8) 参加发包人组织的竣工验收,审核分包人提交的竣工结算报告。 (1.0分)

2. (本小题8.0分)
(1) 费用变更控制程序:
① 总承包单位自收到变更指令后14天内,向监理人提交变更价款估价报告,逾期未提交的,视为该变更工程不涉及价款增加; (1.0分)
② 监理单位自收到报告后的7天内审核完毕,并及时报发包人审批; (1.0分)
③ 建设单位自监理单位收到报告后的14天内完成审批,逾期未答复视为认可; (1.0分)
④ 变更款随当期进度款同期调整支付。 (1.0分)
(2) 还需补充如下索赔资料:
① 索赔意向通知书; (1.0分)
② 索赔报告; (1.0分)
③ 索赔证据; (1.0分)
④ 现场签证单。 (1.0分)

案 例 八

【2016年一建建筑】

某综合楼工程,地下3层,地上20层,总建筑面积68000m², 地基基础设计等级为甲级,灌注桩筏形基础,现浇钢筋混凝土框架-剪力墙结构。

建设单位采购的材料进场复检结果不合格,监理工程师要求清退出场;因停工待料导致窝工。施工单位提出8万元费用索赔。材料重新进场施工完毕后,监理验收通过。由于该部位的特殊性,建设单位要求进行剥离检验。检验结果符合要求;剥离检验及恢复共发生费用4万元,施工单位提出4万元费用索赔。上述索赔均在要求时限内提出,数据经监理工程师核实无误。

问题:
分别判断施工单位提出的两项费用索赔是否成立,并写出相应的理由。

【参考答案】(本小题4.0分)
(1) "停工待料造成窝工8万元"索赔成立。 (1.0分)
理由:建设单位采购材料,停工待料是建设单位应承担的责任事件。 (1.0分)
(2) "剥离检验及恢复费用4万元"索赔成立。 (1.0分)
理由:监理验收通过,建设单位要求进行剥离检验,属于重新检验。检验结果符合要求时,由此发生的费用由建设单位承担。 (1.0分)

案 例 九

【2012年一建建筑】

某大学城工程,包括结构形式与建筑规模一致的四栋单体建筑,每栋建筑面积为 21000m^2,地下2层,地上18层,层高4.2m,钢筋混凝土框架-剪力墙结构。

A施工单位与建设单位签订了施工总承包合同,合同约定:除主体结构外的其他分部分项工程施工,总承包单位可以自行依法分包,建设单位负责供应油漆等部分材料。

合同履行过程中,发生了下列事件:

事件一:由于工期较紧,A施工单位将其中两栋单体建筑的室内精装修和幕墙工程分包给具备相应资质的B施工单位。B施工单位经A施工单位同意后,将其承包范围内的幕墙工程分包给具备相应资质的C施工单位组织施工,油漆劳务作业分包给具备相应资质的D施工单位组织施工。

事件二:油漆作业完成后,发现油漆成膜存在质量问题,经鉴定,原因是油漆材质不合格,B施工单位就由此造成的返工损失向A施工单位提出索赔。A施工单位以油漆是建设单位供应为由,认为B施工单位应直接向建设单位提出索赔。

B施工单位直接向建设单位提出索赔,建设单位认为油漆在进场时已由A施工单位进行了质量验证并办理接收手续,其对油漆材料的质量责任已经完成,因油漆不合格而返工的损失应由A施工单位承担,建设单位拒绝受理该索赔事件。

问题:

1. 分别判定事件一中A施工单位、B施工单位、C施工单位、D施工单位之间的分包行为是否合法?并逐一说明理由。
2. 分别指出事件二中的错误之处,并说明理由。

【参考答案】

1. (本小题6.0分)

(1) A施工单位与B施工单位之间的分包行为合法。 (1.0分)

理由:室内精装修和幕墙工程不属于主体工程,且B施工单位具备相应资质。 (1.0分)

(2) B施工单位与C施工单位之间的分包行为不合法。 (1.0分)

理由:分包单位将分包工程再分包属于违法分包。 (1.0分)

(3) B施工单位与D施工单位之间的分包行为合法。 (1.0分)

理由:分包单位可以将其劳务作业分包给具备相应资质的劳务分包单位。 (1.0分)

2. (本小题6.0分)

(1) 错误之一:A施工单位认为B施工单位应直接向建设单位提出索赔。 (1.0分)

理由:B施工单位与建设单位无合同关系,故只能向A施工单位提出索赔。 (1.0分)

(2) 错误之二:B施工单位直接向建设单位提出索赔。 (1.0分)

理由:B施工单位与建设单位没有合同关系,只能向A施工单位提出索赔。 (1.0分)

(3) 错误之三:因油漆不合格而返工的损失应由A施工单位承担。 (1.0分)

理由:甲供油漆,建设单位应对油漆的质量负责,因油漆不合格而返工的损失应由建设单位承担。 (1.0分)

案 例 十

【2013年一建建筑】

某新建图书馆工程,采用公开招标的方式,确定某施工单位中标。双方按《建设工程施工合同(示范文本)》(GF—2013—0201)签订了施工总承包合同。

事件一: 基坑施工时正值雨季,连续降雨导致停工6天,造成人员窝工损失2.2万元。一周后出现了罕见特大暴雨,造成停工2天,人员窝工损失1.4万元。针对上述情况,施工单位分别向监理单位上报了这四项索赔申请。

事件二: 某分项工程由于设计变更导致分项工程量变化幅度达20%,合同专用条款未对变更价款进行约定。施工单位按变更指令施工,在施工结束后的下一个月上报支付申请的同时,还上报了该设计变更的变更价款申请,监理工程师不予批准变更价款。

事件三: 种植屋面隐蔽工程通过监理工程师验收后开始覆土施工,建设单位对隐蔽工程质量提出异议,要求复验,施工单位不予同意。经总监理工程师协调后三方现场复验,经检验质量满足要求。施工单位要求补偿由此增加的费用,建设单位予以拒绝。

问题:

1. 事件一中,分别判断四项索赔是否成立?并写出相应的理由。

2. 事件二中,监理工程师不批准变更价款申请是否合理?并说明理由。合同中未约定变更价款的情况下,变更价款应如何处理?

3. 事件三中,施工单位、建设单位做法是否正确?并分别说明理由。

【参考答案】

1.(本小题6.0分)

(1)"连续降雨致停工6天"索赔不成立。 (1.0分)

理由:连续降雨是施工单位能够合理预见的且应承担的风险事件。 (2.0分)

(2)"罕见暴雨造成停工2天"的工期索赔成立,费用索赔不成立。 (1.0分)

理由:不可抗力导致的工期损失是业主应承担的风险责任,窝工损失是施工单位应承担的风险责任。 (2.0分)

2.(本小题7.0分)

(1)合理。 (1.0分)

理由:施工单位在收到变更指令后的14天内,未向监理工程师提交变更价款申请,视为该变更工程不涉及价款变更。 (1.0分)

(2)应按《建设工程施工合同(示范文本)》(GF—2013—0201)的通用条款确定:

① 已标价工程量清单或预算书有相同项目的,按照相同项目单价认定; (1.0分)

② 已标价工程量清单或预算书中无相同项目,但有类似项目的,参照类似项目的单价认定; (1.0分)

③ 变更导致实际完成的变更工程量与已标价工程量清单或预算书中列明的该项目工程量的变化幅度超过15%的,或已标价工程量清单或预算书中无相同项目及类似项目单价的,

按照合理成本加利润构成的原则，由合同当事人协商确定变更工程的单价。　　　　　　　　　（3.0分）

3．（本小题6.0分）

（1）"建设单位对隐蔽工程质量提出异议，要求复验，施工单位不予同意"，建设单位的做法正确，施工单位的做法不正确。　　　　　　　　　　　　　　　　　　　　　　　　（1.0分）

理由：建设单位要求重新检验时，施工单位应按要求配合检验。　　　　　　　（2.0分）

（2）"施工单位要求补偿由此增加的费用，建设单位予以拒绝"，施工单位的做法正确，但建设单位的做法不正确。　　　　　　　　　　　　　　　　　　　　　　　　　　　（1.0分）

理由：重新检验合格的，增加的费用和延误的工期由建设单位承担。　　　　　（2.0分）

案 例 十 一

【经典案例】

某酒店建设工程，建筑面积28700m^2，地下1层，地上15层，现浇钢筋混凝土框架结构。建设单位依法进行了招标，投标报价执行《建设工程工程量清单计价规范》（GB 50500—2013）。

甲施工单位与建设单位签订施工总承包合同后，按照《建设工程项目管理规范》（GB/T 50326—2017）进行了合同管理工作。

在基坑施工中，由于正值雨季，施工现场的排水费用比投标报价中的费用超出3万元。甲施工单位及时向建设单位提出了索赔要求，建设单位不予支持，对此，甲施工单位向建设单位提交了索赔报告。

问题：

1．甲施工单位进行合同管理工作应执行哪些程序？

2．甲施工单位的索赔是否成立？在施工过程中，施工索赔的起因有哪些？

【参考答案】

1．（本小题5.0分）

进行合同管理工作应执行的程序包括：

① 合同评审；　　　　　　　　　　　　　　　　　　　　　　　　　　　　（1.0分）

② 合同订立；　　　　　　　　　　　　　　　　　　　　　　　　　　　　（1.0分）

③ 合同实施计划；　　　　　　　　　　　　　　　　　　　　　　　　　　（1.0分）

④ 合同实施控制；　　　　　　　　　　　　　　　　　　　　　　　　　　（1.0分）

⑤ 合同管理总结。　　　　　　　　　　　　　　　　　　　　　　　　　　（1.0分）

2．（本小题6.0分）

甲施工单位的索赔不成立。　　　　　　　　　　　　　　　　　　　　　　（1.0分）

施工索赔的起因包括：

① 合同对方违约；　　　　　　　　　　　　　　　　　　　　　　　　　　（1.0分）

② 合同条款错误；　　　　　　　　　　　　　　　　　　　　　　　　　　（1.0分）

③ 合同发生变更；　　　　　　　　　　　　　　　　　　　　　　　　　　（1.0分）

④ 工程环境变化；　　　　　　　　　　　　　　　　　　　　　　　　　　（1.0分）

⑤ 不可抗力因素。　　　　　　　　　　　　　　　　　　　　　　　　　　（1.0分）

二、2024 考点预测

1. 合同管理内容及管理流程。
2. 合同双方的权利及义务。
3. 工程索赔与进度计划。
4. 工程变更及不可抗力。

第三节　工程造价管理

考点一：清单计价
考点二：成本管理

一、案例及参考答案

案　例　一

【2023 年一建建筑】

某施工单位承接一工程，双方按《建设项目工程总承包合同（示范文本）》（GF—2020—0216）签订了工程总承包合同。合同部分内容：质量为合格，工期6个月，按月度完成量的85%支付进度款，分部分项工程费见表1-1。

表 1-1　分部分项工程费

名称	工程量/m³	综合单价/(元/m³)	费用/万元
A	9000	2000	1800
B	12000	2500	3000
C	15000	2200	3300
D	4000	3000	1200

措施费为分部分项工程费的16%，安全文明施工费为分部分项工程费的6%，其他项目费用包括：暂列金额100万元，分包专业工程暂估价为200万元，另记总包服务费5%。规费费率为2.05%，增值税率9%。

工程某施工设备从以下三种型号中选择，设备每天使用时间均为8h。设备相关信息见表1-2。

表 1-2　三种型号设备相关信息

名称	固定费用/(元/天)	可变费用/(元/h)	单位时间产量/(m³/h)
E	3200	560	120
F	3800	785	180
G	4200	795	220

施工单位为保证施工进度，针对编制的劳动力需用计划，综合考虑现有工作量、劳动力

投入量、劳动效率、材料供应能力等因素，进行了钢筋加工劳动力调整。在20天内完成了3000t钢筋加工制作任务，满足了施工进度要求。

问题：

1. 分别计算签约合同价中的项目措施费、安全文明施工费、签约合同价各是多少万元？（计算结果四舍五入取整数）

2. 用单位工程量成本比较法列式计算选用哪种型号的设备。（计算公式：$C = (R + F \times X)/(Q \times X)$）除考虑经济性外，施工机械设备选择原则还有哪些？

3. 如果每人每个工作日的劳动效率为5t，完成钢筋加工制作投入的劳动力是多少人？编制劳动力需求计划时需要考虑的因素还有哪些？

【参考答案】

1. （本小题6.0分）

（1）措施费：$(1800+3000+3300+1200) \times 16\% = 1488$（万元）。 (1.0分)

（2）安全文明施工费：$(1800+3000+3300+1200) \times 6\% = 558$（万元）。 (1.0分)

（3）签约合同价：

① 分部分项：$1800+3000+3300+1200 = 9300$（万元）。 (1.0分)

② 措施：1488万元。 (1.0分)

③ 其他：$100+200 \times (1+5\%) = 310$（万元）。 (1.0分)

$(9300+1488+310) \times (1+2.05\%) \times (1+9\%) = 12345$（万元）。 (1.0分)

2. （本小题6.0分）

（1）成本比较：

E：$(3200+560 \times 8)/(120 \times 8) = 8$（元/$m^3$）。 (1.0分)

F：$(3800+785 \times 8)/(180 \times 8) = 7$（元/$m^3$）。 (1.0分)

G：$(4200+795 \times 8)/(220 \times 8) = 6$（元/$m^3$）。 (1.0分)

G设备单位工程量成本最低，选G设备。 (1.0分)

（2）包括：适应性、高效性、稳定性、安全性。 (2.0分)

3. （本小题6.0分）

（1）$3000/(5 \times 20) = 30$（人） (2.0分)

（2）需要考虑的因素还有：

工程量、持续时间、班次、每班工作时间。 (4.0分)

案 例 二

【2022年一建建筑】

建设单位发布某新建工程招标文件，部分条款有：发包范围为土建、水电、通风空调、消防、装饰等工程，实行施工总承包管理；投标限额为65000.00万元，暂列金额为1500.00万元；工程款按月度完成工作量的80%支付；质量保证金为5%，履约保证金为15%；钢材指定采购本市钢厂的产品；消防及通风空调专项工程金额1200.00万元，由建设单位指定发包，总承包服务费3.00%。投标单位对部分条款提出了异议。

经公开招标，某施工总承包单位中标，签订了施工总承包合同，合同价部分费用有：分部分项工程费48000.00万元，措施项目费为分部分项工程费的15%，规费费率2.20%，增值税税率 9.00%。

施工总承包单位签订物资采购合同，购买 800mm×800mm 的地砖 3900 块，合同标的规定了地砖的名称、等级、技术标准等内容。地砖由 A、B、C 三地供应，相关信息见表 1-3。

表 1-3

序号	货源地	数量/块	出厂价/(元/块)	其他
1	A	936	36	
2	B	1014	33	
3	C	1950	35	
合计		3900		

问题：

1. 分别计算各项构成费用（分部分项工程费、措施项目费等 5 项）及施工总承包合同价各是多少？（单位：万元，保留小数点后两位）

2. 分别计算地砖的每平方米用量、各地采购比重和材料原价各是多少？（原价单位：元/m²）

【参考答案】

1. （本小题 6.0 分）

（1）分部分项工程费：48000.00 万元。 (1.0 分)

（2）措施项目费：48000×15%＝7200.00（万元）。 (1.0 分)

（3）其他项目费：1500＋1200＋1200×3.00%＝2736.00（万元）。 (1.0 分)

（4）规费：（48000＋7200＋2736）×2.20%＝1274.59（万元）。 (1.0 分)

（5）税金：（48000＋7200＋2736＋1274.59）×9%＝5328.95（万元）。 (1.0 分)

合同价：48000＋7200＋2736＋1274.59＋5328.95＝64539.54（万元）。 (1.0 分)

2. （本小题 3.5 分）

（1）每平方米用量：$1/(0.8×0.8)=1.56$（块/m²）。 (0.5 分)

（2）各地采购比重

A：（936/3900）×100%＝24%。 (0.5 分)

B：（1014/3900）×100%＝26%。 (0.5 分)

C：（1950/3900）×100%＝50%。 (0.5 分)

（3）各材料原价

A：$36/(0.8×0.8)=56.25$（元/m²）或 36×1.56＝56.16（元/m²）。 (0.5 分)

B：$33/(0.8×0.8)=51.56$（元/m²）或 33×1.56＝51.48（元/m²）。 (0.5 分)

C：$35/(0.8×0.8)=54.69$（元/m²）或 35×1.56＝54.60（元/m²）。 (0.5 分)

案 例 三

【2021 年一建建筑】

某新建住宅楼工程，建筑面积 25000m²，装配式钢筋混凝土结构。建设单位编制了招标工程量清单等招标文件，其中部分条款内容为：本工程实行施工总承包模式，承包范围为土建、电气等全部工程内容，质量标准为合格，开工前业主向承包商支付合同工程造价的25%作为预付备料款，保修金为总价的3%。经公开招投标，某施工总承包单位以12500万元中标。其中：工地总成本9200万元，公司管理费按10%计，利润按5%计，暂列金额1000万元。主要材料及构配件金额占合同额70%。双方签订了工程施工总承包合同。

项目经理部按照包括统一管理、资金集中等内容的资金管理原则编制年、季、月度资金收支计划，认真做好项目资金管理工作。施工单位按照建设单位要求，通过专家论证，采用了一种新型预制钢筋混凝土剪力墙结构体系，致使实际工地总成本增加到9500万元。施工单位在工程结算时，对增加费用进行了索赔。

项目经理部按照单位工程量使用成本费用（包括可变费用和固定费用，如大修费、小修费等）较低的原则对主要施工设备进行了选择，其中施工塔式起重机供应渠道为企业自有设备。

项目检验试验由建设单位委托具有相应资质的检测机构负责，施工单位支付了相关费用，并向建设单位提出以下索赔事项：

（1）现场自建试验室费用超过预算费用3.5万元；
（2）新型预制钢筋混凝土剪力墙结构验证试验费25万元；
（3）新型预制钢筋混凝土剪力墙构件抽样检测费12万元；
（4）预制钢筋混凝土剪力墙破坏性试验费8万元；
（5）施工企业采购的钢筋连接套筒抽检不合格增加的检测费1.5万元。

问题：

1. 该工程预付备料款和起扣点分别是多少万元？（精确到小数点后两位）
2. 项目资金管理原则有哪些内容？
3. 施工单位工地总成本增加，用总费用法分步计算索赔值是多少万元？（精确到小数点后两位）

【参考答案】

1. （本小题4.0分）
预付备料款：（12500 - 1000）×25% = 2875.00（万元）。 (2.0分)
起扣点：（12500 - 1000）- 2875/70% = 7392.86（万元）。 (2.0分)

2. （本小题4.0分）
（1）统一管理、分级负责。 (1.0分)
（2）归口协调、流程管控。 (1.0分)
（3）资金集中、预算控制。 (1.0分)
（4）以收定支、集中调剂。 (1.0分)

3. （本小题4.0分）
（1）总成本增加：9500 - 9200 = 300.00（万元）。 (1.0分)
（2）公司管理费增加：300 × 10% = 30.00（万元）。 (1.0分)
（3）利润增加：（300 + 30）× 5% = 16.50（万元）。 (1.0分)
（4）索赔值：300 + 30 + 16.5 = 346.50（万元）。 (1.0分)

案 例 四

【2020 年一建建筑】

某工程,双方约定合同履行期间发生的签证按实结算。土方挖运的综合单价为 25 元/m^3,基坑开挖过程中发现一段废弃的混凝土泄洪沟,外围尺寸 25m×4m×4m,壁厚均为 400mm,拆除综合单价为 520 元/m^3,计日工单价为 270 元/工日,增值税及附加税率 11.5%。

主体砌筑工程计划成本与实际成本对比见表 1-4。

表 1-4

项目	计划	实际
单价/(元/m^3)	310	332
产量/m^3	970	985
损耗率(%)	1.5	2.0
成本/元	305210.50	333560.40

招标工程量清单中钢筋分项工程的综合单价是 4443.84 元/t,钢筋材料暂估价为 2500 元/t,工程量为 260t。结算时钢筋实际使用 250t,业主签字确认的钢筋材料单价是 3500 元/t,施工单位根据已确认的钢筋材料单价重新提交了钢筋分项工程的综合单价是 6206.2 元/t。钢筋损耗率 2%。增值税及附加税率 11.5%。

问题:

1. 计算土方工程的签证工程款。
2. 通过列式计算,分析各个因素对成本的影响。
3. 施工单位对钢筋分项工程的综合单价调整方法是否正确?说明理由。结算时钢筋的综合单价是多少?钢筋分项工程的结算价款是多少?

【参考答案】

1. (本小题 3.5 分)

(1) 土方减少:25×4×4=400.00(m^3)。 (1.0 分)

(2) 拆除量:400-3.2×3.2×25=144.00(m^3)。 (1.0 分)

(3) 签证工程款:(144×520-400×25)×1.115=72341.20(元)。 (1.5 分)

2. (本小题 6.0 分)

基准:970×310×1.015=305210.50(元)。

(1) 量变替代:985×310×1.015=309930.25(元)。 (1.0 分)

工程量增加使成本增加 309930.25-305210.50=4719.75(元)。 (1.0 分)

(2) 单价替代:985×332×1.015=331925.30(元)。 (1.0 分)

单价增加使成本增加 331925.30-309930.25=21995.05(元)。 (1.0 分)

(3) 损耗替代:985×332×1.02=333560.40(元)。 (1.0 分)

损耗率增加使成本增加 333560.40-331925.30=1635.10(元)。 (1.0 分)

3. (本小题 9.0 分)

(1) 综合单价调整方法不正确。 (1.0 分)

理由：钢材的差价应直接在该综合单价上增减材料价差调整，不应当调整综合单价中的人工费、机械费、管理费和利润。 (3.0分)

(2) 结算综合单价：4443.84 + (3500 - 2500) × 1.02 = 5463.84(元/t)。 (2.0分)

(3) 钢筋结算工程量：250/1.02 = 245.10(t)。 (1.0分)

(4) 结算价款为：5463.84 × 245.10 × 1.115 = 1493193.71(元)。 (2.0分)

案 例 五

【2019年一建建筑】

某施工单位通过竞标承建一工程项目，甲乙双方通过协商对工程合同协议书（编号HT—TY—201909001），以及专用合同条款（编号HT—ZY—201909001）和通用合同条款（编号HT—ZY—201909001）修改意见达成一致，签订了施工合同。

施工合同中包含以下工程价款主要内容：

(1) 工程中标价为5800万元，暂列金额为580万元，主要材料所占比例为60%。

(2) 工程预付款为工程造价的20%。

(3) 工程进度款逐月计算。

(4) 工程质量保修金3%，在每月工程进度款中扣除，质保期满后返还。

工程1~5月份完成产值见表1-5。

表1-5 工程1~5月份完成产值

月份	1月	2月	3月	4月	5月
完成产值/万元	180	500	750	1000	1400

问题：

计算工程的预付款、起扣点是多少？分别计算3月份、4月份、5月份应付进度款和累计支付进度款是多少？（计算精确到小数点后两位，单位：万元）

【参考答案】（本小题8.0分）

(1) 预付款及起扣点

预付款：(5800 - 580) × 20% = 1044.00(万元)。 (1.0分)

起扣点：(5800 - 580) - 1044/60% = 3480.00(万元)。 (2.0分)

(2) 各月付款情况

3月份：

累计已完工程款：180 + 500 + 750 = 1430(万元) < 3480万元，不扣预付款。 (0.5分)

应付：750 × (1 - 3%) = 727.50(万元)。 (0.5分)

累计：1430 × (1 - 3%) = 1387.10(万元)。 (0.5分)

4月份：

累计已完工程款：1430 + 1000 = 2430(万元) < 3480万元，不扣预付款。 (0.5分)

应付：1000 × (1 - 3%) = 970.00(万元)。 (0.5分)

累计：1387.10 + 970.00 = 2357.10(万元)。 (0.5分)

5月份：
累计已完工程款：2430 + 1400 = 3830（万元）> 3480 万元　　　　　　　（0.5分）
应扣预付款：(3830 - 3480) × 60% = 210.00（万元）。　　　　　　　　（0.5分）
应付：1400 × (1 - 3%) - 210 = 1148.00（万元）。　　　　　　　　　　（0.5分）
累计：2357.10 + 1148 = 3505.10（万元）。　　　　　　　　　　　　　（0.5分）

案 例 六

【2018年一建建筑】

某开发商拟建一城市综合体项目，预计总投资15亿元。发包方式采用施工总承包，施工单位承担部分垫资，按月度实际完成工作量的75%支付工程款，工程质量为合格，保修金为3%，合同总工期为32个月。

某总包单位对该开发商社会信誉，偿债备付率、利息备付率等偿债能力及其他情况进行了尽职调查。中标后，双方依据《建设工程工程量清单计价规范》(GB 50500—2013)，对工程量清单编制方法等强制性规定进行了确认，对工程造价进行了全面审核。最终确定有关费用如下：分部分项工程费82000.00万元，措施项目费20500.00万元，其他项目费12800.00万元，暂列金额8200.00万元，规费2470.00万元，税金3750.00万元。双方依据《建设工程施工合同（示范文本）》(GF—2017—0201)签订了工程施工总承包合同。

问题：
1. 偿债能力评价还包括哪些指标？
2. 计算本工程签约合同价（单位：万元，保留两位小数）。双方在工程量清单计价管理中应遵守的强制性规定还有哪些？

【参考答案】
1．（本小题4.0分）
① 借款偿还期；　　　　　　　　　　　　　　　　　　　　　　　　　　（1.0分）
② 资产负债率；　　　　　　　　　　　　　　　　　　　　　　　　　　（1.0分）
③ 流动比率；　　　　　　　　　　　　　　　　　　　　　　　　　　　（1.0分）
④ 速动比率。　　　　　　　　　　　　　　　　　　　　　　　　　　　（1.0分）
2．（本小题7.0分）
（1）签约合同价：82000 + 20500 + 12800 + 2470 + 3750 = 121520.00（万元）。　（2.0分）
（2）应遵守的强制性规定还有：
① 工程量清单的使用范围；　　　　　　　　　　　　　　　　　　　　　（1.0分）
② 工程量计算规则；　　　　　　　　　　　　　　　　　　　　　　　　（1.0分）
③ 计价方式；　　　　　　　　　　　　　　　　　　　　　　　　　　　（1.0分）
④ 风险处理；　　　　　　　　　　　　　　　　　　　　　　　　　　　（1.0分）
⑤ 竞争费用。　　　　　　　　　　　　　　　　　　　　　　　　　　　（1.0分）

案 例 七

【2017年一建建筑】

某建设单位投资兴建一办公楼，投资概算25000万元，建筑面积21000m²；钢筋混凝土框架-剪力墙结构，地下2层，层高4.5m，地上18层，层高3.6m。采取工程总承包交钥匙方式对外公开招标，招标范围为工程开始至交付使用全过程。经公开招投标，A工程总承包单位中标。A单位对工程施工等工程内容进行了招标。

B施工单位中标了本工程施工标段，中标价为18060万元。部分费用如下：安全文明施工费340万元，其中按照施工计划2014年度安全文明施工费为226万元；夜间施工增加费22万元；特殊地区施工增加费36万元；大型机械进出场及安拆费86万元；脚手架费用220万元；模板费用105万元；施工总包管理费54万元；暂列金额300万元。

B施工单位中标后第8天，双方签订了项目工程施工承包合同，规定了双方的权利、义务和责任。部分条款如下：工程质量为合格；除钢材及混凝土材料价格浮动超出±10%（含10%），工程设计变更允许调整以外，其他一律不允许调整；工程预付款比例为10%；合同工期为485日历天，于2014年2月1日起至2015年5月31日止。

问题：
A工程总承包单位与B施工单位签订的施工承包合同属于哪类合同？列式计算措施项目费、预付款各为多少万元？

【参考答案】（本小题6.0分）
（1）按合同主体的法律关系属于工程分包合同，按计价方式属于总价合同。 （2.0分）
（2）措施项目费：
① $340+22+36+86+220+105=809$（万元）； （1.0分）
② $340+22+36+86+220=704$（万元）。 （1.0分）
（3）预付款：$(18060-300)\times10\%=1776$（万元）。 （2.0分）

案 例 八

【2016年一建建筑】
某新建住宅工程，建筑面积43200m^2，砖混结构，投资额25910万元。建设单位自行编制了招标工程量清单等招标文件，其中部分条款内容为：本工程实行施工总承包模式；招标控制价为25000万元；工期自2013年7月1日起至2014年9月30日止，工期为15个月；园林景观由建设单位指定专业分包单位施工。

某工程总承包单位按市场价格计算为25200万元，为确保中标最终以23500万元作为投标价。

内装修施工前，施工总承包单位的项目经理部发现建设单位提供的工程量清单中未包括一层公共区域楼地面面层子目，铺贴面积1200m^2。因招标工程量清单中没有类似子目，于是项目经理部按照市场价格信息重新组价，综合单价1200元/m^2，经现场专业监理工程师审核后上报建设单位。

问题：
依据本合同原则计算一层公共区域楼地面面层的综合单价（单位：元/m^2）及总价（单位：万元，保留小数点后两位）分别是多少？

【参考答案】（本小题3.0分）
（1）报价浮动率：$(1-23500/25000)\times100\%=6\%$。 （1.0分）
综合单价：$1200\times(1-6\%)=1128$（元/m^2）。 （1.0分）
（2）总价：$1200\times1128=135.36$（万元）。 （1.0分）

案 例 九

【2015 年一建建筑】

某新建办公楼工程,建筑面积 48000m², 地下 2 层,地上 6 层,钢筋混凝土框架结构。经公开招标,总承包单位以 31922.13 万元中标,其中暂列金额 1000 万元。双方依据《建设工程施工合同(示范文本)》(GF—2013—0201)签订了施工总承包合同,合同工期为 2013 年 7 月 1 日起至 2015 年 5 月 30 日止,并约定在项目开工前 7 天支付工程预付款。预付比例为 15%,从未完施工工程尚需的主要材料的价值相当于工程预付款数额时开始扣回,主要材料所占比例为 65%。

问题:

列式计算工程预付款、工程预付款起扣点(单位:万元,保留两位小数)。

【参考答案】(本小题 4.0 分)

(1) 工程预付款:(31922.13 - 1000) × 15% = 4638.32(万元)。 (2.0 分)

(2) 工程预付款起扣点:(31922.13 - 1000) - 4638.32/65% = 23786.25(万元)。 (2.0 分)

案 例 十

【2014 年一建建筑】

某大型综合商场工程,建筑面积 49500m²,地下 1 层,地上 3 层,现浇钢筋混凝土框架结构。建筑安装工程投资额为 22000 万元,采用清单计价模式,报价执行《建设工程工程量清单计价规范》(GB 50500—2013),工期自 2013 年 8 月 1 日至 2014 年 3 月 31 日,面向国内公开招标,有 6 家施工单位通过了资格预审,并进行了投标。

从工程招投标至竣工结算的过程中,发生了下列事件:

事件一: E 单位的投标报价构成如下:分部分项工程费为 16100.00 万元,措施项目费为 1800.00 万元,安全文明施工费为 322.00 万元,其他项目费为 1200.00 万元,暂列金额为 1000.00 万元,管理费 10%,利润 5%,规费 1%,增值税为 9%。

事件二: 建设单位按照合同约定支付了工程预付款,但合同中未约定安全文明施工费预支付比例,双方协商按国家相关部门规定的最低预支付比例进行支付。

事件三: 2014 年 3 月 30 日工程竣工验收,5 月 1 日双方完成竣工结算,双方书面签字确认,于 2014 年 5 月 20 日前由建设单位支付未付工程款 560 万元(不含 5% 的保修金)给 E 施工单位。此后,E 施工单位 3 次书面要求建设单位支付所欠款项,但是截至 8 月 30 日建设单位仍未支付 560 万元的工程款。随即 E 施工单位以行使工程款优先受偿权为由,向法院提起诉讼,要求建设单位支付欠款 560 万元,以及拖欠利息 5.2 万元,违约金 10 万元。

问题:

1. 列式计算事件一中 E 单位的中标造价是多少万元(保留两位小数)?根据工程项目不同建设阶段,建设工程造价可划分为哪几类?该中标造价属于其中的哪一类?

2. 事件二中,建设单位预支付的安全文明施工费最低是多少万元(保留两位小数)?并说明理由。安全文明施工费包括哪些费用?

3. 事件三中,工程款优先受偿权自竣工之日起共计多少个月?E 单位诉讼是否成立?其可以行使的工程款优先受偿权是多少万元?

【参考答案】

1．（本小题9.0分）

（1）中标造价：$(16100+1800+1200) \times 1.01 \times 1.09 = 21027.19$（万元）。　　　　　（2.0分）

（2）建设工程造价可划分为：

① 投资估算；　　　　　　　　　　　　　　　　　　　　　　　　　　　　　　　　（1.0分）

② 设计概算；　　　　　　　　　　　　　　　　　　　　　　　　　　　　　　　　（1.0分）

③ 施工图预算；　　　　　　　　　　　　　　　　　　　　　　　　　　　　　　　（1.0分）

④ 合同价；　　　　　　　　　　　　　　　　　　　　　　　　　　　　　　　　　（1.0分）

⑤ 竣工结算；　　　　　　　　　　　　　　　　　　　　　　　　　　　　　　　　（1.0分）

⑥ 竣工决算。　　　　　　　　　　　　　　　　　　　　　　　　　　　　　　　　（1.0分）

（3）中标造价属于合同价。　　　　　　　　　　　　　　　　　　　　　　　　　　（1.0分）

2．（本小题8.0分）

（1）安全文明施工费最低为：$322 \times 60\% = 193.20$（万元）

$$193.2 \times 1.01 \times 1.09 = 212.69（万元）$$　　　　　　　　　　　　（2.0分）

理由：根据清单计价规范的规定，发包人应在开工后28天内预付不低于当年施工进度计划安全文明施工费总额的60%，剩余部分随进度款按比例支付。　　　　　　　　　　（2.0分）

所谓当年，指一整年（12个月）。

（2）安全文明施工费包括：

① 安全施工措施费；　　　　　　　　　　　　　　　　　　　　　　　　　　　　　（1.0分）

② 文明施工措施费；　　　　　　　　　　　　　　　　　　　　　　　　　　　　　（1.0分）

③ 环境保护措施费；　　　　　　　　　　　　　　　　　　　　　　　　　　　　　（1.0分）

④ 施工单位的临时设施费。　　　　　　　　　　　　　　　　　　　　　　　　　　（1.0分）

3．（本小题3.0分）

（1）工程款优先受偿权自竣工之日起共计6个月。　　　　　　　　　　　　　　　（1.0分）

（2）E单位诉讼成立。　　　　　　　　　　　　　　　　　　　　　　　　　　　　（1.0分）

（3）可以行使的工程款优先受偿权是560万元。　　　　　　　　　　　　　　　　（1.0分）

案例十一

【2013年一建建筑】

某新建图书馆工程，采用公开招标的方式，确定某施工单位中标。双方按《建设工程施工合同（示范文本）》（GF—2013—0201）签订了施工总承包合同。合同约定总造价14250万元，预付备料款2800万元，每月底按月支付施工进度款。竣工结算时，结算款按调值公式进行调整。在招标和施工过程中，发生了如下事件：

事件一： 合同约定主要材料按占总造价比例为55%，预付备料款在起扣点之后的5个月度支付中扣回。

事件二： 某分项工程由于设计变更导致分项工程量变化幅度达20%，合同专用条款未对变更价款进行约定。施工单位按变更指令施工，在施工结束后的下一个月上报支付申请的同时，还上报了该设计变更的变更价款申请，监理工程师不予批准变更价款。

事件三： 合同中约定，根据人工费和四项材料的价格指数对总造价按调值公式法进行调整。各调值因素的比例、基期和现行价格指数见表1-6。

表 1-6

可调项目	人工费	材料一	材料二	材料三	材料四
因素比例	0.15	0.30	0.12	0.15	0.08
基期价格指数	0.99	1.01	0.99	0.96	0.78
现行价格指数	1.12	1.16	0.85	0.80	1.05

问题：

1. 事件一中，列式计算预付备料款的起扣点是多少万元？（精确到小数点后两位）

2. 事件二中，监理工程师不批准变更价款申请是否合理？并说明理由。合同中未约定变更价款的情况下，变更价款应如何处理？

3. 事件三中，列式计算经调整后的实际结算款应为多少万元？（精确到小数点后两位）

【参考答案】

1. （本小题2.0分）

起扣点：$14250 - 2800/55\% = 9159.09$（万元）。 (2.0分)

2. （本小题7.0分）

(1) 合理。 (1.0分)

理由：施工单位在收到变更指令后的14天内，未向监理工程师提交变更价款申请，视为该变更工程不涉及价款变更。 (1.0分)

(2) 应按《建设工程施工合同（示范文本）》(GF—2013—0201)的通用条款确定：

① 已标价工程量清单或预算书有相同项目的，按照相同项目单价认定。 (1.0分)

② 已标价工程量清单或预算书中无相同项目，但有类似项目的，参照类似项目的单价认定。 (1.0分)

③ 变更导致实际完成的变更工程量与已标价工程量清单或预算书中列明的该项目工程量的变化幅度超过15%的，或已标价工程量清单或预算书中无相同项目及类似项目单价的，按照合理成本加利润构成的原则，由合同当事人协商确定变更工程的单价。 (3.0分)

3. （本小题3.0分）

调整后的实际结算款：

$14250 \times (0.2 + 0.15 \times 1.12/0.99 + 0.3 \times 1.16/1.01 + 0.12 \times 0.85/0.99 + 0.15 \times 0.8/0.96 + 0.08 \times 1.05/0.78)$ (2.0分)

$= 14962.13$（万元） (1.0分)

案 例 十 二

【2012年一建建筑】

某酒店建设工程，建筑面积28700m²，地下1层，地上15层，现浇钢筋混凝土框架结构。甲施工单位按照《建设工程施工合同（示范文本）》(GF—99—0201)签订了施工总承包合同。合同部分条款约定如下：

(1) 本工程合同工期549天。
(2) 本工程采用综合单价计价模式。
(3) 包括安全文明施工费的措施费包干使用。
(4) 因建设单位责任引起的工程实体设计变更发生的费用予以调整。
(5) 工程预付款的比例为10%。

甲施工单位投标报价书的情况是：土方工程量650m^3，定额单价中人工费为8.40元/m^3，材料费为12.00元/m^3，机械费为1.60元/m^3。分部分项工程量清单合价为8200万元，措施项目清单合价为360万元，暂列金额为50万元，其他项目清单合价为120万元，总包服务费为30万元，企业管理费费率为15%，利润率为5%，规费为225.68万元，增值税税率为9%。

问题：
1. 哪些费用为不可竞争费用？
2. 甲施工单位所报土石方分项工程的综合单价是多少元/m^3？中标造价是多少万元？工程预付款是多少万元？（均需列式计算，结果保留两位小数）

【参考答案】
1. （本小题3.0分）
不可竞争的费用：
① 安全文明施工费； (1.0分)
② 规费； (1.0分)
③ 税金。 (1.0分)

2. （本小题5.0分）
(1) 综合单价：(8.40+12.00+1.60)×1.15×1.05=26.57(元/m^3)。 (2.0分)
(2) 中标造价：(8200+360+120+225.68)×1.09=9707.19(万元)。 (2.0分)
(3) 工程预付款：(9707.19-50)×10%=965.72(万元)。 (1.0分)

案例十三

【经典案例】

某写字楼工程，建筑面积120000m^2，地下2层，地上22层，钢筋混凝土框架剪力墙结构，合同工期780天。某施工总承包单位按照建设单位提供的工程量清单及其他招标文件参加了该工程的投标，并以34263.29万元的报价中标。双方依据《建设工程施工合同（示范文本）》（GF—99—0201）签订了工程施工总承包合同。

合同约定：本工程采用固定单价合同计价模式，当实际工程量增加或减少超过清单工程量5%时，合同单价予以调整，调整系数为0.95或1.05。投标报价中的钢筋、土方的全费用综合单价分别为5800元/t、32元/m^3。

合同履行过程中，发生了下列事件：

事件一：施工总承包单位项目部对合同造价进行了分析。各项费用为：直接费26168.22万元，管理费4710.28万元，利润1308.41万元，规费945.58万元，税金1130.80万元。

事件二：施工总承包单位项目部对清单工程量进行了复核。其中：钢筋实际工程量为

9600t，钢筋清单工程量为10176t；土方实际工程量30240m³，土方清单工程量为28000m³。施工总承包单位向建设单位提交了工程价款调整报告。

问题：

1. 事件一中，按照"完全成本法"核算，施工总承包单位的成本是多少？项目部的成本管理应包括哪些方面的内容？

2. 事件二中，施工总承包单位的钢筋和土方工程价款是否可以调整？为什么？列式计算调整后的价款是多少万元？

【参考答案】

1．（本小题6.0分）

（1） 26168.22 + 4710.28 + 945.58 = 31824.08（万元）。 （1.0分）

（2）成本管理内容：

① 施工成本计划； （1.0分）

② 施工成本控制； （1.0分）

③ 施工成本核算； （1.0分）

④ 施工成本分析； （1.0分）

⑤ 施工成本考核。 （1.0分）

2．（本小题7.0分）

（1）钢筋工程可以调价，因为（10176 - 9600）/10176 = 5.66% > 5%。 （1.0分）

　　 调整后价款：9600 × 5800 × 1.05 = 5846.40（万元）。 （2.0分）

（2）土方工程可以调价，因为（30240 - 28000）/28000 = 8% > 5%。 （1.0分）

　　 调整后价款：28000 × 1.05 × 32 + (30240 - 28000 × 1.05) × 32 × 0.95 = 96.63（万元）。

 （2.0分）

（3）钢筋工程与土方工程价款合计 5846.40 + 96.63 = 5943.03（万元）。 （1.0分）

二、2024考点预测

1. 建安工程款的组成部分及计算方法。
2. 工料单价、综合单价的计算方法。
3. 工程量的调整原则及调整方法。
4. 材料价格波动引起的价款调整。
5. 竣工调值后的调价款及结算款。
6. 成本管理三方法（价值工程、挣值法、因素分析法）。
7. 工料机定额的计算方法及确定原则。

第四节　横道计划管理

考点一：四个概念

考点二：四个参数

考点三：四类流水

考点四：四类题型

一、案例及参考答案

案 例 一

【2019年一建建筑】

某新建办公楼工程,地下2层,地上20层,框架-剪力墙结构,建筑高度87m。建设单位通过公开招标选定了施工总承包单位并签订了工程施工合同,基坑深7.6m,基础底板施工计划网络图(见图1-1)。

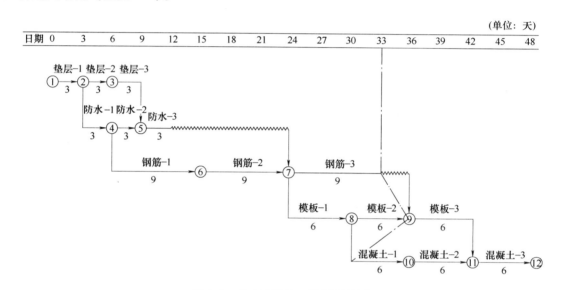

图1-1 基础底板施工计划网络图

项目部在施工至第33天时,对施工进度进行了检查,实际施工进度如网络图中实际进度前锋线所示,对进度有延误的工作采取了改进措施。

问题:

1. 指出网络图中各施工过程的流水节拍。
2. 如采用成倍节拍流水施工,计算各施工工作专业队数量。

【参考答案】

1. 各施工过程的流水节拍(本小题2.5分)

① 垫层:3天; (0.5分)
② 防水:3天; (0.5分)
③ 钢筋:9天; (0.5分)
④ 模板:6天; (0.5分)
⑤ 混凝土:6天。 (0.5分)

2. 各专业队数量(本小题3.0分)

流水步距流水节拍的最大公约数,即3天。 (0.5分)
① 垫层专业队数:3/3=1(个); (0.5分)

② 防水专业队数：3/3=1(个)； (0.5分)
③ 钢筋专业队数：9/3=3(个)； (0.5分)
④ 模板专业队数：6/3=2(个)； (0.5分)
⑤ 混凝土专业队数：6/3=2(个)。 (0.5分)

案 例 二

【2016年一建建筑】

某综合楼工程，地下3层，地上20层，总建筑面积68000m²，地基基础设计等级为甲级，灌注桩筏形基础，现浇钢筋混凝土框架-剪力墙结构。

装修施工单位将地上标准层（F6～F20）划分为三个施工段组织流水施工，各施工段上均包含三道施工工序，其流水节拍见表1-7。

表 1-7 （单位：周）

流水节拍		施工过程		
		工序1	工序2	工序3
施工段	F6～F10	4	3	3
	F11～F15	3	4	6
	F16～F20	5	4	3

问题：

参照图1-2，在答题卡上相应位置绘制标准层装修的流水施工横道图。

施工过程	施工进度/周										
	1	2	3	4	5	6	7	8	9	10	…
工序1											
工序2											
工序3											

图 1-2

【参考答案】（本小题6.0分）

(1) ① 工序1与工序2之间的步距

$$\begin{array}{r} 4\quad 7\quad 12 \\ -)\quad 3\quad 7\quad 11 \\ \hline 4\quad 4\quad 5\quad -11 \end{array}$$ 取 $K_{1,2}=5$ 周 (1.0分)

② 工序2与工序3之间的步距

$$\begin{array}{r} 3\quad 7\quad 11 \\ -)\quad 3\quad 9\quad 12 \\ \hline 3\quad 4\quad 2\quad -12 \end{array}$$ 取 $K_{2,3}=4$ 周 (1.0分)

(2) 流水工期：$T = (5+4) + 12 = 21(周)$　　　　　　　　　　　　　　　　(1.0分)

(3) 绘图：　　　　　　　　　　　　　　　　　　　　　　　　　　　　　　(3.0分)

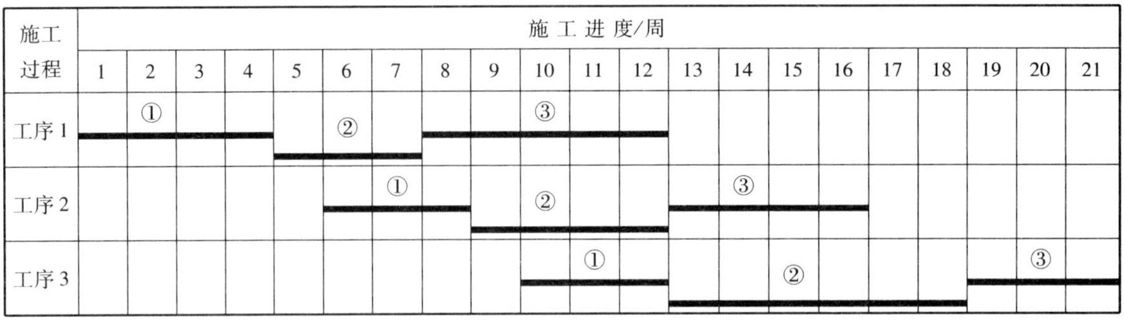

施工过程	施工进度/周																				
	1	2	3	4	5	6	7	8	9	10	11	12	13	14	15	16	17	18	19	20	21
工序1	━━①━━				━②━		━━━③━━━━━													
工序2					━━①━━			━━②━━			━━③━━								
工序3									━━①━━				━━②━━					━③━	

【评分准则：没有计算过程，但图形正确的，即得6.0分】

案 例 三

【2013年一建建筑】

某工程基础底板施工，合同约定工期50天，项目经理部根据业主提供的电子版图纸编制了施工进度计划（见图1-3）。编制底板施工进度计划时，暂未考虑流水施工。

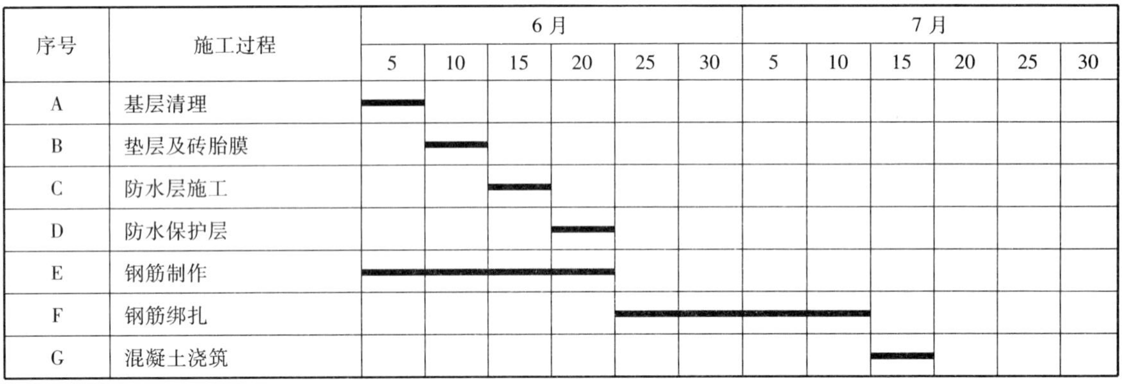

序号	施工过程	6月						7月					
		5	10	15	20	25	30	5	10	15	20	25	30
A	基层清理	━											
B	垫层及砖胎膜		━━										
C	防水层施工			━									
D	防水保护层				━━								
E	钢筋制作	━━━━━━━━━━━━━											
F	钢筋绑扎					━━━━							
G	混凝土浇筑							━					

图1-3 施工进度计划图

在施工准备及施工过程中，发生了如下事件：

事件一：公司在审批该施工进度计划横道图时提出，计划未考虑工序B与C，工序D与F之间的技术间歇（养护）时间，要求项目经理部修改。两处工序技术间歇（养护）均为2天，项目经理部按要求调整了进度计划，经监理批准后实施。

事件二：施工单位采购的防水材料进场抽样复试不合格，致使工序C比调整后的计划开始时间拖后3天；因业主未按时提供正式的图纸，致使工序E在6月11日才开始。

问题：

1. 在答题卡上绘制事件一中调整后的施工进度计划网络图（双代号），并用双线表示出关键线路。

2. 考虑事件一、二的影响，计算总工期（假定各工序持续时间不变）。如果钢筋制作、钢筋绑扎、混凝土浇筑按两个流水段组织等节拍流水施工，其总工期将变为多少天？是否满足原合同约定的工期？

【参考答案】

1. （本小题3.0分）

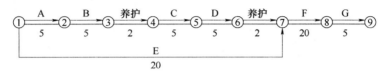

2. （本小题6.0分）

（1）总工期：事件一、二发生后，关键线路为E→F→G，(20＋10)＋20＋5＝55(天)。 (1.0分)

或通过横道图分析。

序号	施工过程	6月						7月				
		5	10	15	20	25	30	35	40	45	50	55
		5	5	2 3	3 2	5	2 3	2 3	2 3	2 3	2 3	2 3
A	基层清理											
B	垫层及砖胎膜											
	养护（2天）											
C	防水层施工			拖延3天								
D	防水保护层											
	养护（2天）											
E	钢筋制作	业主延误10天										
F	钢筋绑扎											
G	混凝土浇筑											

（2）从E、F、G组织流水施工的角度，F工作第21天上班时刻即可开始施工，但从网络计划的整体角度考虑，F工作第28天上班时刻才能开始。 (1.0分)

F、G组织等节拍流水施工的流水节拍为F（10、10）和G（2.5、2.5），其流水步距：

$$\begin{array}{r}10\ \ 20\\ -)\ \ \ \ \ 2.5\ \ \ 5\\ \hline 10\ \ 17.5\ \ -5\end{array}$$ 取 K＝17.5天。 (1.0分)

F、G两项工作组织等节拍流水施工的流水工期：17.5＋5＝22.5(天)。 (1.0分)

总工期：27＋22.5＝49.5(天)。 (1.0分)

满足原合同约定的工期。 (1.0分)

或通过横道图分析。

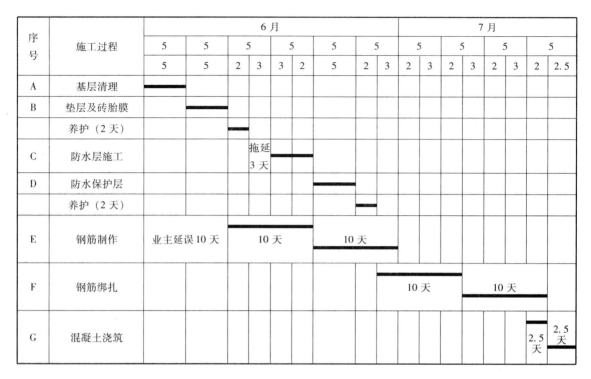

案例 四

【2012年一建建筑】

某大学城工程，包括结构形式与建筑规模一致的四栋单体建筑，每栋建筑面积为 21000m²，地下2层，地上18层，层高4.2m，钢筋混凝土框架-剪力墙结构。

A施工单位与建设单位签订了施工总承包合同，合同约定：除主体结构外的其他分部分项工程施工，总承包单位可以自行依法分包，建设单位负责供应油漆等部分材料。

合同履行过程中，发生了下列事件：

A施工单位拟对四栋单体建筑的某分项工程组织流水施工，其流水施工参数见表1-8。

表 1-8

施工过程	流水节拍/周			
	单体建筑一	单体建筑二	单体建筑三	单体建筑四
Ⅰ	2	2	2	2
Ⅱ	2	2	2	2
Ⅲ	2	2	2	2

其中：施工过程Ⅱ与施工过程Ⅲ之间存在工艺间隔时间1周。

问题：

1. 最适宜采用何种流水施工组织形式？除此之外，流水施工通常还有哪些基本组织形式？
2. 绘制事件中的流水施工进度计划横道图，并计算其流水施工工期。

第一章 通用管理

【参考答案】

1. （本小题3.0分）

（1）最适宜等节奏流水施工组织形式。　　　　　　　　　　　　　　　　　　　　（1.0分）

（2）还包括的基本形式：无节奏流水施工、异节奏流水施工，其中异节奏流水施工又细分为加快的成倍节拍流水施工和非加快的成倍节拍流水施工。　　　　　　　　　（2.0分）

2. （本小题5.0分）

（1）绘图：　　　　　　　　　　　　　　　　　　　　　　　　　　　　　　　　（3.0分）

过程	施工进度/周												
	1	2	3	4	5	6	7	8	9	10	11	12	13
Ⅰ	单体一		单体二		单体三		单体四							
Ⅱ			单体一			单体二			单体三			单体四	
Ⅲ					单体一			单体二			单体三			单体四

【评分准则：施工过程Ⅰ、Ⅱ、Ⅲ的横道线与时间的对应关系，每错一处扣1分；横道线上方未标出施工段名称，但对应关系正确的，本小题得2.0分。】

（2）流水工期：$(3-1)\times 2 + 4\times 2 + 1 = 13$（周）。　　　　　　　　　　　（2.0分）

案　例　五

【2010年一建建筑】

某办公楼工程，地下一层，地上十层，现浇钢筋混凝土框架结构，预应力管桩基础。建设单位与施工总承包单位签订了施工总承包合同，合同工期为29个月。按合同约定，施工总承包单位将预应力管桩工程分包给了符合资质要求的专业分包单位。施工总承包单位提交的施工总进度计划如图1-4所示（时间单位：月），该计划通过了监理工程师的审查和确认。

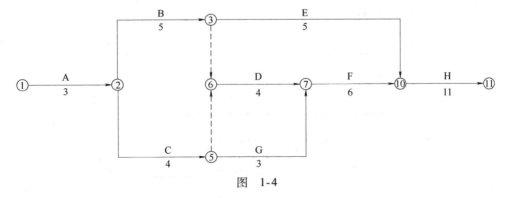

图 1-4

合同履行过程中，为了缩短工期，施工总承包单位将原施工方案中H工作的异节奏流水施工调整为成倍节拍流水施工。原施工方案中H工作异节奏流水施工横道图如图1-5所示（时间单位：月）。

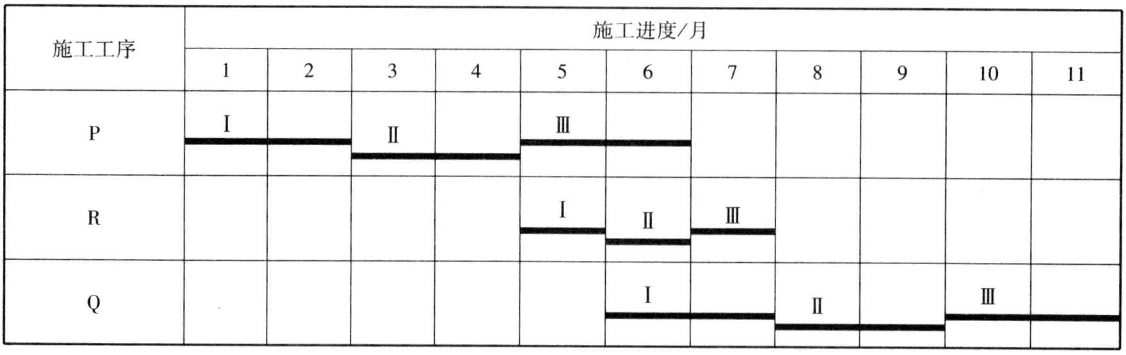

施工工序	施工进度/月										
	1	2	3	4	5	6	7	8	9	10	11
P	Ⅰ		Ⅱ		Ⅲ						
R					Ⅰ	Ⅱ	Ⅲ				
Q						Ⅰ		Ⅱ		Ⅲ	

图 1-5

问题：

1. 施工总承包单位计划工期能否满足合同工期要求？为保证工程进度目标，施工总承包单位应重点控制哪条施工线路？

2. 调整流水施工后，H 工作相邻工序的流水步距为多少个月？工期可缩短多少个月？按照图 1-5 格式绘制出调整后 H 工作的施工横道图。

【参考答案】

1.（本小题 5.0 分）

(1) 计算工期：$3+5+4+6+11=29$（月），合同工期也为 29 个月，所以计划工期能够满足合同工期的要求。　　　　　　　　　　　　　　　　　　　　　　　(3.0 分)

(2) 应重点控制关键线路：A→B→D→F→H。　　　　　　　　　　　　(2.0 分)

2.（本小题 8.0 分）

(1) 流水步距：取各流水节拍的最大公约数，$K=1$ 月。　　　　　　　　(1.0 分)

(2) 工期缩短：

① $K=1$ 月；　　　　　　　　　　　　　　　　　　　　　　　　　　(1.0 分)

② $n'=2/1+1/1+2/1=5$ 个专业队；　　　　　　　　　　　　　　　(1.0 分)

③ $T=(n'-1+m)\times K+\sum j-\sum C=(5-1+3)\times 1=7$（月）；　　(1.0 分)

工期缩短：$11-7=4$（月）。　　　　　　　　　　　　　　　　　　　　(1.0 分)

(3) 绘图：　　　　　　　　　　　　　　　　　　　　　　　　　　　　(3.0 分)

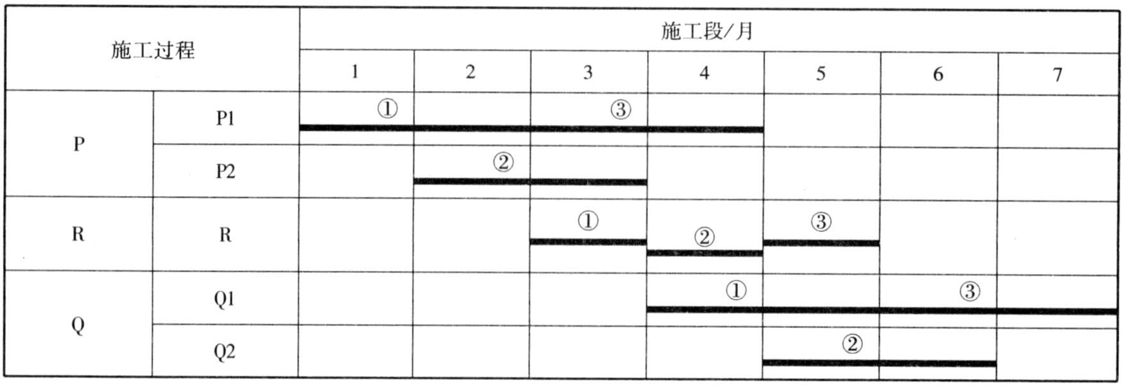

施工过程		施工段/月						
		1	2	3	4	5	6	7
P	P1	①		③				
	P2		②					
R	R			①	②	③		
Q	Q1				①		③	
	Q2					②		

案 例 六

【2011年二建建筑】

某广场地下车库工程，建筑面积18000m²。建设单位和某施工单位根据《建设工程施工合同（示范文本）》(GF—99—0201)签订了施工承包合同，合同工期140天。

工程实施过程中，发生了下列事件：

施工单位将施工作业划分为A、B、C、D四个施工过程，分别由指定的专业班组进行施工，每天一班工作制，组织无节奏流水施工，流水施工参数见表1-9。

表 1-9

施工过程		A	B	C	D
施工段	I	12	18	25	12
	II	12	20	25	13
	III	19	18	20	15
	IV	13	22	22	14

问题：

1. 列式计算A、B、C、D四个施工过程之间的流水步距分别是多少天？
2. 列式计算流水施工的计划工期是多少天？能否满足合同工期的要求？

【参考答案】

1. （本小题6.0分）

（1）$K_{A,B}$

```
      12   24   43   56
  - )      18   38   56   78
  ─────────────────────────
      12    6    5    0  -78
```
(1.0分)

取 $K_{A,B}=12$ 天。 (1.0分)

（2）$K_{B,C}$

```
      18   38   56   78
  - )      25   50   70   92
  ─────────────────────────
      18   13    6    8  -92
```
(1.0分)

取 $K_{B,C}=18$ 天。 (1.0分)

（3）$K_{C,D}$

```
      25   50   70   92
  - )      12   25   40   54
  ─────────────────────────
      25   38   45   52  -54
```
(1.0分)

取 $K_{C,D}=52$ 天。 (1.0分)

37

2. （本小题 2.0 分）
（1）流水工期：$T = (12+18+52)+(12+13+15+14) = 136（天）$。 (1.0 分)
（2）流水工期为 136 天，合同工期 140 天，流水工期满足合同工期的要求。 (1.0 分)

案 例 七

【2009 年二建建筑】

某办公楼工程，建筑面积 5500m²，框架结构，独立柱基础，上设承台梁，独立柱基础埋深为 1.5m，地质勘察报告中地基基础持力层为中砂层，基础施工钢材由建设单位供应。基础工程分为两个施工段，组织流水施工，根据工期要求编制了工程基础项目的施工进度计划，并绘制施工双代号网络计划图，如图 1-6 所示。

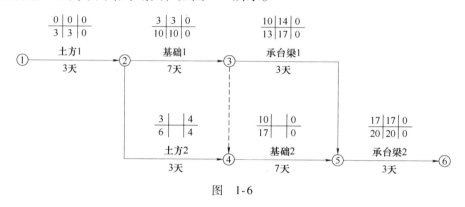

图 1-6

在工程施工中发生如下事件：

事件一：土方 2 施工中，开挖后发现局部地基持力层为软弱层需处理，工期延误 6 天。

事件二：承台梁 1 施工中，因施工用钢材未按时进场，工期延误 3 天。

事件三：基础 2 施工时，因施工总承包单位原因造成工程质量事故，返工致使工期延期 5 天。

问题：

1. 指出基础工程网络计划的关键线路，写出该基础工程计划工期。
2. 针对本案例上述各事件，施工总承包单位是否可以提出工期索赔，并分别说明理由。
3. 对索赔成立的事件，总工期可以顺延几天？实际工期是多少天？
4. 上述事件发生后，本工程网络计划的关键线路是否发生改变，如有改变，请指出新的关键线路，并在答题卡上绘制施工实际进度横道图。

基础工程施工实际进度横道图

序号	分项工程名称	天 数												
		2	4	6	8	10	12	14	16	18	20	22	24	26	28
1	土方工程														
2	基础工程														
3	承台梁工程														

【参考答案】

1.（本小题2.0分）

(1) 关键路线：①→②→③→④→⑤→⑥。 (1.0分)

(2) 计划工期：3+7+7+3=20(天)。 (1.0分)

2.（本小题9.0分）

(1) 事件一：可以提出工期索赔。 (1.0分)

理由：发现局部地基持力层为软弱层是建设单位应承担的责任事件，土方2的总时差为4天，工期延误6天超过了其总时差，对工期造成了影响。 (2.0分)

(2) 事件二：不可以提出工期索赔。 (1.0分)

理由：尽管钢材未按时进场是建设单位应承担的责任，但承台梁1为非关键工作，延误3天未超出其总时差，对工期没有影响。 (2.0分)

(3) 事件三：不可提出工程索赔。 (1.0分)

理由：施工单位原因造成工程质量事故是施工单位应承担的责任。 (2.0分)

3.（本小题3.0分）

(1) 总工期可以顺延：6-4=2(天)。 (1.0分)

(2) 实际工期=3+(3+6)+(7+5)+3=27(天)。 (2.0分)

4.（本小题6.0分）

(1) 关键路线发生了改变。 (1.0分)

(2) 新的关键路线：①→②→④→⑤→⑥。 (2.0分)

(3) 基础工程施工实际进度横道图： (3.0分)

序号	分项工程名称	天 数													
		2	4	6	8	10	12	14	16	18	20	22	24	26	28
1	土方工程														
2	基础工程														
3	承台梁工程														

案 例 八

【经典案例】

某施工总承包单位承接了一座4×20m简支梁桥工程。桥梁采用扩大基础，墩身平均高10m。项目为单价合同，且全部钢筋由业主提供，其余材料由施工单位自采或自购。

项目部拟就1~3号排架组织流水施工，各段流水节拍见表1-10。

表 1-10

工程名称	1号排架	2号排架	3号排架
A 基础施工	10	12	15
B 墩身施工	15	20	15
C 盖梁施工	10	10	10

注：表中排架由基础、墩身和盖梁三部分组成。

根据施工组织和技术要求，基础施工完成后至少 10 天才能施工墩身。

施工期间，施工单位准备开始墩身施工时，由于供应商的失误，将一批不合格的钢筋运到施工现场，致使墩身施工推迟了 10 天开始，承包商拟就此向业主提出工期和费用索赔。

问题：
1. 列式计算流水工期。
2. 绘制流水施工横道图。
3. 针对上述事件，承包商是否可以提出工期和费用索赔？说明理由。

【参考答案】

1. （本小题 8.0 分）

（1）A 和 B 的流水步距

```
     10   22   37
-)        15   35   50
    ─────────────────────
     10   7    2   -50
```
(2.0 分)

名义 $K_{A,B} = \max\{10, 7, 2, -50\} = 10$（天）； (1.0 分)

实际 $K_{A,B} = 10 + 10 = 20$（天）。

（2）B 和 C 的流水步距

```
     15   35   50
-)        10   20   30
    ─────────────────────
     15   25   30   -30
```
(2.0 分)

名义 $K_{B,C} = \max\{15, 25, 30, -30\} = 30$（天）； (1.0 分)

实际 $K_{B,C} = 30$ 天。

（3）$T = \sum K + \sum t_n + \sum j - \sum C = (10+30) + (10+10+10) + 10 = 80$（天）。 (2.0 分)

2. （本小题 5.0 分）

流水施工横道图

施工工序	工 期/天							
	10	20	30	40	50	60	70	80
A	A1	A2	A3					
B					B1	B2	B3	
C						C1	C2	C3

3. （本小题 3.0 分）

可以提出工期和费用索赔。 (1.0 分)

理由：因为全部钢筋由业主提供，钢筋不合格是业主应承担的责任，并且墩身施工没有

机动时间，停工10天影响工期10天。　　　　　　　　　　　　　　　　　　（2.0分）

二、选择题及答案解析

1. 流水施工的主要特点是（　　　）。
   A. 实行了专业化作业，生产率高
   B. 便于利用机动时间优化资源供应强度
   C. 可随时根据施工情况调整施工进度
   D. 有效利用了工作面和有利于缩短工期
   E. 便于专业化施工队连续作业

【解析】

流水施工的特点："低耗高效工期短"。

（1）理解流水施工，要先理解"依次施工和平行施工"。流水施工的特点（优点）其实是与依次施工、平行施工相较之下的结果。

（2）依次施工，即"前一个施工过程结束，后一个施工过程开始"。这种既不分段也不搭接的施工方式导致施工效率低下、进度缓慢，极大地浪费工作面，不利于进度控制。

（3）平行施工，即"同一时间，不同作业面上同时施工"。如4幢楼同时绑钢筋、支模板、浇混凝土。相比依次施工，平行施工有利于缩短工期；但资源供给压力较大，不利于成本控制。

（4）上述两种方式均无法同时兼顾效率与成本。

（5）流水施工：连续搭接地完成某个程序性任务。流水施工"组织专业队"并"分段搭接施工"。前者保障了工程质量；而后者则意味着"较小的投入和较高的效率"。

2. 下列流水施工参数中，用来表达流水施工在空间布置上开展状态的参数有（　　　）。
   A. 流水能力　　　　　　　　　　　B. 施工段
   C. 流水强度　　　　　　　　　　　D. 工作面
   E. 施工过程

【解析】

（1）"空间参数"简单讲就是与"空间个数"有关的概念。主要包括：施工段、工作面。

（2）"流水能力＝流水强度"，同"单位时间内的产量"。产量越高，能力（强度）越高。

（3）"施工过程"即工艺流程，指"若干个带有程序性的施工任务"。包括："大工艺"（地基基础、主体结构、装饰装修）以及"小工艺"（支模板、绑钢筋、浇混凝土）。

（4）流水强度和施工过程均属工艺参数。

3. 下列流水施工参数中，属于工艺参数的是（　　　）。
   A. 施工过程　　　　　　　　　　　B. 施工段
   C. 流水步距　　　　　　　　　　　D. 流水节拍

【解析】

施工过程是一建案例考试中唯一涉及的工艺参数。

4. 下列流水施工参数中，属于时间参数的是（　　　）。
   A. 施工过程和流水步距　　　　　　B. 流水步距和流水节拍
   C. 施工段和流水强度　　　　　　　D. 流水强度和工作面

【解析】
流水施工中涉及的时间参数包括："主参和辅参"两大类。主参：流水节拍、流水节奏、流水步距、流水工期；辅参：间歇（J）、提前（Q）。
（1）流水节拍和流水节奏是两个相辅相成的概念。"流水、节拍、节奏"均为类比概念：
① 流水节拍（t）：完成单个施工段上的单项工作所需的持续时间；
② 流水节奏：多个流水节拍呈现的组合规律。
（2）流水步距（K）：相邻两个专业队相继开工的最小时间间隔；其核心为"时间差"。
（3）流水工期（T）：第一个专业队进场到最后一个专业队完成所经历的整个持续时间。

5. 组织建设工程流水施工时，划分施工段的原则有（　　）。
A. 同一专业工作队在各个施工段上的劳动量应大致相等
B. 施工段的数量应尽可能多
C. 每个施工段内要有足够的工作面
D. 施工段的界限应尽可能与结构界限相吻合
E. 多层建筑物应既分施工段又分施工层

【解析】
划分施工段考虑：数量原则、产量原则、空间原则、整体原则和二分原则。
（1）数量原则：施工段数量只需满足合理施工要求，段数过多会降低施工速度；太少又无法形成有效搭接，浪费工作面。
（2）产量原则：各施工段劳动量应大致相等；其工程量偏差一般不超过15%。
（3）空间原则：每个施工段内要有足够的工作面。这样才能确保施工资源的有效投入。
（4）整体原则：施工段宜设在对结构影响较小的部位。考虑到结构整体性，施工段应尽量与沉降缝、伸缩缝结合划分。
（5）二分原则："纵横"两个划分维度。需要分层施工的建筑，应"既分段又分层"。

6. 固定节拍流水施工的特点有（　　）。
A. 各施工段上的流水节拍均相等
B. 相邻施工过程的流水步距均相等
C. 专业工作队数等于施工过程数
D. 施工段之间可能有空闲时间
E. 有的专业工作队不能连续作业

【解析】
四种流水施工形式：等节奏、无节奏、异步距异节奏和等步距异节奏。
（1）固定节拍流水即"等节奏流水"。核心特征是所有施工段上流水节拍均相等。
（2）由于节拍相等，因此通过计算得到的流水步距（K）也相同。
（3）各专业队之间没有也不可能有空闲时间，因为施工段持续时间都一样，即所有线路均为关键线路。
（4）一个施工过程只配一个专业队，即 $N = N'$

7. 工程项目组织非节奏流水施工的特点是（　　）。
A. 相邻施工过程的流水步距相等
B. 各施工段上的流水节拍相等
C. 施工段之间没有空闲时间
D. 专业工作队数等于施工过程数

【解析】
（1）非节奏流水即"无节奏流水"。出题人喜欢在基础概念上"搞创新"，以此迷惑对概念掌握不到位的考生。

（2）切忌望文生义！判断流水组织形式的唯一标准是"流水节拍"：

① 同一施工过程、不同施工过程"流水节拍"均相等的，为等节奏流水；

② 同一施工过程节拍相等，不同施工过程流水节拍不尽相同的，为异节奏流水；

③ 同一施工过程、不同施工过程"流水节拍均不尽相同"的，为无节奏流水。

（3）一个施工过程配一个专业队，即 $N = N'$。

（4）各专业队之间可能存在空闲时间。

8. 关于建设工程等步距异节奏流水施工特点的说法，正确的是（   ）。

A. 施工过程数大于施工段数　　　　B. 流水步距等于流水节拍

C. 施工段之间可能有空闲时间　　　D. 专业工作队数大于施工过程数

【解析】

（1）等步距异节奏流水，也叫加快的成倍节拍流水施工。即通过"成倍"增加专业队数；（$N' > N$）实现"同一施工过程之间的搭接"。相较之下，其他三类流水只能实现不同施工过程之间的搭接施工。因此等步距异节奏能显著加快进度，缩短工期。

（2）等步距异节奏与异步距异节奏的区别：①异步距异节奏为"同等节拍，步距不等"；②等步距异节奏为"同等节拍，步距相等"。

（3）等步距异节奏的流水步距（K）为流水节拍的最大公约数。

（4）等步距异节奏的"专业队数（N'）= 流水节拍/流水步距"。

（5）等步距异节奏各个专业队之间没有空闲时间；而异步距异节奏各专业队之间可能有空闲时间。

9. 浇筑混凝土后需要保证一定的养护时间，这就可能产生流水施工的（   ）。

A. 流水步距　　　　　　　　　　　B. 流水节拍

C. 技术间歇　　　　　　　　　　　D. 组织间歇

【解析】

（1）间歇（J）分为：工艺间歇、技术间歇、组织间歇。

（2）所谓间歇，即"辅助性工作"。在横道图中体现为两项主要工作之间的"步距"。如钢筋绑扎与混凝土浇筑之间的"钢筋验收"（组织间歇），又如楼垫层混凝土与基础钢筋之间的"混凝土养护"（工艺间歇或技术间歇）。

（3）在"流水施工与索赔管理"题型中，切记不可将流水步距当作空闲时间，即"前完后始是空闲，空闲不得含间歇"。

（4）提前即"提前插入"。指上下相邻的紧前工作还未完成，紧后工作就开始施工。

10. 对确定流水步距的大小没有影响的是（   ）。

A. 技术间歇　　　　　　　　　　　B. 组织间歇

C. 流水节拍　　　　　　　　　　　D. 施工过程数

【解析】

施工过程数对流水步距的"个数"有影响，其余要素是对流水步距的大小有影响。

11. 某 3 跨工业厂房安装预制钢筋混凝土屋架，分吊装就位、矫直、焊接加固 3 个工艺流水作业，各工艺作业时间分别为 10 天、4 天、6 天，其中矫直后需稳定观察 3 天才可焊接加固，则按异节奏组织流水施工的工期应为（   ）。

A. 20 天　　　　　B. 27 天　　　　　C. 30 天　　　　　D. 44 天

【解析】

本题无正确答案。能发现这一问题，说明对"流水施工"有很深入的理解。

（1）本题组织异步距异节奏流水，其流水工期应为27天，而非44天。

（2）第一个施工过程的 $N'=5>4$（施工段数），故无法组织等步距异节奏流水施工。

12. 某建筑物的主体工程采用等节奏流水施工，共分六个独立的工艺过程，每一过程划分为四部分依次施工，计划各部分持续时间各为108天，实际施工时第二个工艺过程在第一部分缩短了10天。第三个工艺过程在第二部分延误了10天，实际总工期为（　　）。

A. 432 天　　　　　B. 972 天　　　　　C. 982 天　　　　　D. 1188 天

【解析】

施工过程	施工进度/天									
	108	216	324	432	540	648	756	864	972	1080
A	A₁	A₂	A₃	A₄						
B		B₁	B₂	B₃	B₄					
C			C₁	C₂	C₃	C₄				
D				D₁	D₂	D₃	D₄			
E					E₁	E₂	E₃	E₄		
F						F₁	F₂	F₃	F₄	

$T=982$ 天

13. 某工程按全等节拍流水组织施工，共分4道施工工序，3个施工段，估计工期为72天，则其流水节拍应为（　　）。

A. 6 天　　　　　B. 9 天　　　　　C. 12 天　　　　　D. 18 天

【解析】

根据等节奏"节拍步距均相同"的特点可得：

$T=(M+N'-1)K=(M+N'-1)t$；

$T=(3+4-1)t=72$（天）；$t=72/6=12$（天）。

14. 某项目组成了甲、乙、丙、丁共4个专业队进行等节奏流水施工，流水节拍为6周，最后一个专业队（丁队）从进场到完成各施工段的施工计划共需30周。根据分析，乙与甲、丙与乙之间各需2周技术间歇，而经过合理组织，丁对丙可插入3周进场，则该项目计划总工期为（　　）周。

A. 49　　　　　B. 51　　　　　C. 55　　　　　D. 56

【解析】

已知：$N'=N=4$（个）；$Dh=30$（周）；$\Sigma J=2+2=4$（周）；$\Sigma Q=3$（周）。

可得：$M=30/6=5$（个）；$T=(5+4-1)\times 6+4-3=49$（周）。

【参考答案】

题号	1	2	3	4	5	6	7	8	9	10
答案	ADE	BD	A	B	ACDE	ABC	D	D	C	D
题号	11	12	13	14						
答案	B	C	C	A						

三、2024 考点预测

1. 四类流水形式的计算及绘制。
2. 依次施工与流水施工。
3. 流水施工与网络计划。
4. 流水施工与索赔管理。
5. 流水施工与挣值法。

第五节　网络计划管理

考点一：四组概念
考点二：秒定参数
考点三：四类参数
考点四：八类题型

一、案例及参考答案

案　例　一

【2023 年一建建筑】

某新建商品住宅项目，建筑面积 2.4 万 m²，地下 2 层，地上 16 层，由两栋结构类型与建筑规模完全相同的单体建筑组成，总承包项目部进场后，绘制了进度计划网络图，如图 1-7 所示。

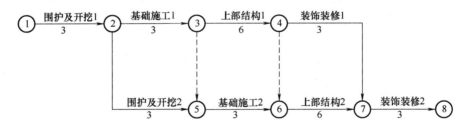

图 1-7　项目进度计划网络图（月）

项目部针对四个施工过程拟采用四个专业施工队组织流水施工，各施工过程的流水节拍见表 1-11。

表 1-11 流水节拍（部分）

施工过程编号	施工过程	流水节拍/月
Ⅰ	围护及开挖	3
Ⅱ	基础施工	
Ⅲ	上部结构	
Ⅳ	装饰装修	3

问题：

写出图 1-7 的关键线路（采用节点方式表达，如①→②）和总工期。写出表 1-11 中基础施工和上部结构的流水节拍数。分别计算成倍节拍流水的流水步距、专业施工队数和总工期。

【参考答案】（本小题 6.0 分）

(1) 关键线路：①→②→③→④→⑥→⑦→⑧。 (1.0 分)
(2) 总工期：3+3+6+6+3=21 个月。 (1.0 分)
(3) 流水节拍数：基础施工 3 个月，上部结构 6 个月。 (1.0 分)
(4) 成倍节拍：
① 流水步距：3 个月； (1.0 分)
② 专业对数：1+1+2+1=5 个； (1.0 分)
③ 总工期：(2+5-1)×3=18 个月。 (1.0 分)

案 例 二

【2022 年一建建筑】

某新建办公楼工程，地下 1 层，地上 18 层，总建筑面积 2.1 万 m^2。钢筋混凝土核心筒，外框采用钢结构。

总承包在工程施工准备阶段，根据合同要求编制了工程施工进度计划网络如图 1-8 所示。在进度计划审查时，监理工程师提出在工作 A 和工作 E 含有特殊施工技术，涉及知识产权保护，须由同一专业单位按先后顺序依次完成。项目部对原计划进行了调整，以满足工作 A 与工作 E 先后施工的逻辑关系。

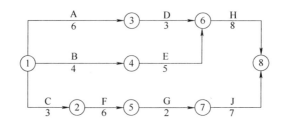

图 1-8 施工进度计划网络图（单位：月）

问题：

1. 画出调整后的工程网络计划图、并写出关键线路，（以工作表示：如 A→B→C）。调整后的总工期是多少个月？
2. 网络图的逻辑关系包括什么？网络图中虚工作的作用是什么？

【参考答案】

1. （本小题5.0分）
（1）绘图： (2.0分)

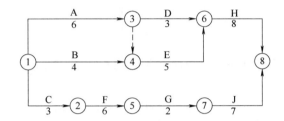

（2）关键线路：A→E→H。 (2.0分)
（3）调整后的工期：19个月。 (1.0分)

2. （本小题5.0分）
（1）工艺关系、组织关系。 (2.0分)
（2）虚工作的作用：联系、断路、区分。 (3.0分)

案 例 三

【2021年一建建筑】

某工程项目、地上15～18层，地下2层，钢筋混凝土剪力墙结构，总建筑面积57000m²。施工单位中标后成立项目经理部组织施工。

项目经理部计划施工组织方式采用流水施工，根据劳动力储备和工程结构特点确定流水施工的工艺参数、时间参数和空间参数，如空间参数中的施工段、施工层划分等，合理配置了劳动组织和资源，编制项目双代号网络计划，如图1-9所示。

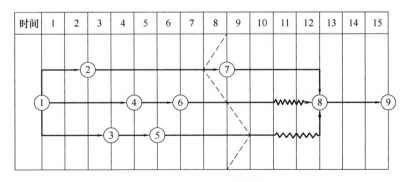

图1-9 项目双代号网络计划（一）

项目经理部在工程施工到第8个月底时，对施工进度进行了检查，工程进展状态如图1-9中前锋线所示。工程部门根据检查分析情况，调整措施后重新绘制了从第9个月开始到工程结束的双代号网络计划，部分内容如图1-10所示。

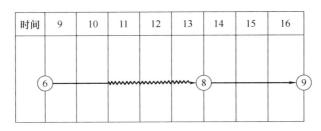

图1-10 项目双代号网络计划（二）

问题：

1. 工程施工组织方式有哪些？组织流水施工时应考虑的工艺参数和时间参数分别包括哪些内容？
2. 根据图1-9中进度前锋线分析第8个月底工程的实际进展情况。
3. 在答题纸上绘制（可以手绘）正确的从第9个月开始到工程结束的双代号网络计划图（见图1-10）。

【参考答案】

1. （本小题4.0分）
（1）组织方式：依次施工、平行施工、流水施工。   (1.5分)
（2）工艺参数：施工过程、流水强度。   (1.0分)
（3）时间参数：流水节拍、流水步距、施工工期。   (1.5分)

2. （本小题4.0分）
②→⑦进度拖后1个月；   (1.0分)
⑥→⑧进度正常；   (1.0分)
⑤→⑧进度提前1个月。   (1.0分)
第8个月底工程的实际进展拖后1个月。   (1.0分)

3. （本小题3.0分）
绘图：

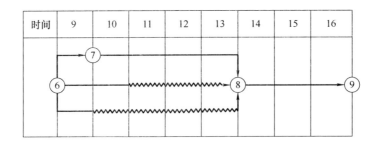

案 例 四

【2020年一建建筑】

某新建住宅群体工程，包含10栋装配式高层住宅，5栋现浇框架小高层公寓，1栋社区活动中心及地下车库，总建筑面积31.5万m^2。开发商通过邀请招标确定甲公司为总承包施工单位。

开工前，项目部综合工程设计、合同条件、现场场地分区移交、陆续开工等因素编制本工程施工组织总设计，其中施工进度总计划在项目经理领导下编制，编制过程中项目经理发现该计划编制说明中仅有编制的依据，未体现计划编制应考虑的其他要素，要求编制人员补充。

社区活动中心开工后由项目技术负责人组织，专业工程师根据施工进度总计划编制社区活动中心施工进度计划，内部评审中项目经理提出 C、G、J 工作由于特殊工艺共同租赁一台施工机具，在工作 B、E 按计划完成的前提下，考虑该机具租赁费用较高，尽量连续施工，要求对进度计划进行调整。经调整，最终形成既满足工期要求又经济可行的进度计划。社区活动中心调整后的部分施工进度计划如图 1-11 所示。

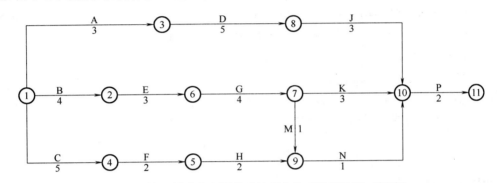

图 1-11 社区活动中心调整后的部分施工进度计划（部分）

公司对项目部进行月度生产检查时发现，因连续小雨影响，D 工作实际进度较计划进度滞后 2 天，要求项目部在分析原因的基础上制定进度事后控制措施。本工程完成全部结构施工内容后，在主体结构验收前，项目部制定了结构实体检验专项方案，委托具有相应资质的检测单位在监理单位见证下对涉及混凝土结构安全的有代表性的部位进行钢筋保护层厚度等检测，检测项目全部合格。

问题：

1. 指出背景资料中施工进度计划编制中的不妥之处，施工进度总计划编制说明还包含哪些内容？
2. 列出图 1-11 调整后有变化的逻辑关系（以工作节点表示，如：①→②或②→③）。计算调整后的总工期，列出关键线路（以工作名称表示如：A→D）。
3. 按照施工进度事后控制要求，社区活动中心应采取的措施有哪些？

【参考答案】

1. （本小题 8 分）

（1）不妥之处：

① 施工进度总计划应在项目经理领导下编制。 (1.0 分)

【解析】

应在总承包企业总工程师领导下进行编制。

② 社区活动中心开工后，由项目技术负责人组织，专业工程师根据施工进度总计划编制社区活动中心进度计划。 (2.0 分)

【解析】

应由项目经理组织，在项目技术负责人领导下进行编制。

（2）包括：

① 假设条件；　　　　　　　　　　　　　　　　　　　　　　　　　　（1.0分）

② 指标说明；　　　　　　　　　　　　　　　　　　　　　　　　　　（1.0分）

③ 实施重点和难点；　　　　　　　　　　　　　　　　　　　　　　　（1.0分）

④ 风险估计；　　　　　　　　　　　　　　　　　　　　　　　　　　（1.0分）

⑤ 应对措施。　　　　　　　　　　　　　　　　　　　　　　　　　　（1.0分）

2.（本小题2.5分）

（1）逻辑关系变化：④→⑥和⑦→⑧。　　　　　　　　　　　　　　　（1.0分）

（2）调整后总工期：4+3+4+3+2=16（天）。　　　　　　　　　　　　（0.5分）

（3）关键线路：①B→E→G→K→P；②B→E→G→J→P。　　　　　（1.0分）

3.（本小题2分）

D工作总时差为3天，拖后2天，不影响总工期。故制定措施如下：

（1）制定保证总工期不突破的对策措施。　　　　　　　　　　　　　（1.0分）

（2）调整相应的施工计划，并组织协调相应的配套设施和保障措施。　（1.0分）

案 例 五

【2018年一建建筑】

某高校图书馆工程，地下2层，地上5层，建筑面积约35000m²，现浇钢筋混凝土框架结构，部分屋面为正向抽空四角锥网架结构。施工单位与建设单位签订了施工总承包合同，合同工期为21个月。

在工程开工前，施工单位按照收集依据、划分施工过程（段）计算劳动量、优化并绘制正式进度计划图等步骤编制了施工进度计划，并通过了总监理工程师的审查与确认。项目部在开工后进行了进度检查，发现施工进度拖延，其部分检查结果如图1-12所示。

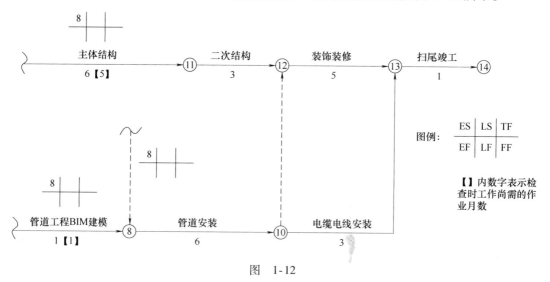

图 1-12

项目部为优化工期，通过改进装饰装修施工工艺，使其作业时间缩短为4个月，据此调整的进度计划通过了总监理工程师的确认。

项目部计划采用高空散装法施工屋面网架，监理工程师审查时认为高空散装法施工高空作业多、安全隐患大，建议修改为采用分条安装法施工。

管道安装按照计划进度完成后，因甲供电缆电线未按计划进场，导致电缆电线安装工程最早开始时间推迟了1个月，施工单位按规定提出索赔工期1个月。

问题：

1. 单位工程进度计划编制步骤还应包括哪些内容？
2. 图1-12中，工程总工期是多少？管道安装的总时差和自由时差分别是多少？除工期优化外，进度网络计划的优化目标还有哪些？
3. 施工单位提出的工期索赔是否成立？并说明理由。

【参考答案】

1. （本小题3.0分）
   （1）确定施工顺序。 (1.0分)
   （2）计算工程量。 (1.0分)
   （3）计算机械台班需用量。 (1.0分)
   （4）确定持续时间。 (1.0分)
   （5）绘制可行的施工进度计划图。 (1.0分)

【评分准则：答出3项正确的，即得3.0分】

2. （本小题6.0分）
   （1）总工期：8+5+3+5+1=22（月）。 (2.0分)
   （2）管道安装的总时差为1个月，自由时差为0。 (2.0分)
   （3）资源优化、费用优化。 (2.0分)

3. （本小题4.0分）
   （1）工期索赔不成立。 (1.0分)
   （2）理由：尽管甲供电缆电线未及时进场是甲方应承担的责任，但电缆电线安装工程的总时差为2个月，拖后1个月未超出其总时差，不影响总工期。 (3.0分)

案 例 六

【2015年一建建筑】

某群体工程，主楼地下2层，地上8层，总建筑面积26800m²，现浇钢筋混凝土框架-剪力墙结构。建设单位分别与施工单位、监理单位按照《建设工程施工合同（示范文本）》（GF—2013—0201）、《建设工程监理合同（示范文本）》（GF—2012—0202）签订了施工合同和监理合同。

合同履行过程中，发生了下列事件：

事件一：监理工程师在审查施工组织总设计时，发现其总进度计划部分仅有网络图和编制说明。监理工程师认为该部分内容不全，要求补充完善。

事件二：某单体工程的施工进度计划网络图（见图1-13）。因工艺设计采用某专利技术，工作F需要在工作B和工作C均完成后才能开始施工。监理工程师要求施工单位对进度计划网络图进行调整。

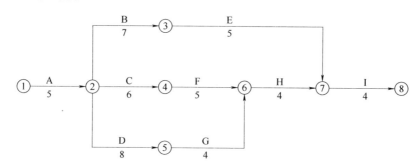

图1-13 施工进度计划网络图

事件三：施工过程中发生索赔事件如下：

（1）由于项目功能调整，发生变更设计，导致工作C中途出现停歇，持续时间比原计划超出2个月，造成施工人员窝工损失13.6万元/月×2月=27.2万元。

（2）当地发生百年一遇大暴雨引发泥石流，导致工作E停工、清理恢复施工共用时3个月，造成施工设备损失费用8.2万元、清理和修复工程费用24.5万元。

针对上述（1）（2）事件，施工单位在有效时限内分别向建设单位提出2个月、3个月的工期索赔，27.2万元、32.7万元的费用索赔（所有事项均与实际相符）。

问题：

1. 事件一中，施工单位对施工总进度计划还需补充哪些内容？

2. 事件二中，绘制调整后的施工进度双代号网络计划。指出其关键线路（用工作表示），并计算其总工期（单位：月）。

3. 事件三中，分别指出施工单位提出的两项工期索赔和两项费用索赔是否成立，并说明理由。

【参考答案】

1. （本小题2.0分）

施工总进度计划还需补充：

（1）分期、分批实施工程的开、竣工日期及工期一览表。　　　　　　　　　　（1.0分）

（2）资源需要量及供应平衡表。　　　　　　　　　　　　　　　　　　　　　（1.0分）

2. （本小题4.0分）

（1）绘图：　　　　　　　　　　　　　　　　　　　　　　　　　　　　　　（1.0分）

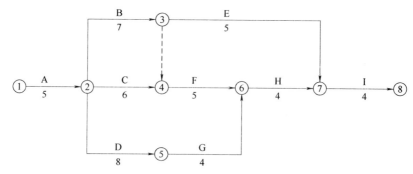

(2) 关键线路：
① A→B→F→H→I； (1.0分)
② A→D→G→H→I。 (1.0分)
(3) 总工期：5+7+5+4+4=25(月)。 (1.0分)
3. (本小题11.0分)
(1) "(1)"的工期索赔2个月不成立。 (1.0分)
理由：设计变更是建设单位应承担的责任，但C工作为非关键工作，其总时差为1个月，停工2个月只影响工期1个月，所以只能索赔1个月的工期。 (2.0分)
(2) "(1)"的费用索赔成立。 (1.0分)
理由：设计变更导致造成27.2万元的损失是建设单位应承担的责任。 (1.0分)
(3) "(2)"的工期索赔不成立。 (1.0分)
理由：百年一遇大暴雨引发泥石流属于不可抗力事件，原则上建设单位承担工期损失，但E工作停工3个月未超出其总时差，对工期没有影响。 (2.0分)
(4) "(2)"的费用索赔32.7万元不成立。 (1.0分)
理由：发生不可抗力事件后，根据风险分担的原则，施工设备损失费用8.2万元应由施工单位承担，清理和修复工程费用24.5万元应由建设单位承担，所以只能提出24.5万元的费用索赔要求。 (2.0分)

案 例 七

【2014年一建建筑】

某办公楼工程，地下2层，地上10层，总建筑面积27000m²，钢筋混凝土框架结构。建设单位与施工单位签订了施工总承包合同，合同工期为20个月，建设单位供应部分主要材料。在合同履行过程中，发生了下列事件：

事件一： 施工总承包单位按规定向监理工程师提交了施工总进度网络计划，如图1-14所示，该计划通过了监理工程师的审查和确认。

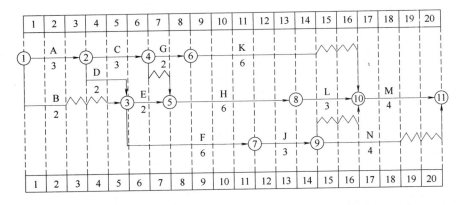

图1-14 施工总进度网络计划图

事件二： 在施工过程中，由于建设单位供应的主材未能按时交付给施工总承包单位，致使工作K的实际进度在第11月底时拖后三个月；部分施工机械由于施工总承包单位原因未能按时进场，致使工作 H 的实际进度在第 11 月底时拖后一个月；在工作 F 进行过程中，由于施工工艺不符合施工规范的要求导致发生质量问题，被监理工程师责令整改，致使工作 F 的实际进度在第 11 月底时拖后一个月。施工总承包单位就工作 K、H、F 工期拖后分别提出了工期索赔。

问题：

1. 事件一中，施工总承包单位应重点控制哪条线路（以节点表示）？
2. 事件二中，分别分析工作 K、H、F 的总时差，并判断其进度偏差对施工总工期的影响。分别判断施工总承包单位就工作 K、H、F 工期拖后提出的工期索赔是否成立？

【参考答案】

1．（本小题 2.0 分）

重点控制：①→②→③→⑤→⑧→⑩→⑪。 (2.0 分)

2．（本小题 9.0 分）

（1）进度偏差及其对总工期的影响：

① K 工作的总时差为 2 个月，拖后 3 个月可能影响总工期 1 个月； (2.0 分)

② H 工作的总时差为 0，拖后 1 个月可能影响总工期 1 个月； (2.0 分)

③ F 工作的总时差为 2 个月，拖后 1 个月不影响总工期。 (2.0 分)

（2）索赔：

① K 工作提出的工期索赔成立； (1.0 分)

② H 工作提出的工期索赔不成立； (1.0 分)

③ F 工作提出的工期索赔不成立。 (1.0 分)

案 例 八

【2009 年一建建筑】

某建筑工程施工进度计划网络图如图 1-15 所示。

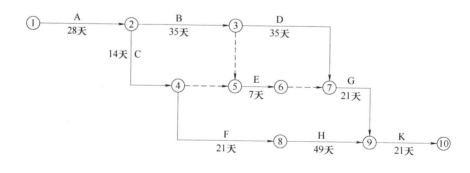

图 1-15

施工中发生了以下事件：

事件一： A 工作因设计变更停工 10 天。

事件二： B 工作因施工质量问题返工，延长工期 7 天。

事件三： E 工作因建设单位供料延期，推迟 3 天施工。

问题：
1. 本工程计划总工期和实际总工期各为多少天？
2. 施工总承包单位可否就事件一至事件三获得工期索赔？分别说明理由。

【参考答案】

1. （本小题 4.0 分）

（1）计划总工期：$28+35+35+21+21=140$（天）。　　　　　　　　　　　（2.0 分）

（2）实际总工期：$(28+10)+(35+7)+35+21+21=157$（天）。　　　　　（2.0 分）

2. （本小题 9.0 分）

（1）事件一能够获得工期索赔。　　　　　　　　　　　　　　　　　　　（1.0 分）

理由：设计变更是业主应承担的责任事件，并且 A 工作是关键工作。　　　（2.0 分）

（2）事件二不能获得工期索赔。　　　　　　　　　　　　　　　　　　　（1.0 分）

理由：因施工质量问题返工是施工单位应承担的责任事件。　　　　　　　（2.0 分）

（3）事件三不能获得工期索赔。　　　　　　　　　　　　　　　　　　　（1.0 分）

理由：尽管建设单位供料延期是业主应承担的责任事件，但 E 工作是非关键工作，其总时差为 28 天，推迟 3 天施工未超过其总时差，对工期没有影响。　（2.0 分）

案 例 九

【2009 年一建矿山】

某施工单位承担了一项矿井工程的地面土建施工任务。工程开工前，项目经理部编制了项目管理实施规划并报监理单位审批，监理工程师审查后，建议施工单位通过调整个别工序作业时间的方法，将选矿厂的施工进度计划（见图 1-16）工期控制在 210 天。

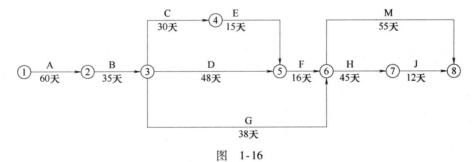

图 1-16

施工单位通过工序和成本分析，得出 C、D、H 三个工序的作业时间可通过增加投入的方法予以压缩，其余工序作业时间基本无压缩空间或赶工成本太高。其中 C 工序作业时间最多可缩短 4 天，每缩短 1 天增加施工成本 6000 元；D 工序最多可缩短 6 天，每缩短 1 天增加施工成本 4000 元；H 工序最多可缩短 8 天，每缩短 1 天，增加施工成本 5000 元。经调整，选矿厂房的施工进度计划满足了监理单位的工期要求。

施工过程中，由于建设单位负责采购的设备不到位，使 G 工序比原计划推迟了 25 天才开始施工。

工程进行到第 160 天时，监理单位根据建设单位的要求下达了赶工指令，要求施工单位将后续工期缩短 5 天。施工单位改变了 M 工序的施工方案，使其作业时间压缩了 5 天，由此增加施工成本 80000 元。

工程按监理单位要求工期完工。

问题：

1. 指出选矿厂房的初始进度计划的关键工序，并计算工期。
2. 根据工期-成本优化原理，施工单位应如何调整进度计划使工期控制在210天？调整工期所增加的最低成本为多少元？
3. 对于G工序的延误，施工单位可提出多长时间的工期索赔？说明理由。
4. 监理单位下达赶工指令后，施工单位应如何调整后续三个工序的作业时间？
5. 针对监理单位的赶工指令，施工单位可提出多少费用索赔？

【参考答案】

1. （本小题5.0分）

（1）关键工序：A→B→D→F→H→J。 (3.0分)

（2）计算工期：60+35+48+16+45+12=216(天)。 (2.0分)

2. （本小题13.0分）

（1）调整目标：216-210=6(天)。 (1.0分)

（2）压缩D工作3天，工期缩短3天，增加用费最少4000×3=12000(元)。 (2.0分)

（3）在压缩D工作3天的基础上，压缩H工作2天，工期缩短2天，增加费用最少5000×2=10000(元)。 (2.0分)

（4）在压缩D工作3天、压缩H工作2天的基础上，同时压缩D工作和C工作各1天，工期缩短1天，增加费用最少4000+6000=10000(元)。 (4.0分)

调整方案：压缩D工作4天，压缩C工作1天，压缩H工作2天。 (2.0分)

调整工期所增加的最低成本：12000+10000+10000=32000(元)。 (2.0分)

3. （本小题5.0分）

可以提出3天工期索赔。 (1.0分)

理由：建设单位负责采购的设备不到位是建设单位应承担的责任，且G的总时差为22天，推迟25天超过了其总时差，影响工期25-22=3(天)。 (4.0分)

4. （本小题5.0分）

（1）M工作压缩5天，增加费用最少80000元。 (2.0分)

（2）H工作压缩5天，增加费用最少5000×5=25000(元)。 (2.0分)

（3）J工作无须压缩。 (1.0分)

5. （本小题2.0分）

费用索赔：80000+25000=105000(元)。 (2.0分)

案 例 十

【2017年案例二】

某新建别墅群项目，总建筑面积45000m²，各幢别墅均为地下1层，地上3层，砖混结构。某施工总承包单位项目部按幢编制了单幢工程施工进度计划。某幢计划工期为180d，施工进度计划见图1-17。

现场监理工程师在审核该进度计划后，要求施工单位制定进度计划和包括材料需求计划在内的资源需求计划，以确保该幢工程在计划日历天内竣工。该别墅工程开工后第46天进

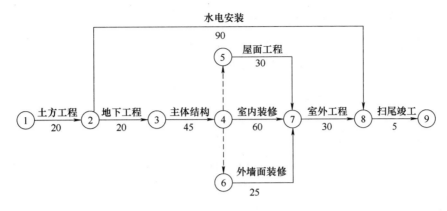

图 1-17

行进度检查时发现,土方工程和地基基础工程基本完成,已开始主体结构工程施工,工期进度滞后 5 天。项目部依据赶工参数(具体见表 1-12),对相关施工过程进行压缩,确保工期不变。

表 1-12 赶工参数表

	施工过程	最大可压缩时间/天	赶工费用/(元/天)
1	土方工程	2	800
2	地下工程	4	900
3	主体结构	2	2700
4	水电安装	3	450
5	室内装修	8	3000
6	屋面工程	5	420
7	外墙面装修	2	1000
8	室外工程	3	4000
9	扫尾竣工	0	—

问题:

按照经济、合理原则对相关施工过程进行压缩,请分别写出最适宜压缩的施工过程和相应的压缩天数。

【参考答案】(本小题 4.0 分)

(1) 先压缩主体结构 2 天,总工期缩短 2 天。 (2.0 分)

(2) 再压缩室内装修 3 天,总工期缩短 3 天。 (2.0 分)

二、选择题及答案解析

1. 根据《工程网络计划技术规程》JQJ/T 121—2015,网络图存在的绘图(见图 1-18)错误有( )。

A. 编号相同的工作 B. 多个起点节点
C. 相同的节点编号 D. 无箭尾节点的箭线

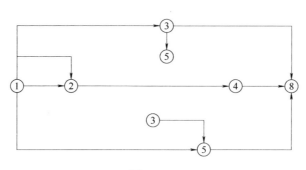

图 1-18

【解析】

（1）A 符合题意；"①→②"（假设 A、B 两项工作）既表示 A 工作也表示 B 工作。

（2）"③→⑤"用的是"指向法"，没有问题。

2. 某双代号网络图如图 1-19 所示，存在的错误是（　　）。

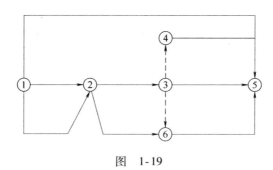

图 1-19

A. 工作代号相同　　　　　　　　B. 出现无箭头连接
C. 出现无箭头节点箭线　　　　　D. 出现多个起点节点

【解析】

（1）A 符合题意；根据《工程网络计划技术规程》的规定，双代号网络中的工作，应用"两个节点、一条箭线表示"。可以采用母线法，如"④→⑤"。

（2）图中"①→②"表示的是同一项工作；故出现了相同的工作代号。

3. 在工程网络计划中，关键工作是指（　　）的工作。

A. 最迟完成时间与最早完成时间之差最小
B. 自由时差为零
C. 总时差最小
D. 持续时间最长
E. 时标网络计划中没有波形线

【解析】

"关键工作"是指：①关键线路上的工作；②总时差最小的工作；③最迟完成与最早完成差值最小的工作；④最迟开始与最早开始差值最小的工作。

时标网络计划中没有波形线的工作未必是关键工作，还得满足总时差最小的条件，当默

认前提为 $T_c = T_p$ 时,也可以说总时差 =0 的工作为关键工作。

4. 在双代号网络图中,虚箭线的作用有（　　）。

A. 指向　　　　　　　　　　　　B. 联系

C. 区分　　　　　　　　　　　　D. 过桥

E. 断路

【解析】

虚箭线的作用总体来讲就是"表达紧前紧后工作的逻辑关系",细说就是"联系、区分和断路"三个作用。

5. 某工作间逻辑关系如图 1-20,则正确的是（　　）。

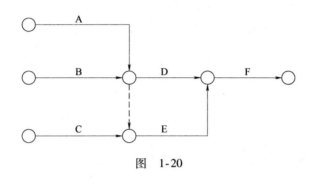

图 1-20

A. A、B 均完成后同时进行 C、D　　　　B. A、B 均完成后进行 D

C. A、B、C 均完成后同时进行 D、E　　D. B、C 完成后进行 E

【解析】

A 错误,工作 A、B、C 为三项相互关联的平行工作,D 为 A、B 的紧后工作。

C 错误,工作 D 是工作 A、B 的紧后工作,工作 E 是工作 A、B、C 的紧后工作;故应为工作 A、B 完成后开始 D 工作,工作 A、B、C 均完成后,开始 E 工作。

D 错误,丢了一个工作 A,应该是工作 A、B、C 均完成后,开始 E 工作。

6. 某双代号网络计划中（以天为单位）,工作 K 的最早开始时间为 6,工作持续时间为 4；工作 M 的最迟完成时间为 22,工作持续时间为 10；工作 N 的最迟完成时间为 20,工作持续时间为 5。已知工作 K 只有 M、N 两项紧后工作,则工作 K 的总时差为（　　）天。

A. 2　　　　　　　　　　　　　　B. 3

C. 5　　　　　　　　　　　　　　D. 6

【解析】

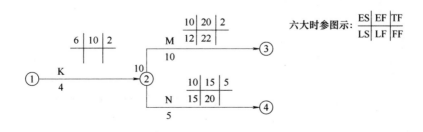

7. 关于双代号工程网络计划说法正确的有（　　）。
A. 总时差最小的工作为关键工作
B. 网络计划中以终点节点为完成节点的工作，其自由时差和总时差相等
C. 关键线路上允许有虚箭线和波形线的存在
D. 某项工作的自由时差为零，其总时差必为零
E. 除了以网络计划终点为完成节点的工作，其他工作的最迟完成时间应等于其紧后工作最迟开始时间的最小值

【解析】
A 正确，总时差最小的工作为关键工作——关键工作的万能定义。
B 正确，进入终点节点的工作，其自由时差＝总时差。
C 错误，如下图所示，只有 $T_p > T_c$ 时，关键线路上才允许有波形线。

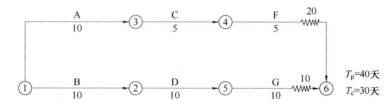

8. 关于关键工作和关键线路的说法正确的是（　　）。
A. 关键线路上的工作全部是关键工作
B. 关键工作不能在非关键线路上
C. 关键线路上不允许出现虚工作
D. 关键线路上的工作总时差均为零

【解析】
A 正确，关键线路上的工作一定是关键工作，反过来说就未必正确。
B 错误，关键工作可以在非关键线路上，只要有一条进入关键线路就行。
C 错误，关键线路与虚工作无关。
D 错误，少了"$T_c = T_p$"这个前提条件。

9. 某双代号网络计划中，假设计划工期等于计算工期，且工作 M 的开始节点和完成节点均为关键节点。关于工作 M 的说法，正确的是（　　）。
A. 工作 M 的总时差等于自由时差　　B. 工作 M 是关键工作
C. 工作 M 的自由时差为零　　　　　D. 工作 M 的总时差大于自由时差

【解析】
如下图所示，FFC = TFC。

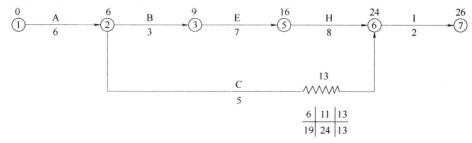

10. 某双代号网络计划如图 1-21，关键线路为①→③→⑤→⑧，若计划工期等于计算工期，则自由时差一定等于总时差且不为零的工作有（   ）。

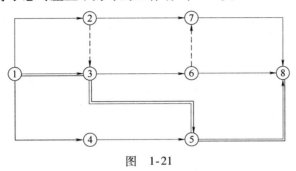

图 1-21

A. 1-2
B. 3-6
C. 2-7
D. 4-5
E. 6-8

【解析】

本题考核：对关键线路及"进入关键线路工作"的时间参数的理解。

（1）关键线路为①→③→⑤→⑧，表示"直接"进入关键线路的非关键工作其自由差一定大于 0，且由于进入关键线路，所以后续线路的波形线之和为 0。

（2）如此一来，本工作的自由时差＝本工作的总时差且大于 0。

（3）⑦→⑧也符合上述条件。原因是两项工作均属于进入终点节点的非关键工作，其本身的波形线既是自由时差也是总时差。

11. 某工程双代号网络计划如图 1-22 所示（时间单位：天），图中已标出各项工作的最早开始时间 ES 和最迟开始时间 LS。该计划表明（   ）。

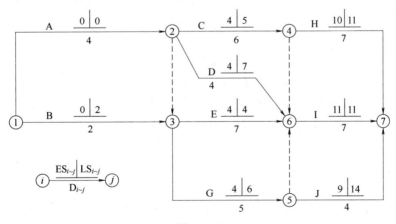

图 1-22

A. 工作 1-3 的总时差和自由时差相等
B. 工作 2-6 的总时差和自由时差相等
C. 工作 2-4 和工作 3-6 均为关键工作
D. 工作 3-5 的总时差和自由时差分别为 2 天和 0 天
E. 工作 5-7 的总时差和自由时差相等

【解析】

C 错误，②→④为 C 工作，C 工作为非关键工作。其余选项详见图解：

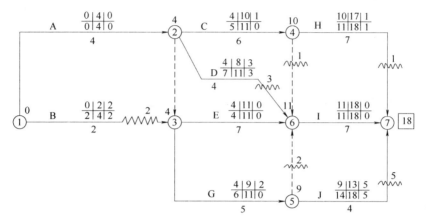

12. 某双代号网络计划如图 1-23，如 B、D、I 工作共用一台施工机械且按 B→D→I 顺序施工，则对网络计划可能造成的影响是（　　）。

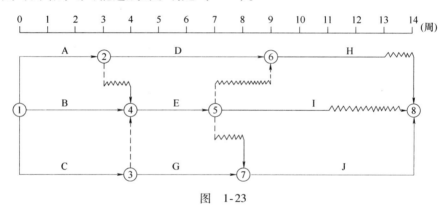

图 1-23

A. 总工期不会延长，但施工机械会在现场闲置 1 周
B. 总工期不会延长，且施工机械在现场不会闲置
C. 总工期会延长 1 周，但施工机械在现场不会闲置
D. 总工期会延长 1 周，且施工机械会在现场闲置 1 周

【解析】

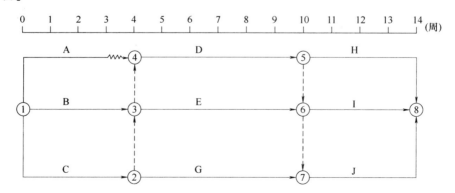

13. 某工程项目的双代号时标网络计划，当计划执行到第 4 周末及第 10 周末时，检查得出实际进度前锋线如图 1-24 所示，检查结果表明（   ）。

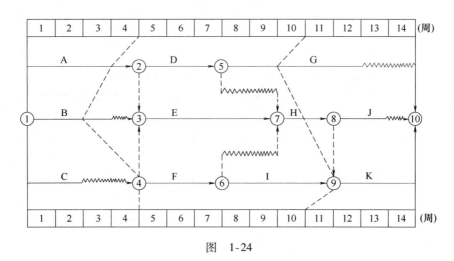

图 1-24

A. 第 4 周末检查时工作 B 拖后 1 周，但不影响总工期
B. 第 4 周末检查时工作 A 拖后 1 周，影响总工期 1 周
C. 第 10 周末检查时工作 G 拖后 1 周，但不影响总工期
D. 第 10 周末检查时工作 I 提前 1 周，可使总工期提前 1 周
E. 在第 5 周到第 10 周内，工作 F 和工作 I 的实际进度正常

【解析】
关键线路：A→E→H→K 或①→②→③→⑦→⑧→⑨→⑩。

A 错误，如图所示，TFB = 1 周，拖后 2 周，影响工期 2 − 1 = 1（周）。

D 错误，①I 为非关键工作，提前 1 周，不能使工期提前；②K 有 I 和 H 两项紧前，仅仅 I 工作提前，并不能使工期提前。

E 错误，F 工作实际进度与计划进度一致，I 工作提前 1 周。

14. 某工程双代号时标网络计划，在第 5 天末进行检查得到的实际进度前锋线如图 1-25 所示，正确的有（   ）。

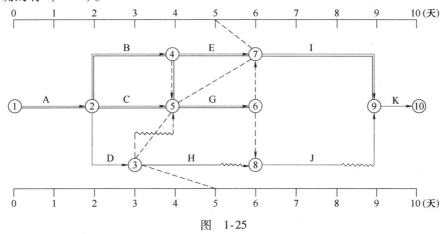

图 1-25

A. H 工作还剩 1 天机动时间　　　　　B. 总工期缩短 1 天
C. H 工作影响总工期 1 天　　　　　　D. E 工作提前 1 天完成
E. G 工作进度落后 1 天

【解析】

本题核心：关键线路与非关键线路之间的转化。

(1) 关键线路：A→B→E→I→K 或 ①→②→④→⑦→⑨→⑩；
　　　　　　 A→C→G→I→K 或 ①→②→⑤→⑥→⑦→⑨→⑩；
　　　　　　 A→B→G→I→K 或 ①→②→④→⑤→⑥→⑦→⑨→⑩。

(2) A、C 错误；TFH＝2 周，拖后 2 周，再无机动时间；但拖后 2 周也不影响总工期。

(3) B 错误；应当为工期拖后一天。I 有 E 和 G 两项紧前，E 提前 1 周、G 工作拖后 1 周；此时的 E 为非关键工作，关键线路为：A→C→G→I→K 和 A→B→G→I→K；工期为 11 天，比计划工期拖后 1 天。

15. 某道路工程在进行基层和面层施工时，为了给面层铺设提供工作面和工作条件，需待基层开始铺设一定时间后才能进行面层摊铺，这种时间间隔是（　　）时距。

A. STS　　　　　B. FTF　　　　　C. STF　　　　　D. FTS

【解析】

四种时距表示方法：
① STS：基层开始→面层开始；
② STF：基层开始→面层完成；
③ FTS：基层完成→面层完成；
④ FTF：基层完成→面层完成。

【参考答案】

题号	1	2	3	4	5	6	7	8	9	10
答案	A	A	AC	BCE	B	A	ABE	A	A	DE
题号	11	12	13	14	15					
答案	ABDE	B	BC	DE	A					

三、2024 考点预测

1. 网络计划的绘制与补足。
2. 六大时参、总工期及关键线路。
3. 网络计划与索赔管理。
4. 网络计划与工期优化。
5. 网络计划与进度检查。

第二章 专 业 管 理

第一节 质 量 管 理

考点一：质量管理总则
考点二：工程材料设备管理
考点三：实体工程质量管理
考点四：资料及档案管理
考点五：质量事故管理

一、案例及参考答案

案 例 一

【2023 年一建建筑】
某新建商品住宅项目，建筑面积 2.4 万 m^2，地下 2 层，地上 16 层。
项目部编制了施工检测试验计划，部分检测试验内容见表 2-1。由于工期缩短，施工进度计划调整，监理工程师要求对检测试验计划进行调整。

表 2-1 部分检测试验内容

类别	检测试验项目	主要检测试验参数
地基与基础	桩基	A
		桩身完整性
钢筋连接	机械连接现场检验	B
砌筑砂浆	C	强度等级、稠度
装饰装修	饰面砖粘贴	D

项目主体结构完成后，总监理工程师组织施工单位项目负责人等对主体结构分部工程进行验收。验收时发现部分同条件养护试件强度不符合要求。经协商，采用回弹-取芯法对该批次对应的混凝土进行实体强度检验。

问题：
1. 写出表 2-1 中 A、B、C、D 处的内容。除施工进度调整外，还有哪些情况需要调整施工检测试验计划？
2. 主体结构工程的分部工程验收还应有哪些人员参加？结构实体检验除混凝土强度外还有哪些项目？

【参考答案】

1．（本小题4.0分）

（1）表格内容：

A为承载力；B为抗拉强度；C为配合比设计；D为粘接强度。 (2.0分)

（2）还包括：【口诀：材艺进计调计划】

①工艺改变；②设计变更；③材料、设备的规格、型号或数量变化。 (2.0分)

2．（本小题4.0分）

（1）还应有：

施工单位项目技术负责人、设计单位项目负责人、施工单位质量管理部门负责人、施工单位技术管理部门负责人。 (2.0分)

（2）还包括：

结构位置和尺寸偏差、钢筋保护层厚度、合同约定的其他项目。 (2.0分)

案 例 二

【2023年一建建筑】

某施工企业中标新建一办公楼工程，地下2层，地上28层，钢筋混凝土灌注桩基础，上部为框架剪力墙结构，建筑面积28600m²。

项目部在开工后编制了项目质量计划，内容包括质量目标和要求、管理组织体及管理职责、质量控制点等，并根据工程进展实施静态管理。其中，设置质量控制的关键部位和环节包括：影响施工质量的关键部位和环节；影响使用功能的关键部位和环节；采用新材料、新设备的部位和环节等。

问题：

指出工程质量计划编制和管理中的不妥之处，并写出正确做法。工程质量计划中应设置质量控制点的关键部位和环节还有哪些？

【参考答案】（本小题5.0分）

（1）不妥之处：

不妥之一：项目部在开工后编制了项目质量计划。 (0.5分)

正确做法：项目质量计划应在项目策划过程中编制。 (0.5分)

不妥之二：根据工程进展实施静态管理。 (0.5分)

正确做法：根据工程进展实施动态管理。 (0.5分)

（2）关键部位和环节还有：【口诀：关关验四新】

① 影响结构安全的关键部位、关键环节； (1.0分)

② 采用新技术、新工艺的部位和环节； (1.0分)

③ 隐蔽工程验收。 (1.0分)

案 例 三

【2023年一建建筑】

某施工单位承接一工程，双方按《建设项目工程总承包合同（示范文本）》（GF—2020—0216）签订了工程总承包合同。

施工单位进场后，技术人员发现土建图纸中缺少了建筑总平面图，要求建设单位补发。按照施工平面管理总体要求：包括满足施工要求、不损害公众利益等内容，绘制了施工平面布置图，满足了施工需要。

问题：

建筑工程施工平面管理的总体要求还有哪些？

【参考答案】（本小题5.0分）

现场文明、安全有序、整洁卫生、不扰民、绿色环保。　　　　　　　　　　　　（5.0分）

案 例 四

【2023年一建建筑】

某新建学校工程，总建筑面积12.5万 m²，由12栋单体建筑组成。其中，主教学楼为钢筋混凝土框架结构，体育馆屋盖为钢结构。合同要求工程达到绿色建筑三星标准。施工单位中标后，与甲方签订合同并组建项目部。

项目部安全检查制度规定了安全检查的主要形式，包括：日常巡查、专项检查、经常性安全检查、设备设施安全验收检查等。其中，经常性安全检查方式主要有：专职安全人员的每天安全巡检；项目经理等专业人员检查生产工作时的安全检查；作业班组按要求时间进行安全检查等。

项目部在塔式起重机布置时充分考虑了吊装构件重量、运输和堆放、使用后拆除和运输等因素。按照《建筑施工安全检查标准》中"塔式起重机"的载荷限制装置、吊钩、滑轮、卷筒与钢丝绳、验收与使用等保证项目和结构设施等一般项目进行了检查验收。屋盖钢结构施工高处作业安全专项方案规定如下：

（1）钢结构构件宜地面组装，安全设施一并设置。

（2）坠落高度超过2m的安装使用梯子攀登作业。

（3）施工层搭设的水平通道不设置防护栏杆。

（4）作为水平通道的钢梁一侧两端头设置安全绳。

（5）安全防护采用工具化、定型化设施，防护盖板用黄色或红色标示。

施工单位管理部门在装修阶段对现场施工用电进行专项检查情况如下：

（1）项目仅按照项目临时用电施工组织设计进行施工用电管理。

（2）现场瓷砖切割机与砂浆搅拌机共用一个开关箱。

（3）主教学楼一开关箱使用插座插头与配电箱连接。

（4）专业电工在断电后对木工加工机械进行检查和清理。

工程竣工后，项目部组织专家对整体工程进行绿色建筑评价，评分结果见表2-2。专家提出资源节约项和提高与创新加分项评分偏低，为主要扣分项，建议重点整改。

表2-2　绿色建筑评价分值表（部分）

项目	控制项基础分值	评价指标评分项分值					提高与创新加分项分值
					资源节约		
评价分值	400	100	100	100	200	100	100
实际得分	400	90	70	80	80	70	40

问题：

1. 建筑工程施工安全检查的主要形式还有哪些？作业班组安全检查的时间有哪些？
2. 施工现场布置塔式起重机时应考虑的因素还有哪些？安全检查标准中塔式起重机的一般项目有哪些？
3. 指出钢结构施工高处作业安全防护方案中的不妥之处，并写出正确做法。（本问题3项不妥，多答不得分）安全防护栏杆的条纹警戒标示用什么颜色？
4. 指出装修阶段施工用电专项安全检查中的不妥之处，并写出正确做法。（本小题3项不妥，多答不得分）
5. 写出表2-2中绿色建筑评价指标空缺评分项。计算绿色建筑评价总得分，并判断是否满足绿色三星标准。

【参考答案】

1. （本小题7.0分）

（1）安全检查形式：

日常巡查，专项检查，定期安全检查，季节性安全检查，节假日安全检查，开工、复工安全检查，专业性安全检查。 (4.0分)

（2）包括：班前、班中、班后。 (3.0分)

2. （本小题4.0分）

（1）还包括：

①基础设置；②塔式起重机附墙杆件的位置、距离；③周边环境；④覆盖范围。

(2.0分)

（2）还包括：

①附着；②基础与轨道；③结构设施；④电气安全。 (2.0分)

3. （本小题7.0分）

（1）不妥之处：

不妥之一：坠落高度超过2m的安装使用梯子攀登作业。 (1.0分)

正确做法：作业坠落高度超过2m时，应设置操作平台。 (1.0分)

不妥之二：施工层搭设的水平通道不设置防护栏杆。 (1.0分)

正确做法：水平通道两侧应设置防护。 (1.0分)

不妥之三：作为水平通道的钢梁一侧两端头设置安全绳。 (1.0分)

正确做法：应在钢梁一侧设置连续的安全绳，安全绳宜采用钢丝绳。 (1.0分)

（2）以黄黑（或红白）相间的条纹标示。 (1.0分)

【解析】

安全防护设施宜采用定型化、工具化设施，防护栏应以黑黄或红白相间的条纹标示，盖件应以黄或红色标示。

4. （本小题6.0分）

（1）不妥之一：仅按项目临时用电施工组织设计进行施工用电管理。 (1.0分)

正确做法：装饰装修工程施工阶段，应补充编制单项施工用电方案。 (1.0分)

（2）不妥之二：现场瓷砖切割机与砂浆搅拌机共用一个开关箱。 (1.0分)

正确做法：用电设备必须配备专用的开关箱，严禁2台及以上用电设备共用一个开

关箱。 (1.0分)
(3) 不妥之三：主教学楼一开关箱使用插座插头与配电箱连接。 (1.0分)
正确做法：配电箱、开关箱的电源进线端严禁采用插头和插座活动连接。 (1.0分)
5. （本小题6.0分）
(1) 评分项：安全耐久、健康舒适、生活便利、环境宜居。 (4.0分)
(2) 总分：$(400+90+70+80+80+70+40)/10=83(分)$。 (1.0分)
(3) 不满足三星级（85分）标准。 (1.0分)

案 例 五

【2022年一建建筑】

装饰工程施工前，项目部按照图纸"三交底"的施工准备工作要求，安排工长向班组长进行了图纸、施工方法和质量标准交底；施工中，认真执行包括工序交接检查等内容的"三检制"，做好质量管理工作。

问题：

装饰工程图纸"三交底"是什么（如：工长向班组长交底）？工程施工质量管理"三检制"指什么？

【参考答案】（本小题5.0分）
(1) 三交底：
① 施工主管向工长交底； (1.0分)
② 工长向班组长交底； (1.0分)
③ 班长向班组成员交底。 (1.0分)
(2) 三检制：自检、互检、工序交接检查。 (2.0分)

案 例 六

【2021年一建建筑】

某工程项目，地上15~18层，地下2层，钢筋混凝土剪力墙结构，总建筑面积57000m²。施工单位中标后成立项目经理部组织施工。主体结构完成后，项目部为结构验收做了以下准备工作：
(1) 将所有模板拆除并清理干净。
(2) 工程技术资料整理、整改完成。
(3) 完成了合同图纸和洽商所有内容。
(4) 各类管道预埋完成，位置尺寸准确，相应测试完成。
(5) 各类整改通知已完成，并形成整改报告。

项目部认为达到了验收条件，向监理单位申请组织结构验收，并决定由项目技术负责人、相关部门经理和工长参加。监理工程师认为存在验收条件不具备、参与验收人员不全等问题，要求完善验收条件。

问题：

主体结构验收工程实体还应具备哪些条件？施工单位应参与结构验收的人员还有哪些？

【参考答案】（本小题 6.0 分）
（1）主体结构验收工程实体还需具备的条件：
① 墙面上的施工孔洞按规定镶堵密实，并做隐蔽工程验收记录； (1.0 分)
② 楼层标高控线应清楚弹出墨线，并做醒目标志； (1.0 分)
③ 主体分部工程验收前，可完成样板间或样板单元的室内粉刷。 (1.0 分)
（2）施工方项目负责人、施工单位技术部门和质量部门负责人参加。 (3.0 分)

案 例 七

【2021 年一建建筑】
某住宅工程由 7 栋单体组成，地下 2 层，地上 10～13 层，总建筑面积 1.5 万 m^2。施工总承包单位中标后成立项目经理部组织施工。

项目经理部在工程质量策划中，制定了分项工程过程质量检测试验计划，部分内容见表 2-3。施工质量检测试验抽检频次依据质量控制需要等条件确定。

表 2-3 部分施工过程质量检测试验主要内容

类别	检测试验项目	主要检测试验参数
地基与基础	桩基	
钢筋连接	机械连接现场检验	
混凝土	混凝土性能	
		同条件转标养强度
建筑节能	围护结构现场实体检验	
		外窗气密性能

对建筑节能工程围护结构子分部工程检查时，抽查了墙体节能分项工程中保温隔热材料复验报告。复验报告表明该批次酚醛泡沫塑料板的导热系数（热阻）等各项性能指标合格。

问题：
1. 写出表 2-3 相关检测试验项目对应主要检测试验参数的名称（如混凝土性能：同条件转标养强度）。确定抽检频次条件还有哪些？
2. 建筑节能工程中的围护结构子分部工程包含哪些分项工程？墙体保温隔热材料进场时需要复验的性能指标有哪些？

【参考答案】
1.（本小题 5.0 分）
（1）检测参数名称：
① 地基与基础的桩基检测试验：承载力，桩身完整性； (1.0 分)
② 钢筋连接的机械连接现场检验：抗拉强度； (1.0 分)

③ 混凝土性能参数：标准养护试件强度、同条件试件强度、抗渗性能； （1.0 分）
④ 建筑节能的围护结构现场实体检验：外墙节能构造。 （1.0 分）
（2）确定抽检频次条件还有：施工流水段划分、工程量、施工环境。 （1.0 分）
2.（本小题 9.0 分）
（1）围护结构子分部工程：墙体节能工程；幕墙节能工程；门窗节能工程；屋面节能工程；地面节能工程。 （5.0 分）
（2）复验的性能指标：密度；导热系数或热阻；压缩强度或抗压强度；垂直于板面方向的抗拉强度；吸水率；燃烧性能。 （4.0 分）

案 例 八

【2020 年一建建筑】
某新建住宅群体工程，包含 10 栋装配式高层住宅，5 栋现浇框架小高层公寓，1 栋社区活动中心及地下车库，总建筑面积 31.5 万 m²。开发商通过邀请招标确定甲公司为总承包施工单位。

公司对项目部进行月度生产检查时发现，因连续小雨影响，D 工作实际进度较计划进度滞后 2 天，要求项目部在分析原因的基础上制定进度事后控制措施。本工程完成全部结构施工内容后，在主体结构验收前，项目部制定了结构实体检验专项方案，委托具有相应资质的检测单位在监理单位见证下对涉及混凝土结构安全的有代表性的部位进行钢筋保护层厚度等检测，检测项目全部合格。

幕墙工程属于专业分包，幕墙工程完成并经检查验收合格后，分包单位将幕墙分包资料移交给建设单位。整个工程完工后监理单位、建设单位、施工单位分别向城建档案馆移交了相关资料。

问题：
1. 主体结构混凝土子分部包含哪些分项工程？结构实体检验还应包含哪些检测项目？
2. 幕墙工程资料移交程序是否正确？各相关单位工程资料移交的程序是什么？

【参考答案】
1.（本小题 7.5 分）
（1）主体结构混凝土子分部包括：
① 模板； （1.0 分）
② 钢筋； （1.0 分）
③ 混凝土； （1.0 分）
④ 预应力； （1.0 分）
⑤ 现浇结构； （1.0 分）
⑥ 装配式结构。 （1.0 分）
【解析】
"钢模混浇预装配"。
（2）结构实体检验还应包含：
① 混凝土强度； （0.5 分）
② 结构位置及尺寸偏差； （0.5 分）
③ 合同约定项目。 （0.5 分）

【解析】
"强厚位置找合约"。

2. （本小题5.0分）
（1）不正确。 (1.0分)
（2）移交程序：
① 专业分包单位向施工总承包单位移交； (1.0分)
② 总承包单位向建设单位移交； (1.0分)
③ 监理单位向建设单位移交； (1.0分)
④ 建设单位向城建档案管理部门移交。 (1.0分)

案 例 九

【2019年一建建筑】

某新建住宅工程，建筑面积22000m²，地下1层，地上16层，框架-剪力墙结构，抗震设防烈度7度。

施工单位项目部在施工前，由项目技术负责人组织编写了项目质量计划书，报请施工单位质量管理部门审批后实施。质量计划要求项目部施工过程中建立包括使用机具和设备管理记录，图纸、设计变更收发记录，检查和整改复查记录，质量管理文件及其他记录等质量管理记录制度。

问题：

指出项目质量计划书编、审、批和确认手续的不妥之处。质量计划应用中，施工单位应建立的质量管理记录还有哪些？

【参考答案】（本小题4.5分）
（1）不妥之处：
① 不妥之一：施工前编制项目质量计划书； (0.5分)
② 不妥之二：由项目技术负责人组织编写项目质量计划书； (0.5分)
③ 不妥之三：请施工单位质量管理部门审批后实施。 (0.5分)
（2）质量管理记录还应有：
① 施工日记和专项施工记录； (1.0分)
② 交底记录； (1.0分)
③ 上岗培训记录和岗位资格证明。 (1.0分)

案 例 十

【2018年一建建筑】

一新建工程，地下2层，地上20层，高度为70m，建筑面积40000m²，标准层平面为40m×40m。项目部根据施工条件和需求，按照施工机械设备选择的经济性等原则，采用单位工程量成本比较法选择确定了塔式起重机型号。施工总包单位根据项目部制定的安全技术措施、安全评价等安全管理内容提取了项目安全生产费用。

施工中，项目部技术负责人组织编写了项目检测试验计划，内容包括试验项目名称、计划试验时间等，报项目经理审批同意后实施。

问题：

指出项目检测试验计划管理中的不妥之处，并说明理由。施工检测试验计划内容还有哪些？

【参考答案】（本小题7.0分）

(1) 不妥之处：

① 不妥之一：施工中，组织编写了项目检测试验计划。 (1.0分)

理由：应当在施工前由项目技术负责人组织有关人员编制。 (1.0分)

② 不妥之二：报项目经理审批同意后实施。 (1.0分)

理由：项目检测试验计划，应报送监理单位进行审查批准。 (1.0分)

(2) 内容还包括：①检测试验参数；②试样规格；③代表批量；④施工部位。 (3.0分)

案 例 十 一

【2017年一建建筑】

某新建住宅工程项目，建筑面积23000m²，地下2层，地上18层，现浇钢筋混凝土剪力墙结构，项目实行项目总承包管理。

施工总承包单位项目部技术负责人组织编制了项目质量计划，由项目经理审核后报监理单位审批。该质量计划要求建立的施工过程质量管理记录有：使用机具的检验、测量及试验设备管理记录，质量检查和整改、复查记录，质量管理文件记录及规定的其他记录等。监理工程师对此提出了整改要求。

施工前，项目部根据本工程施工管理和质量控制要求，对分项工程按照工种等条件，检验批按照楼层等条件，制定了分项工程和检验批划分方案，报监理单位审核。

问题：

1. 项目部编制质量计划的做法是否妥当？质量计划中管理记录还应该包含哪些内容？
2. 分别指出分项工程和检验批划分的条件还有哪些？

【参考答案】

1. （本小题5.0分）

(1) 不妥当。 (2.0分)

理由：项目质量计划应由项目经理组织编写，须报企业相关管理部门批准并得到发包方和监理方认可后实施。

(2) 质量计划中管理记录还应该包含：

① 施工日记和专项施工记录； (1.0分)

② 交底记录； (1.0分)

③ 上岗培训记录和岗位资格证明； (1.0分)

④ 图纸、变更设计接收和发放的有关记录； (1.0分)

⑤ 其他记录。 (1.0分)

【评分准则：满分3.0分，写出5项中的3项，即得3.0分】

2. （本小题6.0分）

(1) 分项工程还有：材料、施工工艺、设备类别。 (3.0分)

（2）检验批还有：工程量、变形缝、施工段。 (3.0分)

案 例 十 二

【2017年一建建筑】

某新建办公楼工程，总建筑面积68000m²。在地下室结构实体采用回弹法进行强度检验中，出现个别部位C35混凝土强度不足，项目部质量经理随机安排公司实验室检测人员采用钻芯法对该部位实体混凝土进行检测，并将检验报告报监理工程师。监理工程师认为其做法不妥，要求整改。整改后钻芯检测的试样强度分别为28.5MPa、31MPa、32MPa。该建设单位项目负责人组织对工程进行检查验收，施工单位分别填写了"单位工程竣工验收记录表"中的"验收记录""验收结论""综合验收结论"。"综合验收结论"为"合格"。参加验收单位人员分别进行了签字。政府质量监督部门认为一些做法不妥，要求改正。

问题：

1. 说明混凝土结构实体检验管理的正确做法。该钻芯检验部位C35混凝土实体检验结论是什么？并说明理由。

2. "单位工程竣工验收记录表"中"验收记录""验收结论""综合验收结论"应该由哪些单位填写？"综合验收结论"应该包含哪些内容？

【参考答案】

1. （本小题7.0分）

（1）正确做法：混凝土试块的强度不满足要求时，应委托具有相应资质的检测机构进行实体检测。 (2.0分)

（2）不合格。 (1.0分)

理由：同时满足下列两个条件的为合格。
① 钻芯检测的三个试样的抗压强度的平均值不小于设计强度等级的88%； (1.0分)
② 钻芯检测的三个芯样的抗压强度的最小值不小于设计强度等级的80%。 (1.0分)
试块强度均值：$(28.5+31+32)/3=30.5(MPa)<35MPa\times0.88$； (1.0分)
试块强度最小值：$28.5MPa\geqslant35MPa\times80\%$。 (1.0分)

2. （本小题5.0分）

（1）填写主体：
① 验收记录应由施工单位填写； (1.0分)
② 验收结论应由监理单位填写； (1.0分)
③ 综合验收结论应由建设单位填写。 (1.0分)

（2）综合验收结论的内容：
① 工程质量是否符合设计文件及相关标准的规定； (1.0分)
② 对总体质量水平做出评价。 (1.0分)

案 例 十 三

【2015年一建建筑】

某高层钢结构工程，建筑面积28000m²，地下1层，地上20层，外围护结构为玻璃幕墙和石材幕墙，外墙保温材料为新型材料。

施工过程中发生了如下事件：

事件一：施工中，施工单位对幕墙与各层楼板间的缝隙防火隔离处理进行了检查；对幕墙的抗风压性能、空气渗透性能、雨水渗漏性能、平面变形性能等有关安全和功能检测项目进行了见证取样和抽样检测。

事件二：本工程采用某新型保温材料，按规定进行了评审、鉴定和备案，同时施工单位完成相应程序性工作后，经监理工程师批准后投入使用。施工完成后，由施工单位项目负责人主持，组织了总监理工程师、建设单位项目负责人、施工单位技术负责人、相关专业质量员和施工员进行了节能分部工程的验收。

问题：

1. 事件一中，建筑幕墙与各层楼板间的缝隙防火隔离的主要防火构造做法是什么？幕墙工程中有关安全和功能的检测项目还有哪些？

2. 事件二中，新型保温材料使用前还应有哪些程序性工作？节能分部工程的验收组织有什么不妥？

【参考答案】

1. （本小题6.0分）

（1）防火构造：

① 采用不燃材料封堵，填充材料可采用岩棉或矿棉，其厚度不应小于100mm；（1.0分）

② 不燃材料应满足设计的耐火极限要求，在楼层间形成水平防火烟带；（1.0分）

③ 水平防火烟带与幕墙之间的缝隙采用建筑防火密封胶密封。（1.0分）

（2）检测项目：

① 硅酮结构胶的相容性试验；（1.0分）

② 后置埋件的现场拉拔试验；（1.0分）

③ 幕墙的层间变形性能检验。（1.0分）

2. （本小题4.0分）

（1）程序性工作：

① 进行施工工艺评价；（1.0分）

② 制定专门的施工技术方案。（1.0分）

（2）不妥之处：

① 不妥之一：由施工单位项目负责人主持；（1.0分）

② 不妥之二：节能分部工程验收参加人员不全。（1.0分）

案 例 十 四

【2013年一建建筑】

某商业建筑工程，地上6层，砂石地基，砖混结构，建筑面积24000m²。外窗采用铝合金窗，内门采用金属门。在施工过程中发生了如下事件：

事件一：监理工程师对门窗工程检查时发现：外窗未进行三性试验，监理工程师对存在的问题提出整改要求。

事件二：建设单位在审查施工单位提交的工程竣工资料时，发现工程竣工资料有涂改、违规使用复印件等情况，要求施工单位进行整改。

问题：

1. 事件一中，建筑外墙铝合金窗的三性试验是指什么？
2. 针对事件二，分别写出工程竣工资料在修改以及使用复印件时的正确做法。

【参考答案】

1.（本小题3.0分）

三性试验指抗风压性能试验、空气渗透性能试验、雨水渗漏性能试验。　　（3.0分）

2.（本小题4.0分）

（1）工程资料不得随意修改；当需修改时，应实行划改，并由划改人签字。（2.0分）

（2）当使用复印件时，提供单位应在复印件上加盖单位公章，并应有经办人签字及日期，提供单位应对资料的真实性负责。　　（2.0分）

二、2024考点预测

1. 质量管理方法及质量管理程序。
2. 建筑工程验收程序及验收内容。
3. 建筑工程资料、档案的分类、组卷、移交。

第二节　安全管理

考点一：安全管理职责
考点二：安全管理要点
考点三：现场安全检查
考点四：危大工程安全管理
考点五：危险源及救援管理
考点六：现场安全事故管理

一、选择题及答案解析

1. 安全专项施工方案需要进行专家论证的是（　　）。

A. 高度24m落地式钢管脚手架工程
B. 跨度16m的混凝土模板支撑工程
C. 开挖深度8m的基坑工程
D. 跨度32m的钢结构安装工程

【考点】　危大工程——管理范围

【解析】

5m活埋是常识，3编5论三方案。机理如下：

A选项，落地式脚手架工程"落编24论50"——搭设高度24m编案，50m才需要组织专家论证。

B选项，模板支撑工程"5101015，8181520"——跨度18m才需要组织专家论证。

D选项，跨度36m的钢结构安装工程才需要组织专家论证。

2. 基坑开挖深度8m，基坑侧壁安全等级为一级，基坑支护结构形式宜选（　　）。

A. 水泥土墙
B. 原状土放坡
C. 土钉墙
D. 排桩

【考点】　基坑支护施工

【解析】

钢桩排桩连续墙。

3. 事故应急救援预案提出的技术措施和组织措施应（　　）。

A. 详尽
B. 真实
C. 及时
D. 有效
E. 明确

【考点】　施工安全危险源管理

【解析】

本题的题眼在预案，可能启动，也可能不启动，所以不存在真实和及时的问题。其采取的措施应详尽、有效、实用、明确。

4. 建筑安全生产事故按事故的原因和性质分为（　　）。

A. 生产事故
B. 重伤事故
C. 死亡事故
D. 轻伤事故
E. 环境事故

【考点】　常见安全事故类型

【解析】

考生要能区分"事故类型"和"事故等级"。前者是从"原因性质"出发，进行事故类别划分；后者是以"伤亡程度"为依据，划分的事故等级。从分析问题的角度，明显选项B、C、D是同一范畴，那么，就剩下选项A、E了。

5. 工程建设安全事故发生后，事故现场有关人员应当立即报告（　　）。

A. 应急管理部门
B. 建设单位负责人
C. 劳动保障部门
D. 本单位负责人

6. 需要进行专家论证的危险性较大的分部分项工程有（　　）。

A. 开挖深度6m的基坑工程
B. 搭设跨度15m的模板支撑工程
C. 双机抬吊单件起重量为150kN的起重吊装工程
D. 搭设高度40m的落地式钢管脚手架工程
E. 施工高度60m的建筑幕墙安装工程

【解析】

选项B，搭设跨度超过18m的模板支撑工程，才需要进行专家论证。

选项C，本选项考核建办质〔2018〕31号文件中"采用非常规起重设备、方法，且单件起吊重量在100kN及以上的起重吊装工程"这句话的两个重点：①非常规；②单件起吊重量100kN。双机抬吊不属于非常规起重吊装。

选项D，"落编24 论50"——落地式钢管脚手架搭设高度24m及以上应编专项方案，搭设高度50m及以上的应按要求组织专家论证。

7. 关于高处作业吊篮的做法，正确的有（　　）。
A. 吊篮安装作业应编制专项施工方案
B. 吊篮内的作业人员不应超过3人
C. 作业人员应从地面进出吊篮
D. 安全钢丝绳应单独设置
E. 吊篮升降操作人员必须经培训合格

【解析】
选项B，根据《工程质量安全手册（试行）》，吊篮内作业人员不应超过2人。

8. 危大工程专家论证的主要内容有（　　）。
A. 专项方案内容是否完整、可行
B. 专项方案计算书和验算依据、施工图是否符合有关标准规范
C. 专项施工方案是否满足现场实际情况，并能够确保施工安全
D. 专项方案的经济性
E. 分包单位资质是否满足要求

【解析】
专家论证的主要内容：
（1）专项方案内容是否完整、可行。
（2）专项方案计算书和验算依据、施工图是否符合有关标准规范。
（3）专项施工方案是否满足现场实际情况，并能够确保施工安全。

【参考答案】

题号	1	2	3	4	5	6	7	8
答案	C	D	ADE	AE	D	AE	ACDE	ABC

二、案例及参考答案

案　例　一

【经典案例】
地基基础工程施工完成后，在施工总承包单位自检合格、总监理工程师签署"质量控制资料符合要求"的审查意见基础上，施工总承包单位项目经理组织施工单位质量部门责任人、总监理工程师进行了分部工程验收。

问题：
根据《建筑工程施工质量验收统一标准》，工程施工总承包单位项目经理组织基础工程验收是否妥当？说明理由。本工程的地基基础验收还应包括哪些人员？

【参考答案】（本小题5.0分）
（1）项目经理组织基础工程验收不妥。　　　　　　　　　　　　　　　　　　　　（1.0分）
理由：地基基础工程属于分部工程，分部工程应由总监理师或建设单位项目负责人负责组织验收。　　　　　　　　　　　　　　　　　　　　　　　　　　　　　　　　　（1.0分）

(2) 还应包括：
① 施工单位项目技术负责人； (1.0分)
② 勘察单位项目负责人； (1.0分)
③ 设计单位项目负责人； (1.0分)
④ 施工单位技术部门责任人； (1.0分)
⑤ 建设单位项目负责人。 (1.0分)
【评分准则：本小问答出3项正确的，即得3.0分】

案 例 二

【2022年一建建筑】

某酒店工程，建筑面积2.5万 m^2。地下1层，地上12层。其中标准层10层，每层标准客房18间，$35m^2$/间。裙房设宴会厅$1200m^2$，层高9m。施工单位中标后开始组织施工。

施工单位企业安全管理部门对项目贯彻企业安全生产管理制度情况进行检查，检查内容有：安全生产教育培训、安全生产技术管理、分包（供）方安全生产管理、安全生产检查和改进等。

宴会厅施工满堂脚手架搭设完成自检后，监理工程师按照《建筑施工安全检查标准》JGJ 59要求的保证项目和一般项目对其进行了检查，检查结果见表2-4。

表2-4 满堂脚手架检查结果（部分）

检查内容	施工方案		架体稳定	杆件锁件	脚手板			构配件材质	荷载		合计
满分值	10	10	10	10	10	10	10	10	10	10	100
得分值	10	10	10	9	8	9	8	9	10	9	92

问题：
1. 施工企业安全生产管理制度内容还有哪些？
2. 写出满堂脚手架检查中的空缺项，分别写出属于保证项目和一般项目的检查内容。
3. 混凝土浇筑过程的安全隐患主要表现形式还有哪些？

【参考答案】

1.（本小题6.0分）
还包括：
① 安全费用管理； (1.0分)
② 施工设施、设备及劳动防护用品的安全管理； (1.0分)
③ 施工现场安全管理； (1.0分)
④ 应急救援管理； (1.0分)
⑤ 生产安全事故管理； (1.0分)
⑥ 安全考核和奖惩等制度。 (1.0分)

2.（本小题7.0分）
(1) 空缺项：

①架体基础；②交底与验收；③架体防护；④通道。 (2.0分)
（2）保证项目：
施工方案、架体基础、架体稳定、杆件锁件、脚手板、交底与验收。 (3.0分)
（3）一般项目：
架体防护、构配件材质、荷载、通道。 (2.0分)

3.（本小题4.0分）
还可能出现：
① 高处作业安全防护设施不到位； (1.0分)
② 混凝土浇筑方案不当，支架受力不均； (1.0分)
③ 过早地拆除模板和支撑； (1.0分)
④ 机械的安装、使用不符合要求。 (1.0分)

案 例 三

【2021年一建建筑】

某住宅工程由7栋单体组成，地下2层，地上10～13层，总建筑面积1.5万 m^2。施工总承包单位中标后成立项目经理部组织施工。

项目某处双排脚手架搭设到20m时，当地遇罕见暴雨造成地基局部下沉，外墙脚手架出现变形，经评估后认为不能继续使用。项目技术部门编制了该脚手架拆除方案，规定了作业时设置专人指挥，多人同时操作时，明确分工、统一行动，保持足够的操作面等脚手架拆除作业安全管理要点。经审批并交底后实施。

问题：
脚手架拆除作业安全管理要点还有哪些？

【参考答案】（本小题3.0分）
（1）拆除作业必须由上而下逐层进行，严禁上下同时作业。 (1.0分)
（2）连墙件必须随脚手架逐层拆除，分段拆除高差不应大于2步。 (1.0分)
（3）拆除的构配件应采用起重设备吊运或人工传递到地面，严禁抛掷。 (1.0分)

案 例 四

【2020年一建建筑】

某项目部制定的《模板施工方案》中规定：（1）模板选用15mm厚木胶合板，木枋格栅、围模。（2）水平模板支撑采用碗扣式钢管脚手架，顶部设置可调托撑。（3）碗扣式脚手架钢管材料为Q235钢，高度超过4m，模板支撑架安全等级按Ⅰ级要求设计。（4）模板及其支架的设计中考虑了下列各项荷载：
① 模板及其支架自重（G_1）；
② 新浇筑混凝土自重（G_2）；
③ 钢筋自重（G_3）；
④ 新浇筑混凝土对模板侧面的压力（G_4）；
⑤ 施工人员及施工设备产生的荷载（Q_1）；
⑥ 浇筑和振捣混凝土时产生的荷载（Q_2）；

80

⑦ 泵送混凝土或不均匀堆载等附加水平荷载（Q_3）；

⑧ 风荷载（Q_4）。

进行各项模板设计时，参与模板及支架承载力计算的荷载项见表2-5。

表 2-5　参与模板及支架承载力计算的荷载项（部分）

计算内容	参与荷载项
底面模板承载力	
支架水平杆及节点承载力	G_1、G_2、G_3、Q_1
支架立杆承载力	
支架结构整体稳定	

某部位标准层楼板模板支撑架设计剖面示意图如图 2-1 所示。

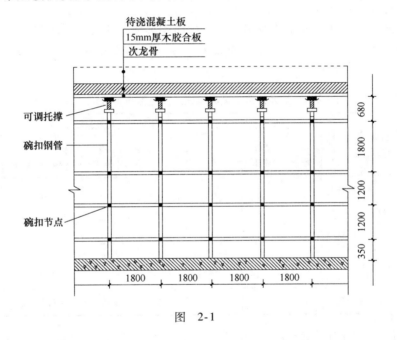

图　2-1

问题：

1. 写出表 2-5 中其他模板与支架承载力计算内容项目的参与荷载项。（如支架水平杆及节点承载力：G_1、G_2、G_3、Q_1）

2. 指出图 2-1 中模板支撑架设计剖面示意图中的错误之处。

【参考答案】

1.（本小题 4.0 分）

（1）底面模板承载力：G_1、G_2、G_3、Q_1。　　　　　　　　　　　　　　　　　（1.0 分）

（2）支架立杆承载力：G_1、G_2、G_3、Q_4。　　　　　　　　　　　　　　　　　（1.0 分）

（3）支架结构整体稳定：

① G_1、G_2、G_3、Q_1、Q_3；　　　　　　　　　　　　　　　　　　　　　　　（1.0 分）

② G_1、G_2、G_3、Q_1、Q_4。 (1.0分)

2.（本小题5.0分）

（1）错误之一：顶层水平杆步距1800mm。 (1.0分)

（2）错误之二：立杆底部未设置底座。 (1.0分)

（3）错误之三：立杆间距1800mm。 (1.0分)

（4）错误之四：可调托撑螺杆伸出长度680mm。 (1.0分)

（5）错误之五：没有设置竖向斜撑杆。 (1.0分)

案 例 五

某建筑地下2层，地上18层，框架结构。地下建筑面积0.4万m^2，地上建筑面积2.1万m^2。某施工单位中标后，由赵佑项目经理组织施工。施工至5层时，公司安全部门带队对项目进行了定期安全检查。检查过程依据标准JGJ 59—2011的相关内容进行。项目安全总监理工程师也全程参加，检测结果见表2-6。

公司安全部门在年初的安全检查规划中，按照相关要求明确了对项目安全检查的主要形式，包括定期安全检查，开工、复工安全检查，季节性安全检查等，确保项目施工过程全覆盖。

表2-6 某办公楼工程建筑施工安全检查评分汇总表

工程名称	建筑面积/万m^2	结构类型	总计得分	检查项目内容及分值									
				安全管理	文明施工	脚手架	基坑工程	模板支架	高处作业	施工用电	外用电梯	塔式起重机	施工机具
办公楼	(A)	框筒结构	检查前(B)	10	15	10	10	10	10	10	10	10	5
			检查后(C)	8	12	8	7	8	8	9		8	4
			评语：该项目安全检查总得分为（D）分，评定等级为（E）										
检查单位	公司安全部		负责人	叶军		受检单位	某办公楼项目部		项目负责人	(F)			

进入夏季后，公司项目管理部对该项目工人宿舍和食堂进行了检查。个别宿舍内床铺均为2层，住有18人，设置有生活用品专用柜；窗户为封闭式窗户，防止他人进入；通道宽度为0.8m；食堂办理了卫生许可证，3名炊事人员均有健康证，上岗符合个人卫生相关规定。检查后项目管理部对工人宿舍的不足提出了整改要求，并限期达标。

问题：

1. 写出表2-6中A～F所对应的内容（如A：*万m^2）。施工安全评定结论分几个等级？评价依据有哪些？

2. 建筑工程施工安全检查还有哪些形式？

【参考答案】

1.（本小题10.0分）

（1）A～F所对应的内容：

① A：2.5万 m^2；② B：100；③ C：72；④ D：80；⑤ E：优良；⑥ F：赵佑。 (2.5分)
（2）分优良、合格、不合格三个等级。 (1.5分)
（3）评价依据：
优良：
① 分项检查评分表无0分； (1.0分)
② 汇总表得分值应在80分及以上。 (1.0分)
合格：
① 分项检查评分表无0分； (1.0分)
② 汇总表得分值应在80分以下，70分及以上。 (1.0分)
不合格：满足下列两个条件之一
① 汇总表得分值不足70分； (1.0分)
② 有一分项检查评分为0分时。 (1.0分)
2．（本小题6.0分）
（1）日常巡查。 (1.0分)
（2）专项检查。 (1.0分)
（3）经常性安全检查。 (1.0分)
（4）节假日安全检查。 (1.0分)
（5）专业性安全检查和设备。 (1.0分)
（6）设施安全验收检查。 (1.0分)
【解析】
"常工专设定期检"。

案 例 六

【2019年一建建筑】

某新建办公楼工程，地下2层，地上20层，框架-剪力墙结构，建筑高度87m，基坑深7.6m。建设单位通过公开招标选定了施工总承包单位并签订了工程施工合同。

基坑施工前，基坑支护专业施工单位编制了基坑支护专项方案，履行相关审批签字手续后，组织包括总承包单位技术负责人在内的5名专家对该专项方案进行专家论证。总监理工程师提出专家论证组织不妥，要求整改。

问题：
指出基坑支护专项方案论证的不妥之处。应参加专家论证会的单位还有哪些？
【参考答案】（本小题5.0分）
（1）不妥之处：
① 不妥之一：基坑支护专业施工单位组织专家论证； (1.0分)
② 不妥之二：包括总承包单位技术负责人在内的5名专家进行论证； (1.0分)
③ 不妥之三：专家论证参会人员仅为专家，无参建方代表。 (1.0分)
（2）参加论证的单位还应有：
① 建设单位； (0.5分)
② 勘察单位； (0.5分)

③ 设计单位； (0.5分)
④ 施工总承包单位。 (0.5分)

案 例 七

【2019年一建建筑】

某高级住宅工程，建筑面积80000m²，由3栋塔楼组成，地下2层（含车库），地上28层，基础底板厚度800mm，由A施工总承包单位承建。

项目部制定了项目风险管理制度和应对负面风险的措施，规范了包括风险识别、风险应对等风险管理程序的管理流程，制定了向保险公司投保的风险转移等措施，达到了应对负面风险管理的目的。

施工中，施工员对气割作业人员进行安全作业交底，主要内容有：气瓶要防止暴晒，气瓶在楼层内滚动时应设置防振圈，严禁用带油的手套开气瓶；切割时，氧气瓶和乙炔瓶的放置距离不得小于5m，气瓶离明火的距离不得小于8m，作业点离易燃物的距离不得小于20m，气瓶内的气体应尽量用完以减少浪费。

问题：
1. 项目风险管理程序还有哪些？应对负面风险的措施还有哪些？
2. 指出施工员安全作业交底中的不妥之处，并写出正确做法。

【参考答案】

1. （本小题5.0分）
（1）项目风险管理程序还有：①风险评估；②风险监控。 (2.0分)
（2）应对负面风险的措施还有：①风险规避；②风险减轻；③风险自留。 (3.0分)

2. （本小题6.0分）
不妥之处：
（1）不妥之一：气瓶在楼层内滚动时应设置防振圈。 (0.5分)
正确做法：严禁滚动气瓶。 (1.0分)
（2）不妥之二：气瓶离明火的距离不得小于8m。 (0.5分)
正确做法：气瓶离明火的距离至少10m。 (1.0分)
（3）不妥之三：作业点离易燃物的距离不得小于20m。 (0.5分)
正确做法：作业点离易燃物的距离不小于30m。 (1.0分)
（4）不妥之四：气瓶内的气体应尽量用完以减少浪费。 (0.5分)
正确做法：气瓶内的气体不能用尽，必须留有剩余压力或重量。 (1.0分)

案 例 八

【2017年一建建筑】

某新建仓储工程，屋面梁安装过程中，发生两名施工人员高处坠落事故，一人死亡，当地人民政府接到事故报告后，按照事故调查规定组织安全生产监督管理部门、公安机关等相关部门指派的人员和2名专家组成事故调查组。调查组检查了项目部制定的项目施工安全检查制度，其中规定了项目经理至少每旬组织开展一次定期安全检查，专职安全管理人员每天进行巡视检查。调查组认为项目部经常性安全检查制度规定内容不全，要求完善。

问题：
1. 判断此次高处坠落事故等级，事故调查组还应有哪些单位或部门指派人员参加？
2. 项目部经常性安全检查的方式还应有哪些？

【参考答案】

1. （本小题 4.0 分）
   （1）此次高处坠落事故为一般安全事故。 (1.0 分)
   （2）事故调查组还应有监察机关、工会、人民检察院等派人参加。 (3.0 分)

2. （本小题 3.0 分）
   项目部经常性安全检查的方式还应有：
   （1）专职安全员、安全值班人员每天例行开展的安全检查。 (1.0 分)
   （2）相关管理人员在检查工作的同时进行安全检查。 (1.0 分)
   （3）作业班组在班前、班中、班后进行的安全检查。 (1.0 分)

案 例 九

【2016 年一建建筑】

某新建工程，建筑面积 15000m²，地下两层，地上五层，钢筋混凝土框架结构，采用 800mm 厚钢筋混凝土筏形基础，建筑总高度 20m。建设单位与某施工总承包单位签订了施工总承包合同。施工总承包单位将基坑工程分包给了建设单位指定的专业分包单位。

外装修施工时，施工单位搭设了扣件式钢管脚手架（见图 2-2）。架体搭设完成后进行了验收检查，并提出了整改意见。

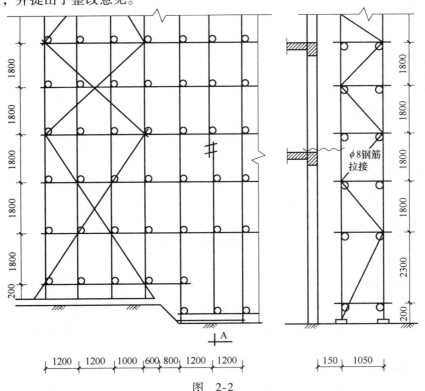

图 2-2

项目经理组织参建各方人员进行高处作业的专项安全检查。检查内容包括安全帽、安全网、安全带、悬挑式物料钢平台等。监理工程师认为检查项目不全面,要求按照《建筑施工安全检查标准》(JGJ 59—2011)予以补充。

问题:

1. 指出背景资料中脚手架搭设的错误之处。
2. 按照《建筑施工安全检查标准》(JGJ 59—2011),现场高处作业检查的项目还应补充哪些?

【参考答案】

1. (本小题6.0分)
   (1) 错误之一:横向扫地杆在纵向扫地杆上部。 (1.0分)
   (2) 错误之二:基础不在同一高度上,高处纵向扫地杆未向低处延长2跨。 (1.0分)
   (3) 错误之三:立杆悬空,未伸至木垫板。 (1.0分)
   (4) 错误之四:剪刀撑宽度不够,仅3跨。 (1.0分)
   (5) 错误之五:脚手架底层步距2.3m。 (1.0分)
   (6) 错误之六:采用直径为8mm的钢筋柔性连接。 (1.0分)
   (7) 错误之七:首步未设连墙件。 (1.0分)
   (8) 错误之八:立杆采用搭接方式接长。 (1.0分)

【评分准则:答出6项正确的,即得6.0分】

2. (本小题6.0分)

现场高处作业检查的项目还应补充:
   (1) 临边防护。 (1.0分)
   (2) 洞口防护。 (1.0分)
   (3) 通道口防护。 (1.0分)
   (4) 攀登作业。 (1.0分)
   (5) 悬空作业。 (1.0分)
   (6) 移动式操作平台。 (1.0分)

案 例 十

【2011年一建建筑】

某公共建筑工程,建筑面积22000m²,地下2层,地上5层,层高3.2m,钢筋混凝土框架结构。大堂一至三层中空,大堂顶板为钢筋混凝土井字梁结构。屋面设有女儿墙,屋面防水材料采用SBS卷材。某施工总承包单位承担施工任务。

合同履行过程中,发生了下列事件:

事件一: 施工总承包单位根据《危险性较大的分部分项工程安全管理办法》,会同建设单位、监理单位、勘察设计单位相关人员,聘请了外单位五位专家及本单位总工程师共计六人组成专家组,对《土方及基坑支护工程施工方案》进行论证。专家组提出了口头论证意见后离开,论证会结束。

事件二: 施工总承包单位根据《建筑施工模板安全技术规范》,编制了《大堂顶板模板工程施工方案》,并绘制了模板及支架示意图(见图2-3)。监理工程师审查后要求重新绘制。

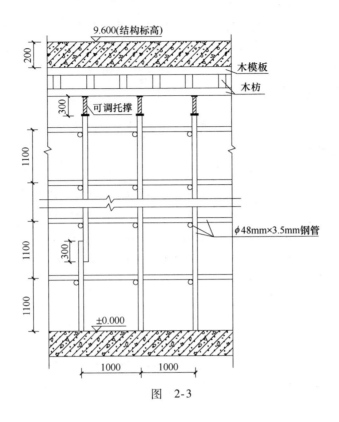

图 2-3

问题:
1. 指出事件一中的不妥之处,并分别说明理由。
2. 指出事件二中模板及支架示意图的不妥之处,分别写出正确做法。

【参考答案】

1.(本小题 4.0 分)

(1) 不妥之一:聘请外单位五位专家及本单位总工程师共计六人组成专家组。 (1.0 分)

理由:本项目参建各方的人员不得以专家身份参加专家论证会。 (1.0 分)

(2) 不妥之二:专家组提出了口头论证意见后离开。 (1.0 分)

理由:专项方案经论证后,专家组应当提交论证报告,对论证的内容提出明确的意见,并在论证报告上签字。 (1.0 分)

2.(本小题 8.0 分)

(1) 不妥之一:立柱底部直接落在混凝土底板上。 (1.0 分)

正确做法:立柱底部应设置垫板或底座。 (1.0 分)

(2) 不妥之二:立柱底部没有设置纵横扫地杆。 (1.0 分)

正确做法:在立柱底距地面 200mm 处,按纵下横上的程序设扫地杆。 (1.0 分)

(3) 不妥之三:没有设置剪刀撑。 (1.0 分)

正确做法:应按规定设置剪刀撑。 (1.0 分)

(4) 不妥之四:立柱的接长采用搭接方式。 (1.0 分)

正确做法:立柱接长严禁搭接,必须采用对接扣件连接。 (1.0 分)

(5) 不妥之五:顶部未设水平拉杆。 (1.0 分)

正确做法：应在最顶步距两水平拉杆中间加设一道水平拉杆。　　　　　　　　　(1.0分)

（6）不妥之六：顶部可调托撑伸出钢管300mm。　　　　　　　　　　　　　　(1.0分)

正确做法：可调托撑螺杆伸出钢管顶部不得大于200mm。　　　　　　　　　　(1.0分)

【评分准则：答出4项正确的，即得8.0分】

案 例 十 一

【2015年一建建筑】

某建筑工程，占地面积为8000m²，地下3层，地上30层，框筒结构。设备安装阶段，发现拟安装在屋面的某空调机组重量超出塔式起重机限载值（额定起重量）约6%，因特殊情况必须使用该塔式起重机进行吊装，经项目技术负责人安全验算后，批准用塔式起重机起吊；起吊前先进行试吊，即将空调机组吊离地面30cm后停止提升，现场安排专人进行观察与监督。监理工程师认为施工单位做法不符合安全规定，要求修改，对试吊时的各项检查内容旁站监理。

问题：

指出施工单位做法不符合安全规定之处，并说明理由。在试吊时，必须进行哪些检查？

【参考答案】（本小题6.0分）

（1）不妥之处：经项目技术负责人安全验算后，批准用塔式起重机起吊。　　(1.0分)

理由：根据相关规定，超载起吊应经企业技术负责人批准，并且不得超过塔式起重机额定起重量的10%。　　　　　　　　　　　　　　　　　　　　　　　　　　　　　(1.0分)

（2）必须进行的检查如下：

① 塔式起重机的稳定性；　　　　　　　　　　　　　　　　　　　　　　(1.0分)

② 制动器的可靠性；　　　　　　　　　　　　　　　　　　　　　　　　(1.0分)

③ 重物的平稳性；　　　　　　　　　　　　　　　　　　　　　　　　　(1.0分)

④ 绑扎的牢固性。　　　　　　　　　　　　　　　　　　　　　　　　　(1.0分)

案 例 十 二

【2015年一建建筑】

某新建工程，建筑面积56500m²，地下1层，地上3层，框架结构，建筑总高24m。总承包单位搭设了双排扣件式钢管脚手架（高度25m），在施工过程中有大量材料堆放在脚手架上面，结果发生了脚手架坍塌事故，造成了1人死亡，4人重伤，1人轻伤，直接经济损失600多万元。事故调查中发现了下列事件：

事件一：本工程项目经理持有一级注册建造师证书和安全考核资格证书（B），电工、电焊工、架子工持有特种作业操作资格证书。

事件二：项目部编制的重大危险源控制系统文件中，仅包含有重大危险源的辨识、重大危险源的管理、工厂选址和土地使用规划等内容，调查组要求补充完善。

事件三：双排脚手架连墙件被施工人员拆除了两处；双排脚手架在同一区段上下两层的脚手板上堆放的材料重量均超过3kN/m²。项目部对双排脚手架在基础完成后、架体搭设前，搭设到设计高度后，每次大风、大雨后等情况下均进行了阶段检查和验收，并形成书面检查记录。

问题：（全部属于安全管理）

1. 事件一中，施工企业还有哪些人员需要取得安全考核资格证书及其证书类别？与建筑起重作业相关的特种作业人员有哪些？
2. 事件二中，重大危险源控制系统还应有哪些组成部分？
3. 指出事件三中的不妥之处。脚手架还有哪些情况下也要进行阶段检查和验收？
4. 生产安全事故有哪几个等级？本事故属于哪个等级？

【参考答案】

1.（本小题7.0分）

（1）施工单位主要负责人、专职安全管理人员需要取得安全考核资格证书。　　（2.0分）

（2）施工单位主要负责人为A类证书、专职安全管理人员为C类证书。　　（2.0分）

（3）起重机械安装拆卸工、起重司机、起重信号工、司索工。　　（3.0分）

2.（本小题4.0分）

还应有以下组成部分：

（1）重大危险源的评价。　　（1.0分）

（2）事故应急救援预案。　　（1.0分）

（3）重大危险源的监察。　　（1.0分）

（4）重大危险源的安全报告。　　（1.0分）

3.（本小题6.0分）

（1）不妥之处：

① 双排脚手架连墙件被施工人员拆除了两处；　　（1.0分）

② 同一区段上下两层的脚手板上堆放的材料重量均超过 $3kN/m^2$。　　（1.0分）

（2）还有下列情况也要进行阶段检查和验收：

① 每搭设完6~8m；　　（1.0分）

② 作业层上施加荷载前；　　（1.0分）

③ 停用1个月后；　　（1.0分）

④ 冻结地区解冻后。　　（1.0分）

4.（本小题3.0分）

（1）一般事故、较大事故、重大事故、特别重大事故。　　（2.0分）

（2）本次事故属于一般事故。　　（1.0分）

案 例 十 三

【2013年一建建筑】

某新建工程，建筑面积 $28000m^2$，地下1层，地上6层，框架结构，建筑总高28.5m。施工过程中，发生如下事件：

事件一：建设单位组织监理单位、施工单位对工程施工安全进行检查，检查内容包括：安全思想、安全责任、安全制度、安全措施。

事件二：施工单位编制的项目安全措施计划的内容包括：管理目标、规章制度、应急准备与响应、教育培训。检查组认为安全措施计划主要内容不全，要求补充。

事件三：检查组按照《建筑施工安全检查标准》（JGJ 59—2011）对本次安全检查进行了评价，汇总表得分68分。

问题：
1. 除事件一所述检查内容外，施工安全检查还应检查哪些内容？
2. 事件二中，安全措施计划中还应补充哪些内容？
3. 事件三中，建筑施工安全检查评定结论有哪些等级？本次检查评定应为哪个等级？

【参考答案】
1. （本小题4.0分）
施工安全检查还应检查下列内容：
① 安全防护； (1.0分)
② 设备设施； (1.0分)
③ 教育培训； (1.0分)
④ 操作行为； (1.0分)
⑤ 伤亡事故处理； (1.0分)
⑥ 劳动防护用品使用。 (1.0分)
【评分准则：写出4项正确的，即得4.0分】

2. （本小题4.0分）
安全措施计划中还应补充下列内容：
① 工程概况； (1.0分)
② 组织机构与职责权限； (1.0分)
③ 风险分析与控制措施； (1.0分)
④ 安全专项施工方案； (1.0分)
⑤ 资源配置与费用投入计划； (1.0分)
⑥ 检查评价、验证与持续改进。 (1.0分)
【评分准则：写出4项正确的，即得4.0分】

3. （本小题4.0分）
（1）建筑施工安全检查评定结论有优良、合格、不合格三个等级。 (3.0分)
（2）本次安全检查评定为不合格等级。 (1.0分)

案例十四

【2012年一建建筑】
某办公楼工程，建筑面积98000m²，劲性钢混凝土框筒建筑结构。施工总承包单位在浇筑首层大堂混凝土时，发生了模板支撑系统坍塌事故，造成5人死亡、7人重伤。事故发生后，施工总承包单位现场有关人员于2h后向本单位负责人进行了报告，施工总承包单位负责人接到报告1h后向当地政府行政主管部门进行了报告。

问题：
事件中，根据《生产安全事故报告和调查处理条例》（国务院493号令）规定，此次事故属于哪个等级？纠正施工总承包单位报告事故的错误做法。报告事故时应报告哪些内容？

【参考答案】（本小题6.0分）
（1）此次事故属于较大事故。 (1.0分)

（2）错误做法：

① 错误之一：现场有关人员于2h后向本单位负责人进行了报告。

纠正：事故发生后，现场有关人员应立即向本单位负责人进行报告。 (1.0分)

② 错误之二：单位负责人接到报告1h后向当地政府行政主管部门进行了报告。

纠正：施工总承包单位负责人接到报告1h内向县级以上人民政府安全生产监督部门和负有安全生产监督管理职责的有关部门报告。 (1.0分)

（3）报告的内容：

① 事故发生单位的概况； (1.0分)
② 事故发生的时间、地点、现场情况； (1.0分)
③ 事故的简要经过； (1.0分)
④ 事故已造成的伤亡人数和初步估计的直接经济损失； (1.0分)
⑤ 已经采取的措施； (1.0分)
⑥ 其他应报告的情况。 (1.0分)

【评分准则：答出3项正确的，即得3.0分】

三、2024考点预测

1. 危大工程的程序管理及编论范围。
2. 安全检查评分表的计算及内容。
3. 安全教育培训的类别及目的。
4. 安全生产费用管理程序。
5. 重大危险源控制系统的组成部分。
6. 企业应急救援管理的内容。
7. 企业应急救援预案的内容。
8. 安全事故的上报程序。
9. 安全事故报告、事故调查的内容。
10. 安全事故调查组的职责。

第三节 现场管理

考点一：现场项目管理
考点二：现场施工管理

一、选择题及答案解析

1. 施工组织设计应及时修改或补充的情况有（   ）。
A. 工程设计有重大修改
B. 主要施工方法有重大调整
C. 主要施工资源配置有重大调整
D. 施工环境有重大改变
E. 项目技术负责人变更

【考点】 施工组织设计——修改

【解析】
"人机料法环,设计法定变"
(1) 主要施工资源配置有重大调整。
(2) 主要施工方法有重大调整。
(3) 施工环境有重大改变。
(4) 工程设计有重大修改。
(5) 有关法律、法规、规范和标准实施、修订和废止。

2. 工程项目管理机构针对负面风险的应对措施是( )。
A. 风险评估   B. 风险识别
C. 风险监控   D. 风险规避
【考点】 项目风险管理流程
【解析】

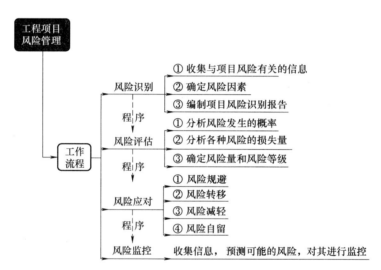

3. 施工现场临时用电配电箱金属箱门与金属箱件的连接材料,正确的是( )。
A. 单股铜线   B. 绝缘多股铜线
C. 编织软铜线   D. 铜绞线
【考点】 配电线路布置

4. 施工现场污水排放需申领《临时排水许可证》,当地政府发证的主管部门是( )。
A. 环境保护管理部门   B. 环境管理部门
C. 安全生产监督部门   D. 市政管理部门
【考点】 绿色施工管理
【解析】
关于绿色施工手续办理,考生须知声光气水废弃物的主管部门:
(1) 市区内施工,项目应在开工15d前向工程所在地环保部门申报登记。
(2) 夜间施工,应制定施工降噪措施,施工前应办理《夜间施工许可证》。
(3) 现场污水排放应向市政主管部门领取《临时排水许可证》。
(4) 固体废弃物应向相关环卫部门申报登记,分类存放。

(5) 建筑、生活垃圾应与垃圾消纳中心签署环保协议，及时清运。

(6) 有毒有害废弃物应运送到专门的"有毒有害废弃物中心消纳"。

5. 施工现场负责审查批准一级动火作业的是（　　）。

A. 项目负责人　　　　　　　　　B. 项目生产负责人

C. 项目安全管理部门　　　　　　D. 企业安全管理部门

【考点】 施工现场防火要求

【解析】

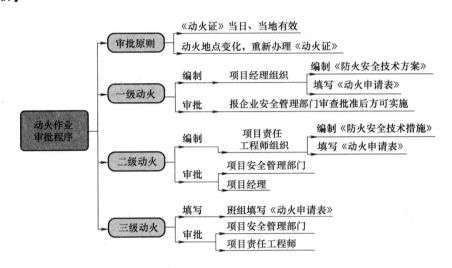

6. 建筑施工中，垂直运输设备有（　　）。

A. 塔式起重机　　　　　　　　　B. 施工电梯

C. 吊篮　　　　　　　　　　　　D. 物料提升架

E. 混凝土泵

【考点】 大型施工机械设备管理

【解析】

吊篮尽管可以升降，但不属于起重设备，而属于脚手架的范畴。其余四个备选项没有干扰性。

7. 施工现场五芯电缆中用作 N 线的标识色是（　　）。

A. 绿色　　　　　　　　　　　　B. 红色

C. 蓝色　　　　　　　　　　　　D. 黄绿色

【考点】 临时用电管理

【解析】

五芯电缆中用作 N 线的标识色是蓝色，PE 线为绿黄双色。

8. 某临时用水支管耗水量 $A=1.92 \text{L/s}$，管网水流速度 $v=2\text{m/s}$，则计算水管直径 d 为（　　）。

A. 25mm　　　　B. 30mm　　　　C. 35mm　　　　D. 50mm

【考点】 临时用水管理

【解析】

根据公式 $d = \sqrt{\dfrac{4Q}{\pi \cdot v \cdot 1000}}$，水管直径为 0.0349m，即 35mm。

9. 关于施工现场临时用电管理的说法，正确的是（　　）。
A. 现场电工必须经相关部门考核合格后，持证上岗
B. 用电设备拆除时，可由安全员完成
C. 用电设备总容量在 50kW 及以上的，应制定用电防火措施
D. 装饰装修阶段用电参照用电组织设计执行

【考点】 临时用电管理

【解析】

持证上岗常规题。

10. 施工组织总设计应由（　　）技术负责人审批。
A. 建设单位　　　　　　　　　B. 总承包单位
C. 监理单位　　　　　　　　　D. 项目经理部

【考点】 施工组织设计

【解析】

审批程序总对总。

【参考答案】

题号	1	2	3	4	5	6	7	8	9	10
答案	ABCD	D	C	D	D	ABDE	C	C	A	B

二、案例及参考答案

案　例　一

【2022 年一建建筑】

地方主管部门在检查《建筑工人实名制管理办法》落实情况时发现：个别工人没有签订劳动合同，直接进入现场施工作业，仅对建筑工人实行了实名制管理等问题。要求项目立即整改。

问题：

建筑工人满足什么条件才能进入施工现场工作？除建筑工人外，还有哪些单位人员进入施工现场应纳入实名制管理？

【参考答案】（本小题 6.0 分）

（1）应满足下列条件：
① 建筑企业应与招用的建筑工人依法签订劳动合同；　　　　　　　　　　　　　　（2.0 分）
② 对建筑工人进行基本安全培训，并在相关建筑工人实名制管理平台上登记，方可允许其进入施工现场从事与建筑作业相关的活动；　　　　　　　　　　　　　　　　　（2.0 分）
（2）建设单位、承包单位、监理单位的项目管理人员等。　　　　　　　　　　　　（2.0 分）

案 例 二

【2022年一建建筑】

新建住宅小区,单位工程地下2~3层,地上2~12层,总建筑面积12.5万 m^2。

施工总承包单位项目部为落实住房和城乡建设部《房屋建筑和市政基础设施工程危及生产安全施工工艺、设备和材料淘汰目录(第一批)》要求,在施工组织设计中明确了建筑工程禁止和限制使用的施工工艺、设备和材料清单,相关信息见表2-7。

表2-7 房屋建筑工程危及生产安全的淘汰施工工艺、设备和材料(部分)

名称	淘汰类型	限制条件和范围	可替代的施工工艺、设备、材料
现场简易制作钢筋保护层垫块工艺	禁止	/	专业化压制设备和标准模具生产垫块工艺等
卷扬机钢筋调直工艺	禁止	/	E
饰面砖水泥砂浆粘贴工艺	A	C	水泥基粘接材料粘贴工艺
龙门架、井架物料提升机	B	D	F
白炽灯、碘钨灯、卤素灯	限制	不得用于建设工地的生产、办公、生活等区域的照明	G

问题:

补充表2-7中A~G处的信息内容。

【参考答案】(本小题7.0分)

A:禁止。　　　　　　　　　　　　　　　　　　　　　　　　　(1.0分)
B:限制。　　　　　　　　　　　　　　　　　　　　　　　　　(1.0分)
C:/,禁止使用。　　　　　　　　　　　　　　　　　　　　　　(1.0分)
D:不得用于25m及以上的建设工程。　　　　　　　　　　　　　(1.0分)
E:普通钢筋调直机、数控钢筋调直切断机的钢筋调直工艺。　　　(1.0分)
F:人货两用施工升降机。　　　　　　　　　　　　　　　　　　(1.0分)
G:LED灯、节能灯等。　　　　　　　　　　　　　　　　　　　(1.0分)

案 例 三

【2021年一建建筑】

某工程项目经理部为贯彻落实《住房和城乡建设部等部门关于加快培育新时代建筑产业工人队伍的指导意见》(住建部等12部委2020年12月印发)要求在项目劳动用工管理中做了以下工作:

(1)要求分包单位与招用的建筑工人签订劳务合同。

(2)总包对农民工工资支付工作负总责,要求分包单位做好农民工工资发放工作。

(3)改善工人生活区居住环境,在集中生活区配套了食堂等必要生活设施,并开展物业化管理。

问题:

1.指出项目劳动用工管理工作中的不妥之处,并写出正确做法。

2. 为改善工人生活区居住环境，在一定规模的集中生活区应配套的必要生活设施有哪些？（如食堂）

【参考答案】

1. （本小题4.0分）

（1）不妥之一：要求分包单位与招用的建筑工人签订劳务合同。　　　　　　（1.0分）

正确做法：分包单位与建筑工人应签订劳动合同。　　　　　　　　　　　　　（1.0分）

（2）不妥之二：要求分包单位做好农民工工资发放工作。　　　　　　　　　（1.0分）

正确做法：应推行分包单位农民工工资委托施工总承包单位代发制度。　　　（1.0分）

2. （本小题2.0分）

超市、医疗机构、法律咨询、职工书屋、文体活动室。　　　　　　　　　　（2.0分）

案 例 四

【2021年一建建筑】

某工程项目、地上15~18层，地下2层，钢筋混凝土剪力墙结构，总建筑面积57000m^2。施工单位中标后成立项目经理部组织施工。

项目经理部上报了施工组织设计，其中施工总平面图设计要点包括了设置大门，布置塔式起重机、施工升降机，布置临时房屋、水、电和其他动力设施等。布置施工升降机时，考虑了导轨架的附墙位置和距离等现场条件和因素。公司技术部门在审核时指出施工总平面图设计要点不全，施工升降机布置条件和因素考虑不足，要求补充完善。主体结构完成后，项目部为结构验收做了以下准备工作。

问题：

施工总平面布置图设计要点还有哪些？布置施工升降机时，应考虑的条件和因素还有哪些？

【参考答案】（本小题3.0分）

（1）施工总平面布置图设计要点还有布置仓库、堆场，布置加工厂，布置场内临时运输道路。　　　　　　　　　　　　　　　　　　　　　　　　　　　　　　　　（1.5分）

（2）还应考虑地基承载力、地基平整度、周边排水、楼层平台通道、出入口防护门以及升降机周边的防护围栏等。　　　　　　　　　　　　　　　　　　　　　　（1.5分）

案 例 五

【2021年一建建筑】

某住宅工程由7栋单体组成，地下2层，地上10~13层，总建筑面积1.5万m^2。施工总承包单位中标后成立项目经理部组织施工。

项目总工程师编制了《临时用电组织设计》，其内容包括：总配电箱设在用电设备相对集中的区域；电缆直接埋地敷设，穿过临时设施时应设置警示标识并进行保护；临时用电施工完成后，由编制和使用单位共同验收合格后方可使用；各类用电人员经考试合格后持证上岗工作；发现用电安全隐患，经电工排除后继续使用；维修临时用电设备由电工独立完成；临时用电定期检查按分部、分项工程进行。《临时用电组织设计》报企业技术部批准后上报监理单位。监理工程师认为《临时用电组织设计》存在不妥之处，要求修改完成后再报。

项目经理部结合各级政府新冠疫情防控工作政策制定了《绿色施工专项方案》。监理工程师审查时指出不妥之处：

（1）生产经理是绿色施工组织实施第一责任人。

（2）施工工地内的生活区实施封闭管理。

（3）实行每日核酸检测。

（4）现场生活区采取灭鼠、灭蚊、灭蝇等措施，不定期投放和喷洒灭虫、消毒药物。

同时要求补充发现施工人员患有法定传染病时，施工单位采取的应对措施。

问题：

1. 写出《临时用电组织设计》内容与管理中不妥之处的正确做法。

2. 写出《绿色施工专项方案》中不妥之处的正确做法。施工人员患有法定传染病时，施工单位应对措施有哪些？

【参考答案】

1. （本小题 7.0 分）

（1）应由电气技术人员编制《临时用电组织设计》。 (1.0分)

（2）总配电箱应设在靠近进场电源的区域。 (1.0分)

（3）电缆穿过临建设施时，应套钢管保护。 (1.0分)

（4）临时用电施工完成后，应经编制、审核、批准部门和使用单位共同验收合格后方可使用。 (1.0分)

（5）对临时用电安全隐患必须及时处理，并应履行复查验收手续。 (1.0分)

（6）维修临时用电设备由电工完成，应有人监护。 (1.0分)

（7）《临时用电组织设计》报具有法人资格企业的技术负责人批准。 (1.0分)

2. （本小题 6.0 分）

（1）不妥处的正确做法：

① 项目经理应为绿色施工组织实施的第一责任人； (1.0分)

② 整个施工现场应实行封闭管理； (1.0分)

③ 应每日测量体温，定期核酸检测； (1.0分)

④ 现场生活区、办公区、作业区定期投放和喷洒灭虫、消毒药物。 (1.0分)

（2）措施：

第一时间报告：在2h内向施工现场所在地建设行政主管部门和卫生防疫等部门进行报告；第一时间启动应急预案：隔离相关人员；第一时间停止施工：等待卫生防疫部门进行处置。 (2.0分)

案 例 六

【2020 年一建建筑】

某工程项目部根据当地政府要求进行新冠疫情后复工，按照住房和城乡建设部《房屋市政工程复工复产指南》（建办质〔2020〕8号）规定，制定了《项目疫情防控措施》，其中规定有：（1）施工现场采取封闭式管理。严格施工区等"四区"分离，并设置隔离区和符合标准的隔离室；（2）根据工程规模和务工人员数量等因素，合理配备疫情防控物资；（3）现场办公场所、会议室、宿舍应保持通风，每天至少通风3次，并定期对上述重点场所进行消毒。

问题：

《项目疫情防控措施》规定的"四区"中除施工区外还有哪些？施工现场主要防疫物资有哪些？需要消毒的重点场所还有哪些？

【参考答案】（本小题6.0分）

（1）"四区"还包括：

① 生活区； (0.5分)

② 办公区； (0.5分)

③ 材料加工和存放区。 (0.5分)

（2）防疫物资还包括：

① 体温计； (1.0分)

② 口罩； (1.0分)

③ 消毒剂。 (1.0分)

（3）重点场所还包括：食堂、盥洗室、厕所。 (1.5分)

案 例 七

【2020年一建建筑】

某建筑地下2层，地上18层。框架结构。地下建筑面积0.4万 m^2，地上建筑面积2.1万 m^2。进入夏季后，公司项目管理部对该项目工人宿舍和食堂进行了检查。个别宿舍内床铺均为2层，住有18人，设置有生活用品专用柜，窗户为封闭式窗户，防止他人进入，通道宽度为0.8m，食堂办理了卫生许可证，3名炊事人员均有健康证，上岗符合个人卫生相关规定。检查后项目管理部对工人宿舍的不足提出了整改要求，并限期达标。

工程竣工后，根据合同要求相关部门对该工程进行绿色建筑评价，评价指标中"生活便利"该项分值低，施工单位将评分项"出行无障碍"等4项指标进行了逐一分析以便得到改善，评价分值见表2-8。

表2-8 某办公楼工程绿色建筑评价指标及分值

指标	控制项基本分值 Q_0	安全耐久 Q_1	健康舒适 Q_2	生活便利 Q_3	资源节约 Q_4	环境宜居 Q_5	提高与创新加分 Q_A
评分值	400	90	80	75	80	80	120

问题：

1. 指出工人宿舍管理的不妥之处并改正。在炊事员上岗期间，从个人卫生角度还有哪些具体管理？

2. 列式计算该工程绿色建筑总得分 Q。该建筑属于哪个等级，还有哪些等级？生活便利评分还有什么指标？

【参考答案】

1.（本小题6.0分）

（1）不妥之处：

① 个别宿舍住有 18 人。 (0.5 分)
改正：每间宿舍居住人员不得超过 16 人。 (0.5 分)
② 通道宽度 0.8m。 (0.5 分)
改正：通道宽度不得小于 0.9m。 (0.5 分)
③ 窗户为封闭式窗户。 (0.5 分)
改正：现场宿舍必须设置可开启式窗户。 (0.5 分)
（2）还包括：
① 上岗应穿戴洁净的工作服、工作帽和口罩； (1.0 分)
② 应保持个人卫生； (1.0 分)
③ 不得穿工作服出食堂。 (1.0 分)
2．（本小题 8 分）
（1）(400 + 90 + 80 + 75 + 80 + 80 + 100)/10 = 90.5（分）。 (1.0 分)
（2）该建筑属于三星级，还有基本级、一星级、二星级。 (4.0 分)
（3）还有：
① 服务设施； (1.0 分)
② 智慧运行； (1.0 分)
③ 物业管理。 (1.0 分)

案 例 八

【2019 年一建建筑】
某新建办公楼工程，建筑面积 48000m²，地下 2 层，地上 6 层，中庭高度为 9m，钢筋混凝土框架结构。总承包单位进场前与项目部签订了《项目管理目标责任书》，授权项目经理实施全面管理，项目经理组织编制了项目管理规划大纲和项目管理实施规划。

问题：
上述事件的不妥之处，并说明正确做法。编制《项目管理目标责任书》的依据有哪些？
【参考答案】（本小题 7.0 分）
（1）不妥之处：项目经理组织编制了项目管理规划大纲。 (1.0 分)
正确做法：根据相关规定，应由企业的管理层编制项目管理规划大纲。 (1.0 分)
（2）依据：
① 工程施工合同文件； (1.0 分)
② 项目管理规划大纲； (1.0 分)
③ 组织的规章制度； (1.0 分)
④ 组织的经营方针和目标； (1.0 分)
⑤ 项目特点和实施条件与环境。 (1.0 分)

案 例 九

【2019 年一建建筑】
项目部在对卫生间装修工程电气分部工程进行专项检查时发现，施工人员将卫生间内安装的金属管道、浴缸、淋浴器、暖气片等导体与等电位端子进行了连接，局部等电位连接排

与各连接点使用截面积2.5mm² 黄色标单根铜芯导线进行串联连接，对此，监理工程师提出了整改要求。

问题：

改正卫生间等电位连接中的错误做法。

【参考答案】（本小题2.5分）

(1) 错误之一：导体与等电位端子进行了连接。

改正：导体应与等电位端子盒进行连接。 (0.5分)

(2) 错误之二：使用截面积2.5mm²铜芯导线。

改正：应使用截面积不小于4mm²铜芯导线。 (0.5分)

(3) 错误之三：铜芯导线黄色标。

改正：铜芯导线应选用黄绿色标志。 (0.5分)

(4) 错误之四：单根铜芯导线。

改正：应采用多股铜芯导线。 (0.5分)

(5) 错误之五：进行串联连接。

改正：电位连接排与各连接点不得串联。 (0.5分)

案 例 十

【2019年一建建筑】

某施工单位通过竞标承建一工程项目，甲乙双方通过协商对工程合同协议书（编号HT—TY—201909001），以及专用合同条款（编号HT—ZY—201909001）和通用合同条（编号HT—ZY—201909001）修改意见达成一致，签订了施工合同。

项目部材料管理制度要求对物资采购合同的标的、价格、结算、特殊要求等条款加强重点管理。其中，对合同标的的管理要包括物资的名称、花色、技术标准、质量要求等内容。

项目部按照劳动力均衡使用、分析劳动需用总工日、确定人员数量和比例等劳动力计划编制要求，编制了劳动力需求计划。重点解决了因劳动力使用不均衡，给劳动力调配带来的困难，和避免出现过多、过大的需求高峰等诸多问题。

问题：

1. 物资采购合同重点管理的条款还有哪些？物资采购合同标的包括的主要内容还有哪些？
2. 劳动力计划编制要求还有哪些？劳动力使用不均衡时，还会出现哪些方面的问题？

【参考答案】

1. （本小题4.0分）

(1) 还包括：

① 数量； (0.5分)

② 包装； (0.5分)

③ 运输方式； (0.5分)

④ 违约责任。 (0.5分)

(2) 还包括：

① 品种； (0.5分)

② 型号； (0.5分)
③ 规格； (0.5分)
④ 等级。 (0.5分)
2.（本小题5.0分）
（1）还包括：准确计算工程量和施工期限。 (2.0分)
（2）还会出现的问题：
① 增加劳动力的管理成本； (1.0分)
② 带来住宿、交通、饮食、工具等问题。 (2.0分)

案例十一

【2018年一建建筑】

某建筑施工场地，东西长110m，南北宽70m，拟建工程平面80m×40m，地下2层，地上6/20层，檐口高26m/68m，建筑面积约48000m²。部分临时设施平面布置示意图见图2-4，其中需要布置的临时设施有：现场办公设施、木工加工及堆场、钢筋加工及堆场、油漆库房、施工电梯、塔式起重机、物料提升机、混凝土地泵、大门及围墙、洗车设施（图中未显示的设施均为符合要求）。

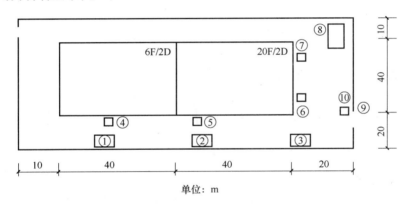

图2-4 部分临时设施平面布置示意图

问题：
1. 写出图2-4中临时设施编号所处位置最宜布置的临时设施名称（如⑨大门与围墙）。
2. 简单说明布置理由。
3. 施工现场文明施工的宣传方式有哪些？

【参考答案】
1.（本小题9.0分）
① 钢筋加工及堆场； (1.0分)
② 木工加工及堆场； (1.0分)
③ 现场办公设施； (1.0分)
④ 物料提升机； (1.0分)
⑤ 塔式起重机； (1.0分)
⑥ 施工升降机； (1.0分)

⑦ 混凝土地泵； (1.0分)
⑧ 油漆库房； (1.0分)
⑩ 洗车设施。 (1.0分)

【评分准则：①和②、⑥和⑦互换的，均不扣分】

2. （本小题9.0分）

① 钢筋加工及堆场； (1.0分)
② 木工加工及堆场的布置均在塔式起重机覆盖范围内，以便减少材料的二次搬运费；
 (1.0分)
③ 现场办公设施布置在出入口处，以便加强内外联系； (1.0分)
④ 物料提升机布置在6层建筑物处，满足搭设高度不超过30m的要求； (1.0分)
⑤ 塔式起重机应布置在20层建筑物处，考虑到单体建筑的覆盖范围，沿建筑物长边方向布置在中间位置； (1.0分)
⑥ 施工升降机邻近办公室，便于管理人员及时对各楼层的质量、安全检查； (1.0分)
⑦ 混凝土地泵布置在高层建筑物处，以便高层混凝土的垂直运输； (1.0分)
⑧ 油漆库房属于存放危险品类仓库，应单独设置； (1.0分)
⑩ 洗车设施应设置在大门出入口，以便车辆冲洗。 (1.0分)

3. （本小题3.0分）

① 设置宣传栏； (1.0分)
② 设置报刊栏； (1.0分)
③ 悬挂安全标语； (1.0分)
④ 设置安全警示标牌。 (1.0分)

【评分准则：写出3项正确的，即得3.0分】

案例十二

【2018年一建建筑】

一新建工程，地下2层，地上20层，高度为70m，建筑面积40000m²，标准层平面为40m×40m。项目部根据施工条件和需求、按照施工机械设备选择的经济性等原则，采用单位工程量成本比较法选择确定了塔式起重机型号。施工总包单位根据项目部制定的安全技术措施、安全评价等安全管理内容提取了项目安全生产费用。

在一次塔式起重机起吊荷载达到其额定起重量95%的起吊作业中，安全人员让操作人员先将重物吊起离地面15cm，然后对重物的平稳性，设备和绑扎等各项内容进行了检查，确认安全后同意其继续起吊作业。

"在建工程施工防火技术方案"中，对已完成结构施工楼层的消防设施平面布置设计见图2-5。图中立管设计参数为：消防用水量15L/s，水流速 $i=1.5$ m/s；消防箱包括消防水枪、水带与软管。监理工程师按照《建设工程施工现场消防安全技术规范》（GB 50720—2011）提出了整改要求。

问题：

1. 施工机械设备选择的原则和方法分别还有哪些？
2. 节能与能源利用管理中，应分别对哪些用电项设定控制指标？对控制指标定期管理

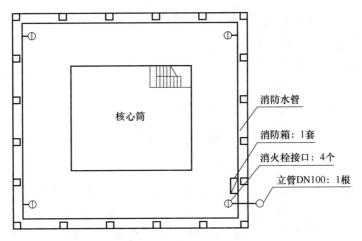

图 2-5　标准层临时消防设施平面布置示意图
（未显示部分视为符合要求）

的内容有哪些?

3. 指出图 2-5 中的不妥之处，并说明理由。

【参考答案】

1. （本小题 5.0 分）

（1）选择原则还有：①适应性；②高效性；③稳定性；④安全性。　　　　（3.0 分）

【评分准则：写出 3 项正确的，即得 3.0 分】

（2）选择方法还有：①折算费用法；②综合评分法；③界限时间比较法。（2.0 分）

【评分准则：写出 2 项正确的，即得 2.0 分】

2. （本小题 6.0 分）

（1）应分别设定用电控制指标的用电项有：①生产；②生活；③办公；④施工设备。

(3.0 分)

【评分准则：写出 3 项正确的，即得 3.0 分】

（2）定期管理的内容有：①计量；②核算；③对比分析；④预防和纠正措施。（3.0 分）

【评分准则：写出 3 项正确的，即得 3.0 分】

3. （本小题 6.0 分）

（1）不妥之一：DN100 的立管设置 1 根。　　　　　　　　　　　　　　（1.0 分）

理由：立管不应少于 2 根 DN125。　　　　　　　　　　　　　　　　　（1.0 分）

（2）不妥之二：消火栓接口的位置。　　　　　　　　　　　　　　　　（1.0 分）

理由：消火栓接口设置在明显且易于操作的部位。　　　　　　　　　　（1.0 分）

（3）不妥之三：消火栓间距。　　　　　　　　　　　　　　　　　　　（1.0 分）

理由：高层建筑，消火栓接口间距不应大于 30m。　　　　　　　　　　（1.0 分）

（4）不妥之四：消防箱只设置 1 套。　　　　　　　　　　　　　　　　（1.0 分）

理由：消防箱不应少于 2 套。　　　　　　　　　　　　　　　　　　　（1.0 分）

（5）不妥之五：楼梯处未设置消防设施。　　　　　　　　　　　　　　（1.0 分）

理由：每层楼梯处均应设置消防水枪，水带和软管，且每个设置点不少于 2 套。（1.0 分）

（6）不妥之六：消防箱内设施。　　　　　　　　　　　　　　　　　　　　(1.0分)
理由：消防箱内应设置灭火器。　　　　　　　　　　　　　　　　　　　　(1.0分)
（7）不妥之七：缺消防软管接口。　　　　　　　　　　　　　　　　　　　(1.0分)
理由：应设置消防软管接口。　　　　　　　　　　　　　　　　　　　　　(1.0分)
【评分准则：找出3个不妥的，即得6.0分】

案例十三

【2017年一建建筑】

某建设单位投资兴建一办公楼，投资概算25000.00万元，建筑面积21000m²；钢筋混凝土框架-剪力墙结构，地下2层，层高4.5m，地上18层。B施工单位根据工程特点、工作量和施工方法等影响劳动效率因素，计划主体结构施工工期为120天，预计总用工为5.76万个工日，每天安排2个班次，每个班次工作时间为7h。

问题：

计算主体施工阶段需要多少名劳动力？编制劳动力需求计划时，确定劳动效率通常还应考虑哪些因素？

【参考答案】（本小题6.0分）
（1）主体施工阶段需要劳动力：
做法一：57600×8/(2×7×120)=274.3，取275名。　　　　　　　　　　　(2.0分)
做法二：57600×8/(7×120)=548.6,取549名。
（2）确定劳动效率通常还应考虑因素：环境、气候、地形、地质、工程特点、实施方案的特点、现场平面布置、劳动组合、施工机具等。　　　　　　　　　　　　　(4.0分)

案例十四

【2017年一建建筑】

某新建办公楼工程，总建筑面积68000m²。建设单位与施工单位签订了施工总承包合同。施工中，木工堆场发生火灾。紧急情况下值班电工及时断开了总配电箱开关，经查，火灾是因临时用电布置和刨花堆放不当引起。部分木工堆场临时用电现场布置剖面示意图见图2-6。

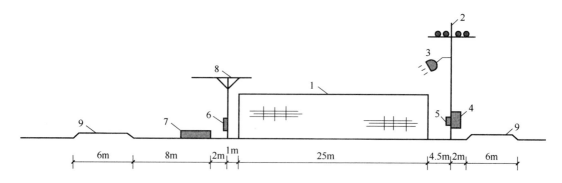

图2-6　木工堆场临时用电现场布置剖面示意图
1—模板堆　2—电杆（高5m）　3—碘钨灯　4—堆场配电箱　5—灯开关箱
6—电锯开关箱　7—电锯　8—木工棚　9—场内道路

施工单位为接驳市政水管，安排人员在夜间挖沟、断路施工，被主管部门查处，要求停工整改。

问题：

1. 指出图2-6中相关布置的不妥之处。
2. 对需要市政停水、封路而影响环境时的正确做法是什么？

【参考答案】

1．（本小题4.0分）

不妥之处：

① 不妥之一：敞开式木工棚； (1.0分)
② 不妥之二：电锯与模板堆的距离； (1.0分)
③ 不妥之三：电锯开关箱与堆场配电箱的距离； (1.0分)
④ 不妥之四：电杆上安装堆场配电箱； (1.0分)
⑤ 不妥之五：电杆与模板堆的距离； (1.0分)
⑥ 不妥之六：照明灯采用碘钨灯； (1.0分)
⑦ 不妥之七：照明系统与动力系统采用一个回路； (1.0分)
⑧ 不妥之八：木模板上部未采取防雨措施，下部未垫高，且未设置排水沟； (1.0分)
⑨ 不妥之九：易燃材料堆垛和木工棚未设置消防器材及消防水源； (1.0分)
⑩ 不妥之十：易燃材料堆垛和木工棚未设置安全警示标志。 (1.0分)

【评分准则：上述10个不妥项中写出4个不妥项的，即得4.0分】

2．（本小题4.0分）

（1）承包人应提前通知发包人办理相关申请批准手续，并按发包人的要求，提供需要承包人提供的相关文件、资料、证件等。经有关主管部门（市政、交通、环保等）同意后，方可进行断路施工。 (1.0分)
（2）施工单位应做好相关的保护、防护方案和防护措施。 (1.0分)
（3）施工单位还应当及时申领夜间施工许可证。 (1.0分)
（4）应在施工前公告附近居民。 (1.0分)

案例十五

【2015年一建建筑】

某新建办公楼工程，建筑面积48000m^2，地下2层，地上6层，中庭高度为9m，钢筋混凝土框架结构。项目开工之前，建设单位按照相关规定办理施工许可证，要求总承包单位做好制定施工组织设计中的各项技术措施，编制专项施工组织设计，并及时办理政府专项管理手续等相关配合工作。

总承包单位将工程主体劳务分包给某劳务公司，双方签订了劳务分包合同，劳务分包单位进场后，总承包单位要求劳务分包单位将劳务施工人员的身份证等资料的复印件上报备案。某月总承包单位将劳务分包款拨付给劳务公司，劳务公司自行发放，其中木工班长代领木工工人工资后下落不明。

问题：

指出分包过程中的不妥之处，并说明正确做法。按照劳务实名制管理规定，劳务公司还应该将哪些资料的复印件报总承包单位备案？

【参考答案】（本小题9.0分）

（1）不妥之处：

① 不妥之一：劳务分包单位进场后进行备案工作。 (1.0分)

正确做法：应当在进场前进行备案。 (1.0分)

② 不妥之二：劳务公司自行发放。 (1.0分)

正确做法：劳务公司发放工资时，总承包单位应设专人现场监督。 (1.0分)

③ 不妥之三：木工班长代领木工工人工资。 (1.0分)

正确做法：工资直接发放给劳动者本人，严禁代领工资。 (1.0分)

（2）还应有：

① 施工人员花名册； (1.0分)

② 劳动合同文本； (1.0分)

③ 岗位技能证书。 (1.0分)

案 例 十 六

【2015年一建建筑】

某建筑工程，占地面积为8000m²，地下3层，地上30层，框筒结构。施工现场场地狭小，项目部将所有材料加工全部委托给专业加工厂进行场外加工。

施工现场总平面布置设计中包含如下主要内容：①材料加工场地布置在场外；②现场设置一个出入口，出入口处设置办公用房；③场地周边设置3.8m宽环形载重单行车道作为主干道（兼消防车道），并进行硬化，转弯半径10m；④在干道外侧开挖400mm×600mm管沟，将临时供电线缆、临时用水管线埋置于管沟内。监理工程师认为总平面布置存在多处不妥，责令整改后再验收。并要求补充主干道具体硬化方式和裸露场地文明施工防护措施。

问题：

指出施工总平面布置设计的不妥之处，分别写出正确做法，施工现场主干道常用硬化方式有哪些？裸露场地的文明施工防护通常有哪些措施？

【参考答案】（本小题11.0分）

（1）不妥之处：

① 不妥之一：设置3.8m宽的车道作为主干道兼消防车道。 (1.0分)

正确做法：单行车道作为主干道（兼消防车道）的宽度不小于4m。 (1.0分)

② 不妥之二：车道转弯半径10m。 (1.0分)

正确做法：载重车的转弯半径不小于15m。 (1.0分)

③ 不妥之三：将临时供电线缆、临时用水管线埋置于管沟内。 (1.0分)

正确做法：临时供电线缆应避免与其他管道设在同一侧。 (1.0分)

（2）硬化方式：

① 混凝土； (1.0分)

② 钢板； (1.0分)

③ 碎石。 (1.0分)

（3）措施：
① 硬化处理； (1.0分)
② 绿化处理； (1.0分)
③ 覆盖处理； (1.0分)
④ 洒水降尘。 (1.0分)
【评分准则：写出2项正确的，即得2.0分】

案例十七

【2014年一建建筑】
某办公楼工程，建筑面积45000m²，地下2层，地上26层，框架-剪力墙结构。项目部在编制的"项目环境管理规划"中，提出了包括现场文化建设、保障职工安全等文明施工的工作内容。

问题：
现场文明施工还应包含哪些工作内容？

【参考答案】（本小题3.0分）
（1）规范场容，保持作业环境整洁卫生。 (1.0分)
（2）创造文明有序的安全生产条件。 (1.0分)
（3）减少对居民和环境的不利影响。 (1.0分)

案例十八

【2012年一建建筑】
某酒店建设工程，建筑面积28700m²，地下1层，地上15层，现浇钢筋混凝土框架结构。施工过程中，甲施工单位加强对劳务分包单位的日常管理，坚持开展劳务实名制管理工作。

施工过程中，施工单位随时将产生的建筑垃圾、废弃包装、生活垃圾等常见固体废物按相关规定进行了处理。

问题：
按照劳务实名制管理要求，在劳务分包单位进场时，甲施工单位应要求劳务分包单位提交哪些资料进行备案？

【参考答案】（本小题4.0分）
提交的备案资料包括：
① 施工人员的花名册； (1.0分)
② 施工人员的身份证； (1.0分)
③ 施工人员的岗位技能证书复印件； (1.0分)
④ 施工人员的劳动合同文本。 (1.0分)

案例十九

【2010年一建建筑】
某办公楼工程，施工总承包单位根据材料清单采购了一批装饰装修材料。经计算分析，

各种材料价款占该批材料款及累计百分比见表 2-9。

表 2-9

序号	材料名称	所占比例（%）	累计百分比（%）
1	实木门扇（含门套）	30.10	30.10
2	铝合金窗	17.91	48.01
3	细木工板	15.31	63.32
4	瓷砖	11.60	74.92
5	实木地板	10.57	85.49
6	白水泥	9.50	94.99
7	其他	5.01	100.00

问题：

根据"ABC 分类法"，分别指出重点管理材料名称（A 类材料）和次要管理材料名称（B 类材料）。

【参考答案】（本小题 4.0 分）

（1）重点管理的材料：实木门扇、铝合金窗、细木工板、瓷砖。　　　　　　　　（2.0 分）

（2）次要管理的材料：实木地板、白水泥。　　　　　　　　　　　　　　　　　（2.0 分）

案 例 二 十

【2009 年一建建筑】

某市中心区新建一座商业中心，建筑面积 26000m²。某施工总承包单位承接了该商业中心工程的施工总承包任务。该施工总承包单位进场后，立即着手进行施工现场平面布置：

（1）在临市区主干道的南侧采用 1.6m 高的砖砌围墙作为围挡。

（2）为节约成本，施工总承包单位决定直接利用原土便道作为施工现场主要道路。

（3）为满足模板加工的需要，搭设了一间 50m² 的木工加工间，并配置了 1 只灭火器。

问题：

指出施工总承包单位现场平面布置（1）～（3）中的不妥之处，并说明正确做法。

【参考答案】（本小题 6.0 分）

（1）采用 1.6m 高的砖砌围墙作为围挡不妥。　　　　　　　　　　　　　　　　（1.0 分）

正确做法：场地四周必须设置封闭围挡、进行封闭管理，一般路段的围挡高度不得低于 1.8m，市区主要路段围挡高度不得低于 2.5m。　　　　　　　　　　　　　　　　　　（1.0 分）

（2）直接利用原土便道作为施工现场主要道路不妥。　　　　　　　　　　　　　（1.0 分）

正确做法：施工现场的主要道路必须进行硬化处理。　　　　　　　　　　　　　（1.0 分）

（3）配置了 1 只灭火器不妥。　　　　　　　　　　　　　　　　　　　　　　　（1.0 分）

正确做法：木工加工间每 25m² 应配置 1 只灭火器，50/25＝2（只），50m² 的木工加工间至少应配置 2 只灭火器。　　　　　　　　　　　　　　　　　　　　　　　　　　　　（1.0 分）

三、2024 考点预测

1. 出现哪些情况，需要修改施工组织设计。
2. 现场平面布置图的设置原则及设置内容。
3. 施工现场文明施工的内容。
4. 施工现场临时供水系统的组成部分。
5. 施工现场供水布置的要点。

第三章 专业技术

第一节 工程材料

考点一：结构材料
考点二：装饰材料
考点三：功能材料
考点四：材料管理

一、案例及参考答案

案 例 一

【2016年一建建筑】

某住宅楼工程，场地占地面积约10000m^2，建筑面积约14000m^2，地下两层，地上16层，层高2.8m，檐口高47m，结构设计为筏形基础、剪力墙结构。

根据项目试验计划，项目总工程师会同实验员选定1层、3层、5层、7层、9层、11层、13层、16层各留置1组C30混凝土同条件养护试件，试件在浇筑点制作，脱模后放置在下一层楼梯口处。第5层C30混凝土同条件养护试件强度试验结果为28MPa。

问题：

题中同条件养护试件的做法有何不妥？并写出正确做法。第5层C30混凝土同条件养护试件的强度代表值是多少？

【**参考答案**】（本小题7.0分）

(1) 不妥之处：

① 不妥之一：选定13层、16层各留置1组试件。   (1.0分)

正确做法：同条件试块，每连续两层楼取样不应少于1组。   (2.0分)

② 不妥之二：脱模后放置在下一层楼梯口处。   (1.0分)

正确做法：脱模后的试件应随同浇筑的结构构件同条件养护。   (1.0分)

(2) 代表值：28/0.88 = 31.8(MPa)   (2.0分)

案 例 二

【2014年一建建筑】

某办公楼工程，建筑面积45000m^2，钢筋混凝土框架-剪力墙结构，地下1层，地上12层，层高5m，抗震等级为一级，内墙装饰面层为油漆、涂料。地下工程防水为混凝土自防水和外贴卷材防水。施工过程中，发生了以下事件：

项目部按规定向监理工程师提交调直后的HRB400E、直径12mm的钢筋复试报告。检测数据为：抗拉强度实测值561MPa，屈服强度实测值460MPa，实测重量0.816kg/m（HRB400E Φ12钢筋：屈服强度标准值400MPa，抗拉强度标准值540MPa，理论重量0.888kg/m）。

问题：

计算事件中钢筋的强屈比、超屈比、重量偏差（保留两位小数），并根据计算结果分别判断该指标是否符合要求。

【参考答案】（本小题6.0分）

(1) 强屈比：561/460 = 1.22。 (1.0分)

强屈比不得小于1.25，所以不符合要求。 (1.0分)

(2) 超屈比：460/400 = 1.15。 (1.0分)

超屈比不得大于1.30，所以符合要求。 (1.0分)

(3) 重量偏差：(0.816 - 0.888)/0.888 = -0.08。 (1.0分)

直径为6～12mm的HRB400E钢筋，重量负偏差不得大于6%，该指标符合要求。

(1.0分)

二、选择题及答案解析

1. 常用较高要求抗震结构的纵向受力普通钢筋品种是（　　）。
   A. HRB500　　　　　　　　　　B. HRBF500
   C. HRB500E　　　　　　　　　D. HRB600

【解析】

本题题眼是"较高要求抗震结构"。普通钢筋混凝土结构常用热轧钢筋（H），抗震结构主筋通常为牌号后加"E"的普通热轧带肋钢筋（HRB）和细晶粒热轧带肋钢筋。

2. 下列属于钢材工艺性能的有（　　）。
   A. 冲击性能　　　　　　　　　B. 弯曲性能
   C. 疲劳性能　　　　　　　　　D. 焊接性能
   E. 拉伸性能

【解析】

(1) 钢材性能两方面，力学工艺分主次。

(2) 力学性能最重要，拉伸冲击抗疲劳。

(3) 工艺加工一回事，弯曲焊接两兄弟。

3. 成型钢筋在进场时无须复验的项目是（　　）。
   A. 抗拉强度　　　　　　　　　B. 弯曲性能
   C. 重量偏差　　　　　　　　　D. 伸长率

【解析】

成型钢筋的弯曲性能一定合格，无须复验。

4. 在工程应用中，钢材的塑性指标通常用（　　）表示。
   A. 伸长率　　　　　　　　　　B. 屈服强度
   C. 强屈比　　　　　　　　　　D. 抗拉强度

【解析】

钢材的塑性指标有"伸长率和冷弯性能"两项。

5. 下列钢材包含的化学元素中,其含量增加会使钢材强度提高,但塑性下降的有( )。
A. 碳
B. 硅
C. 锰
D. 磷
E. 氮

【解析】

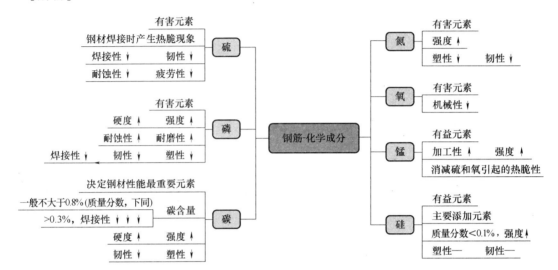

6. 下列钢材化学成分中,属于碳素钢中的有害元素是( )。
A. 碳
B. 硅
C. 锰
D. 磷

【解析】
见上题。

7. 对HRB400E钢筋的要求正确的是( )。
A. 极限强度标准值不小于400MPa
B. 实测抗拉强度与实测屈服强度之比不大于1.25
C. 实测屈服强度与屈服强度标准值之比不大于1.3
D. 最大力总伸长率不小于7%

【解析】

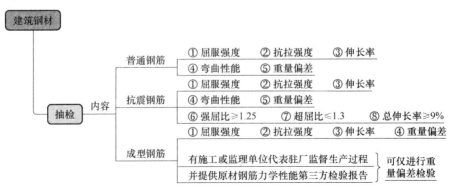

8. 水泥的初凝时间指（　　）。
A. 从水泥加水拌和起至水泥浆失去可塑性所需的时间
B. 从水泥加水拌和起至水泥浆开始失去可塑性所需的时间
C. 从水泥加水拌和起至水泥浆完全失去可塑性所需的时间
D. 从水泥加水拌和起至水泥浆开始产生强度所需的时间
【解析】

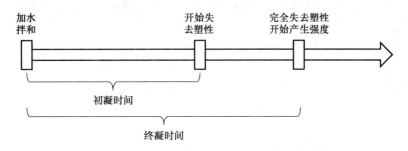

9. 代号为 P·O 的通用硅酸盐水泥是（　　）。
A. 普通硅酸盐水泥　　　　　　　B. 硅酸盐水泥
C. 复合硅酸盐水泥　　　　　　　D. 粉煤灰硅酸盐水泥
【解析】
口诀："矿渣复合 ABC，F 粉煤 P 火灰，硅普早强 012，水泥代号不愁背"。由此得到：选项 B、D 说反了，应该是普通水泥 P·O，复合水泥 P·C。

10. 下列水泥品种中，其水化热最大的是（　　）。
A. 普通水泥　　　　　　　　　　B. 硅酸盐水泥
C. 矿渣水泥　　　　　　　　　　D. 粉煤灰水泥
【解析】
"硅普早强热量大"。

11. 普通气候环境中的普通混凝土应优先用（　　）水泥。
A. 矿渣　　　　　　　　　　　　B. 普通
C. 火山灰　　　　　　　　　　　D. 复合
【解析】
口诀："普环干环负水环，抗渗耐磨经验换"。即：①普通环境；②干燥环境；③水下负温环境；④有抗渗耐磨要求的混凝土——优选普通水泥。

12. 根据《通用硅酸盐水泥》(GB 175)，关于六大常用水泥凝结时间的说法，正确的是（　　）。
A. 初凝时间不得短于 40min
B. 硅酸盐水泥的终凝时间不得长于 6.5h
C. 普通硅酸盐水泥的终凝时间不得长于 12h
D. 除硅酸盐水泥外的其他五类常用水泥的终凝时间不得长于 12h
【解析】
（1）A、C、D 错误，常用水泥的初凝时间均不得短于 45min。水泥的初凝时间长一点，混凝土才有足够的和易性、可泵性;终凝时间短一点,利于工期提前。

(2) 凝结时间不满足要求的水泥不得使用。

13. 用低强度等级水泥配制高强度等级混凝土,会导致( )。

A. 耐久性差　　　　　　　　　B. 和易性差

C. 水泥用量太大　　　　　　　D. 密实度差

【解析】

用低强度等级水泥配制高强度等级混凝土时,会使水泥用量过大、不经济,而且还会影响混凝土的其他技术性质。

14. 在混凝土工程中,配制有抗渗要求的混凝土可优先选用( )。

A. 火山灰水泥　　　　　　　　B. 矿渣水泥

C. 粉煤灰水泥　　　　　　　　D. 硅酸盐水泥

【解析】

"抗渗优选火山灰"。

15. 关于粉煤灰水泥主要特性的说法,正确的是( )。

A. 水化热较小　　　　　　　　B. 抗冻性较好

C. 干缩性较大　　　　　　　　D. 早期强度高

【解析】

粉煤灰水泥水化热小、抗裂好,因此干缩性小,能有效减少混凝土内部裂纹。

16. 粉煤灰水泥的主要特征是( )。

A. 水化热较小　　　　　　　　B. 抗冻性好

C. 干缩性较大　　　　　　　　D. 早期强度高

【解析】

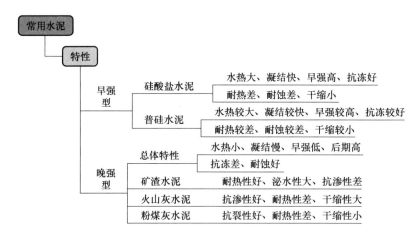

17. 终凝时间不得长于6.5h的水泥品种是( )。

A. 硅酸盐水泥　　　　　　　　B. 普通水泥

C. 粉煤灰水泥　　　　　　　　D. 矿渣水泥

【解析】

六大水泥中,除硅酸盐水泥终凝时间≤6.5h,其他水泥均≤10h。

18. 下列指标中，属于常用水泥技术指标的是（   ）。
A. 和易性
B. 可泵性
C. 安定性
D. 保水性

【解析】
常用水泥技术指标包括：凝结时间、安定性、强度等级、细度、标准稠度用水量、化学指标以及碱含量等。

19. 关于水泥的性能与技术要求，说法正确的是（   ）。
A. 水泥的终凝时间是从水泥加水拌和起至水泥浆开始失去可塑性所需的时间
B. 水泥安定性不良是指水泥在凝结硬化过程中产生不均匀的体积变化
C. 六大常用水泥的初凝时间均不得长于 45min
D. 水泥中的碱含量太低容易产生碱骨料反应

【解析】
综合题型，考核考生对水泥性能的综合把握。

20. 常用水泥中，具有水化热较小特性的是（   ）水泥。
A. 硅酸盐
B. 普通
C. 火山灰
D. 复合
E. 粉煤灰

【解析】
早强水泥水化热较大，晚强水泥水化热较小。

21. 国家标准规定，P·O 32.5 水泥的强度应采用胶砂法测定。该法要求测定试件的（   ）天和 28 天抗压强度和抗折强度。
A. 3
B. 7
C. 14
D. 21

【解析】
检测水泥 3 天抗压、抗折强度试验，是为了控制水泥的早期强度；之所以用 28 天作为最终强度龄期，是因为水泥强度的快速增长期为 28 天，高速增长期过后，水泥强度的增长会极为缓慢。

22. 配置 C60 混凝土优先选用的是（   ）。
A. 硅酸盐水泥
B. 矿渣水泥
C. 火山灰水泥
D. 粉煤灰水泥

【解析】
大热早强硅酸盐。

23. 钢筋混凝土梁截面尺寸为 300mm×500mm，受拉区配 4 根直径 25mm 的钢筋，已知梁的保护层厚度为 25mm，则配制混凝土选用的粗骨料不得大于（   ）。
A. 25.5mm
B. 32.5mm
C. 37.5mm
D. 40.5mm

【解析】
根据图解石子最大粒径相关规定可得：
（1）[300−(4×25)−(25×2)]/3 = 50(mm)。

（2）50×3/4=37.5（mm）。

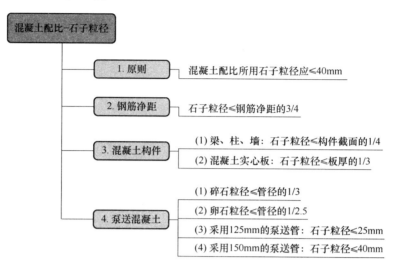

24. 改善混凝土耐久性的外加剂是（　　）。
A. 引气剂　　　　　　　　　　B. 早强剂
C. 泵送剂　　　　　　　　　　D. 缓凝剂
【解析】
消除裂缝小气泡。

25. 下列混凝土掺合料中，属于非活性矿物掺合料的是（　　）。
A. 石灰石粉　　　　　　　　　B. 硅灰
C. 沸石粉　　　　　　　　　　D. 粒化高炉矿渣粉
【解析】
混凝土的掺合料分为：活性掺合料和非活性掺合料。
（1）活性掺合料是指含氧化钙、氧化硅等活性物质，如粉煤灰、硅灰、粒化高炉矿渣粉、沸石粉等。教材中，凡是带"粉"或"灰"的，都属于活性的；凡是"渣、砂、石"这种粒径较大的，如硬矿渣、石英砂、石灰石，均属于非活性掺合料。
（2）掺合料的直接作用：①节约水泥；②改善混凝土性能。
（3）据统计，建筑工程中使用最多的掺合料是粉煤灰。

26. 影响混凝土拌和物和易性的主要因素包括（　　）。
A. 强度　　　　　　　　　　　B. 组成材料的性质
C. 砂率　　　　　　　　　　　D. 单位体积用水量
E. 时间和温度
【解析】
影响混凝土和易性的因素："材料工艺两路走，前3后2五因素"。①单位体积用水量，②砂率，③材料性质，此3条为材料因素；④时间，⑤温度，此2条为工艺因素。
其中，"单位体积用水量"对混凝土和易性起决定性作用。

27. 在混凝土配合比设计时，影响混凝土拌合物和易性最主要的因素是（　　）。
A. 砂率　　　　　　　　　　　B. 单位体积用水量

C. 温度 D. 拌和方式

28. 下列混凝土拌合物性能中，不属于和易性含义的是（ ）。
A. 流动性 B. 黏聚性
C. 耐久性 D. 保水性

【解析】
混凝土和易性、强度、耐久性是三个并列概念。和易性表现在几分钟、几十分钟；强度表现为几天、几十天；耐久性表现为几年、几十年。

29. 混凝土的耐久性能包括（ ）。
A. 抗冻性 B. 抗碳化性
C. 抗渗性 D. 抗侵蚀性
E. 和易性

【解析】
混凝土耐久性包括"渗冻侵碳碱锈蚀"六个方面，即抗渗性、抗冻性、抗侵蚀、碳化、碱骨料反应、钢筋锈蚀。其中抗渗性是"老大"，它直接决定了混凝土的抗冻性和抗侵蚀性。

30. 测定混凝土立方体抗压强度采用的标准试件，其养护龄期是（ ）。
A. 7 天 B. 14 天
C. 21 天 D. 28 天

31. 混凝土养护要求正确的是（ ）。
A. 现场施工一般采用加热养护
B. 矿渣硅酸盐水泥拌制的混凝土不少于 14 天
C. 在终凝后开始养护
D. 有抗渗要求的不少于 14 天

【解析】
专业语感大动脉，养护系列分 4 级。机理如下：
A 错误，混凝土养护方法有自然养护和加热养护两大类。现场施工一般为自然养护。
B 错误，"普硅矿"水泥拌制的混凝土养护时间不少于 7 天，"火粉复"水泥拌制的混凝土养护时间不少于 14 天。
C 错误，混凝土一般在终凝前养护，防水混凝土终凝后养护。

32. 用于居住房屋建筑中的混凝土外加剂，不得含有（ ）成分。
A. 木质素磺酸钙 B. 硫酸盐
C. 亚硝酸盐 D. 尿素

【解析】
凭常识判断，住宅建筑混凝土中不应含尿素。

33. 通常用于调节混凝土凝结时间、硬化性能的混凝土外加剂有（ ）。
A. 缓凝剂 B. 早强剂
C. 膨胀剂 D. 速凝剂
E. 引气剂

【解析】
（1）改善混凝土流动性：减水引气泵送剂。

(2) 调节混凝土凝结硬化性：早强速凝缓凝剂。

(3) 改善混凝土耐久性：防水引气阻锈剂。

34. 关于细骨料"颗粒级配"和"粗细程度"性能指标的说法，正确的是（　　）。

A. 级配好，砂粒之间的空隙小；骨料越细，骨料比表面积越小

B. 级配好，砂粒之间的空隙大；骨料越细，骨料比表面积越小

C. 级配好，砂粒之间的空隙小；骨料越细，骨料比表面积越大

D. 级配好，砂粒之间的空隙大；骨料越细，骨料比表面积越大

【解析】

原理同"切苹果"。

35. 关于混凝土外加剂的说法错误的是（　　）。

A. 掺入适量减水剂能改善混凝土的耐久性

B. 高温季节大体积混凝土施工应掺速凝剂

C. 掺入引气剂可提高混凝土的抗渗性和抗冻性

D. 早强剂可加速混凝土早期强度增长

【解析】

B 错误，高温季节掺速凝剂正好反了，应该掺缓凝剂。

36. 用于承重的双排孔轻集料混凝土砌块砌体的孔洞率不应大于（　　）。

A. 25%　　　　　　　　　　　　　　B. 30%

C. 35%　　　　　　　　　　　　　　D. 40%

【解析】

(1) 烧结普通砖尺寸：240mm×115mm×53mm。

(2) 多孔砖孔洞率≤35%，空心砖孔洞率≥40%。

37. 按照成分组成，砌体结构砌筑用砂浆通常可以分为（　　）。

A. 水泥砂浆　　　　　　　　　　　B. 特种砂浆

C. 混合砂浆　　　　　　　　　　　D. 专用砂浆

E. 石灰砂浆

【解析】

砌筑砂浆分为"水混专用三砂浆"。

(1) 水泥砂浆：强度高，耐久好，抗渗性好，但流动性、保水性均较差。故常用于①防潮层以下砌体；②对强度要求较高的砌体。

(2) 混合砂浆分：①水泥石灰砂浆；②水泥黏土砂浆。工程当中常见的是前者，其耐久性、流动性、保水性较好，易于砌筑；但强度不如水泥砂浆。至于后者，只有在砌筑临时性围挡时才会用到，一般不用于永久工程。

(3) 专用砂浆分：①砌块专用砂浆；②蒸压砖专用砂浆——一种专用胶黏剂。

38. 有关砂浆强度等级的说法正确的是（　　）。

A. 砂浆试块是 70.7mm×70.7mm×70.7mm 的立方体试块

B. 标准养护龄期为 28 天

C. 标准养护温度为（20±2）℃，相对湿度90%以上

D. 每组取3个试块进行抗压强度试验
E. 砂浆试块一组6块

【解析】

E错误，砌筑砂浆每组取3个试块进行抗压强度试验。

39. 常于室内装修工程的天然大理石最主要的特性是（   ）。
    A. 属酸性石材　　　　　　　　　B. 质地坚硬
    C. 吸水率高　　　　　　　　　　D. 属碱性石材

【解析】

大理石的特性体现在一个"较"字——质地较软，质地较密实，抗压强度较高，吸水率低，属碱性中硬石材。

40. 关于花岗石特性的说法，错误的是（   ）。
    A. 强度高　　　　　　　　　　　B. 耐磨性好
    C. 密度大　　　　　　　　　　　D. 属碱性石材

【解析】

花岗石构造致密，强度高，密度大，吸水率极低，质地坚硬，耐磨，属酸性硬石材。其耐酸性、抗风化性、耐久性好，使用年限长。但是花岗石所含石英在高温下会发生晶变，体积膨胀而开裂，因此"不耐火"。

41. 天然大理石饰面板材不宜用于室内（   ）。
    A. 墙面　　　　　　　　　　　　B. 大堂地面
    C. 柱面　　　　　　　　　　　　D. 服务台面

【解析】

大理石质地较软，不耐磨，故不适用地面。

42. 民用住宅装饰洗面器多采用（   ）。
    A. 壁挂式　　　　　　　　　　　B. 立柱式
    C. 台式　　　　　　　　　　　　D. 柜式

【解析】

洗面器，分为壁挂式、立柱式、台式、柜式，民用住宅装饰多采用台式。

43. 由湿胀引起的木材变形情况是（   ）。
    A. 翘曲　　　　　　　　　　　　B. 开裂
    C. 鼓凸　　　　　　　　　　　　D. 接榫松动

【解析】

"木材变形两方面，干缩湿胀五体现，桌椅湿胀见鼓凸，裂缝松翘找干缩"。

44. 木材的变形在各个方向不同，下列表述中正确的是（   ）。
    A. 顺纹方向最小，径向较大，弦向最大
    B. 顺纹方向最小，弦向较大，径向最大
    C. 径向最小，顺纹方向较大，弦向最大
    D. 径向最小，弦向较大，顺纹方向最大

【解析】

"顺小径大弦最大，木材出题兴奋点"。

45. 关于普通平板玻璃特性的说法，正确的是（   ）。
A. 热稳定性好
B. 抗拉强度较高
C. 热稳定性差
D. 防火性能较好

【解析】
"平板玻璃最平庸，教材恋旧不舍扔，急冷急热易炸裂，冬冷夏热不保温"。

46. 节能装饰型玻璃包括（   ）。
A. 压花玻璃
B. 彩色平板玻璃
C. 中空玻璃
D. "Low-E"玻璃
E. 真空玻璃

【解析】
选项 A 和 B 均为纯装饰型玻璃；选项 C、D、E 既有节能性，又有装饰效果。

47. 关于钢化玻璃特性的说法，正确的有（   ）。
A. 碎后易伤人
B. 使用时可切割
C. 热稳定性差
D. 可能发生自爆
E. 机械强度高

【解析】
"高强弹性耐火好，碎不伤人但自爆"。

48. 通过对钢化玻璃进行均质处理可以（   ）。
A. 降低自爆率
B. 提高透明度
C. 改变光学性能
D. 增加弹性

【解析】
经过长期研究，钢化玻璃内部存在的硫化镍（NiS）结石是造成钢化玻璃自爆的主因。对钢化玻璃进行均质（第二次热处理工艺）处理，可以大大降低钢化玻璃的自爆率。

49. 关于中空玻璃的特性正确的是（   ）。
A. 机械强度高
B. 隔声性能好
C. 弹性好
D. 单向透视性

【解析】
中空玻璃是基于导热的原理控制室内环境。其特性总结为"隔热隔声防结露"。其具有良好的隔声性，可降噪 30～40dB。

50. 关于高聚物改性沥青防水卷材的说法，错误的是（   ）。
A. SBS 卷材尤其适用于较低气温环境的建筑防水
B. APP 卷材尤其适用于较高气温环境的建筑防水
C. 采用冷粘法铺贴时，施工环境温度不应低于 0℃
D. 采用热熔法铺贴时，施工环境温度不应低于 -10℃

【解析】
（1）C 错误，口诀："热熔 -10 冷粘 5"。
（2）改性沥青卷材包括："AB 胎柔橡胶改"。一建考试主要涉及的是 APP 和 SBS 两类。

(3) SBS 为弹性体卷材；其广泛用于工建和民建的屋面及地下防水工程，尤其适用于"低温"环境下的防水工程。

(4) APP 为塑性体卷材；适用于工建和民建的屋面及地下防水工程，以及道路、桥梁等工程的防水，尤其适用于"高温"环境下的防水工程。

51. 改性沥青防水卷材的胎基材料有（　　）。
A. 聚酯毡　　　　　　　　　B. 合成橡胶
C. 玻纤毡　　　　　　　　　D. 合成树脂
E. 纺织物

【解析】
专业极偏两卷材，排除合成高分子。机理如下：
"聚酯纤维纺织物"——改性沥青防水卷材是指以聚酯毡、玻纤毡、纺织物材料中的一种或两种复合为胎基，浸涂高分子聚合物改性石油沥青后，再覆以隔离材料或饰面材料而制成的长条片状可卷曲的防水材料。

52. 下列装修材料中，属于功能材料的是（　　）。
A. 壁纸　　　　　　　　　　B. 木龙骨
C. 水泥　　　　　　　　　　D. 防水涂料

【解析】
水泥属于结构材料，壁纸、龙骨很明显是装修材料。所以功能材料是指除结构、装修材料以外的防水、防火、保温材料。

53. 防水卷材的耐老化性指标可用来表示防水卷材的（　　）性能。
A. 大气稳定　　　　　　　　B. 拉伸
C. 温度稳定　　　　　　　　D. 柔韧

54. 属于非膨胀型防火材料的是（　　）。
A. 超薄型防火涂料　　　　　B. 薄型防火涂料
C. 厚型防火涂料　　　　　　D. 有机防火堵料

【解析】
厚型防火材料也被称之为不发泡的防火材料，其主要起防火作用，但不隔热。

55. 导热系数最大的是（　　）。
A. 水　　　　　B. 冰　　　　　C. 钢材　　　　　D. 空气

【解析】
导热系数以金属最大，非金属次之，液体较小，气体更小。

56. 下列保温材料中，吸水性最强的是（　　）。
A. 改性酚醛泡沫塑料　　　　B. 玻璃棉制品
C. 聚氨酯泡沫塑料　　　　　D. 聚苯乙烯泡沫塑料

【解析】
玻璃棉制品的吸水性强，不宜露天存放，室外工程不宜在雨天施工，否则应采取防水措施。

【参考答案】

题号	1	2	3	4	5	6	7	8	9	10
答案	C	BD	B	A	ADE	D	C	B	A	B
题号	11	12	13	14	15	16	17	18	19	20
答案	B	B	C	A	A	A	A	C	B	CDE
题号	21	22	23	24	25	26	27	28	29	30
答案	A	A	C	A	A	BCDE	B	C	ABCD	D
题号	31	32	33	34	35	36	37	38	39	40
答案	D	D	ABD	C	B	C	ACD	ABCD	D	D
题号	41	42	43	44	45	46	47	48	49	50
答案	B	C	C	A	C	CDE	DE	A	B	C
题号	51	52	53	54	55	56				
答案	ACE	D	A	C	C	B				

三、2024 考点预测

1. 结构材料的特性、应用及检验。
2. 装饰装修材料的特性及检验。
3. 功能材料的分类、特性及检验。

第二节 工程设计

考点一：建筑设计
考点二：结构设计
考点三：装配设计

一、选择题及答案解析

1. 下列建筑属于大型性建筑的是（　　）。
A. 学校　　　　　B. 医院　　　　　C. 航空港　　　　　D. 高层

【解析】
大型建筑是指每一个单项工程的规模都很宏大的建筑。

2. 下列建筑中，属于公共建筑的是（　　）。
A. 仓储建筑　　　　　　　　　B. 修理站
C. 医疗建筑　　　　　　　　　D. 宿舍建筑

【解析】
公共建筑包括"政商医科文"——行政办公建筑、文教建筑、科研建筑、医疗建筑、商业建筑等。

3. 属于工业建筑的是（　　）。
A. 宿舍　　　　　　B. 办公楼　　　　　　C. 仓库　　　　　　D. 医院

【解析】

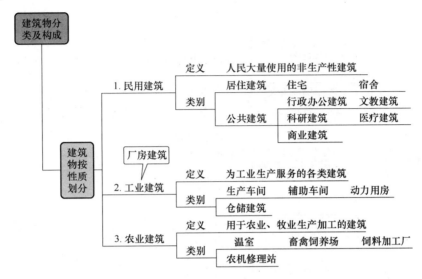

4. 常用建筑结构体系中，应用高度最高的结构体系是（　　）。
A. 筒体
B. 剪力墙
C. 框架-剪力墙
D. 框架结构

【解析】
"框架框剪剪筒体，1578 筒最高"——四类结构中，抵抗水平荷载最有效的是筒体结构，因而筒体结构应用高度最高。

5. 关于室外疏散楼梯和每层出口处平台的规定，正确的是（　　）。
A. 应采取难燃材料制作
B. 平台的耐火极限不应低于 0.5h
C. 疏散门应正对楼梯段
D. 疏散出口的门应采用乙级防火门

【解析】
A 错误，室外疏散楼梯和每层出口处平台，均应采取非燃烧材料制作。
B 错误，平台的耐火极限不应低于 1h，楼梯段的耐火极限应不低于 0.25h。
C 错误，疏散门不应正对楼梯段，太危险了，容易刹不住车。

6. 建筑设计应符合的原则要求有（　　）。
A. 符合总体规划要求
B. 满足建筑功能要求
C. 具有良好的经济效益
D. 研发建筑技术
E. 考虑建筑美观要求

【解析】
建筑设计除了应满足相关的建筑标准、规范等要求之外，原则上还应符合以下要求：满足建筑功能要求、符合总体规划要求、采用合理的技术措施、考虑建筑美观要求、具有良好的经济效益。

7. 住宅建筑室内疏散楼梯的最小净宽度为（　　）。
A. 1.0m　　　　　　B. 1.1m　　　　　　C. 1.2m　　　　　　D. 1.3m

8. 楼梯踏步最小宽度不应小于0.28m的是（　　）的楼梯。
A. 专用疏散　　　　　　　　　　B. 医院
C. 住宅套内　　　　　　　　　　D. 幼儿园

【解析】

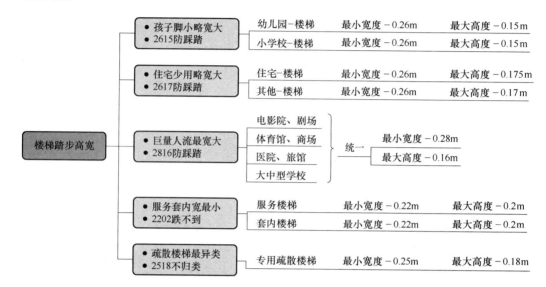

9. 一般用于房屋防潮层以下砌体的砂浆是（　　）。
A. 水泥砂浆　　　　　　　　　　B. 水泥黏土砂浆
C. 水泥电石砂浆　　　　　　　　D. 水泥石灰

【解析】

水泥砂浆强度高、耐久性好，但流动性、保水性均稍差，一般用于房屋防潮层以下的砌体或对强度有较高要求的砌体。

10. 墙体防水、防潮规定正确的有（　　）。
A. 砌筑墙体应在室外地面以上设置连续的水平防水层
B. 砌筑墙体应在室内地面垫层处设置连续的水平防潮层
C. 有防潮要求的室内墙面迎水面应设防潮层
D. 有防水要求的室内墙面迎水面应采取防水措施
E. 有配水点的墙面应采取防潮措施

【解析】

根据《民用建筑通用规范》的6.2.3，墙体防潮、防水应符合下列规定：

（1）砌筑墙体应在室外地面以上、室内地面垫层处设置连续的水平防潮层，室内相邻地面有高差时，应在高差处贴邻土壤一侧加设防潮层。

（2）有防潮要求的室内墙面迎水面应设防潮层，有防水要求的室内墙面迎水面应采取防水措施。

（3）有配水点的墙面应采取防水措施。

11. 关于疏散走道上设置防火卷帘的说法，正确的有（　　）。
A. 在防火卷帘的一侧设置启闭装置

B. 在防火卷帘的两侧设置启闭装置
C. 具有自动控制的功能
D. 具有手动控制的功能
E. 具有机械控制的功能

12. 防火门构造的基本要求有（　　）。
A. 甲级防火门耐火极限为1.0h
B. 向内开启
C. 关闭后应能从内外两侧手动开启
D. 具有自行关闭功能
E. 开启后，门扇不应跨越变形缝

【解析】

A错误，防火门划分为甲、乙、丙三级。其耐火极限：甲级1.5h；乙级1.0h；丙级0.5h。

B错误、C正确，防火门应为向疏散方向开启的平开门，关闭后应能从其内外两侧手动开启。

D正确，疏散走道、楼梯间和前室防火门，应具有自行关闭的功能。双扇防火门，还应具有按顺序关闭的功能。

E正确，变形缝附近的防火门，应设在楼层数较多的一侧，且开启后门扇不应跨越变形缝。

13. 幼儿园建筑中幼儿经常出入的通道应为（　　）地面。
A. 暖性　　　　　　　　B. 弹性
C. 防滑　　　　　　　　D. 耐磨

【解析】

幼儿园建筑中乳儿室、活动室、寝室及音体活动室宜为暖性、弹性地面。幼儿经常出入的通道应为防滑地面。

14. 楼地面应满足的功能有（　　）。
A. 平整　　　　　　　　B. 耐磨
C. 防滑　　　　　　　　D. 易于清洁
E. 经济

15. 建筑内非承重墙的主要功能有（　　）。
A. 保温　　　　　　　　B. 美化
C. 隔声　　　　　　　　D. 承重
E. 防水

16. 涂饰施工中必须使用耐水腻子的部位有（　　）。
A. 厨房　　　　　　　　B. 卫生间
C. 卧室　　　　　　　　D. 地下室
E. 客厅

【解析】

多水的房间要"耐水"，这是常识。

17. 墙面涂饰必须使用耐水腻子的有（　　）。
    A. 楼梯间　　　　　　　　　　　　B. 厨房
    C. 卫生间　　　　　　　　　　　　D. 卧室
    E. 地下室
    【解析】
    有水房间应耐水。

18. 可能造成外墙装修层脱落、表面开裂的原因有（　　）。
    A. 装修材料的弹性过大　　　　　　B. 结构发生变形
    C. 结构材料的强度偏高　　　　　　D. 粘接不好
    E. 结构材料与装修材料的变形不一致
    【解析】
    之所以会开裂、脱落，是因为两种材料的温度变形不一致。

19. 墙面整体装修层必须考虑温度的影响，做（　　）处理。
    A. 分缝　　　　　　　　　　　　　B. 保湿
    C. 防结露　　　　　　　　　　　　D. 隔热
    【解析】
    热胀冷缩会开裂，装修层应做"分缝处理"。

20. 吊顶龙骨起拱正确的是（　　）。
    A. 短向跨度上起拱　　　　　　　　B. 长向跨度上起拱
    C. 双向起拱　　　　　　　　　　　D. 不起拱
    【解析】
    龙骨在短向跨度上应根据材质适当起拱。

21. 关于装饰装修构造必须解决的问题说法正确的有（　　）。
    A. 装修层的厚度与分层、均匀与平整
    B. 与建筑主体结构的受力和温度变化相一致
    C. 为人提供良好的建筑物理环境、生态环境
    D. 防火、防水、防潮、防空气渗透和防腐处理等问题
    E. 全部使用不燃材料

22. 某厂房在经历强烈地震后，其结构仍能保持整体稳定而不发生倒塌，此项功能属于结构的（　　）。
    A. 安全性　　　　　　　　　　　　B. 适用性
    C. 耐久性　　　　　　　　　　　　D. 稳定性
    【解析】
    只要一谈到倾覆、滑移、倒塌，一定是在说结构安全性；谈到过大变形、过大裂缝、过大振幅一定是在说结构适用性；而跟"长期"有关的诸如腐蚀、老化等，一定是在谈耐久性。

23. 发生火灾时，结构应在规定时间内保持承载力和整体稳固性，属于结构的（　　）功能。
    A. 稳定性　　　　　　　　　　　　B. 适应性

C. 安全性　　　　　　　　　　　　D. 耐久性
【解析】
结构三性"适耐安"。发生火灾，没有立刻倾覆倒塌，依旧能在规定时间内保持承载力和稳固性，这属于结构的安全性。

24. 属于结构设计间接作用（荷载）的是（　　）。
A. 预加应力　　　　　　　　　　　B. 起重机荷载
C. 撞击力　　　　　　　　　　　　D. 混凝土收缩
【解析】
起建筑结构失去平衡或破坏的外部作用主要有两类。
（1）直接作用（荷载）。包括：
① 永久作用（结构自重、土压力、预加应力）；
② 可变作用（楼面和屋面活荷载、起重机荷载、雪荷载和覆冰荷载、风荷载）；
③ 偶然作用（爆炸力、撞击力、火灾、地震）。
（2）间接作用：温度作用、混凝土收缩、徐变等。

25. 结构超出承载能力极限状态的是（　　）。
A. 影响结构使用功能的局部破坏
B. 影响耐久性的局部破坏
C. 结构发生疲劳破坏
D. 造成人员不适的振动
【解析】
专业机理承载力，疲劳破坏全倒塌。机理如下：
《工程结构通用规范》3.1.1规定，涉及人身安全以及结构安全的极限状态应作为承载能力极限状态。当结构或结构构件出现下列状态之一时，应认为超过了承载能力极限状态：
（1）结构构件或连接因超过材料强度而破坏，或因过度变形而不适于继续承载。
（2）整个结构或其一部分作为刚体失去平衡。
（3）结构转变为机动体系。
（4）结构或结构构件丧失稳定。
（5）结构因局部破坏而发生连续倒塌。
（6）地基丧失承载力而破坏。
（7）结构或结构构件发生疲劳破坏。

26. 一般情况下，钢筋混凝土梁是典型的受（　　）构件。
A. 拉　　　　　　　　　　　　　　B. 压
C. 弯　　　　　　　　　　　　　　D. 扭
【解析】
常识性考点：梁是典型的受弯构件，柱是典型的受压构件。

27. 影响悬臂梁端部位移最大的因素是（　　）。
A. 构件的跨度　　　　　　　　　　B. 材料性能
C. 构件的截面　　　　　　　　　　D. 荷载

【解析】

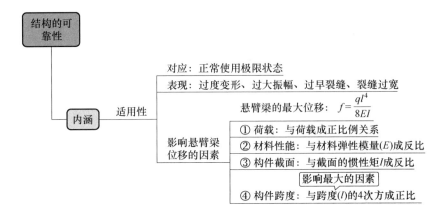

28. 混凝土结构最小截面尺寸正确的有（　　）。

A. 矩形截面框架梁的截面宽度不应小于200mm

B. 矩形截面框架柱的边长不应小于300mm

C. 圆形截面柱的直径不应小于300mm

D. 高层建筑剪力墙的截面厚度不应小于140mm

E. 现浇钢筋混凝土实心楼板的厚度不应小于80mm

【解析】

混凝土构件最小截面尺寸/mm

29. 设计使用年限为50年，处于一般环境的大截面钢筋混凝土柱，其混凝土强度等级不应低于（　　）。

A. C15　　　　　　B. C20　　　　　　C. C25　　　　　　D. C30

30. 设计使用年限50年的普通住宅工程，其结构混凝土的强度等级不应低于（　　）。

A. C20　　　　　　B. C25　　　　　　C. C30　　　　　　D. C35

31. 直接接触土体浇筑的普通钢筋混凝土构件，其混凝土保护层厚度不应小于（　　）。

A. 50mm　　　　　B. 60mm　　　　　C. 70mm　　　　　D. 80mm

【解析】

基础中纵筋的混凝土保护层厚度：设计无要求时，有垫层≥40mm，无垫层≥70mm。

32. 建筑结构可靠性包括（　　）。

A. 安全性　　　　　　　　　　　　B. 经济性

C. 适用性   D. 耐久性
E. 合理性

【解析】
"结构可靠三方面，安全适用耐久性"。

33. 一般环境中，要提高混凝土结构的设计使用年限，对混凝土强度等级和水胶比的要求是（   ）。
A. 提高强度等级，提高水胶比   B. 提高强度等级，降低水胶比
C. 降低强度等级，提高水胶比   D. 降低强度等级，降低水胶比

【解析】
"提高混凝土的强度等级，降低水胶比"是提高混凝土结构设计年限（耐久性）最直接的方式。

34. 海洋环境下，引起混凝土内钢筋锈蚀的主要因素是（   ）。
A. 混凝土硬化   B. 反复冻融
C. 氯盐   D. 硫酸盐

【解析】
这也是为什么混凝土结构一般不用海砂的原因。

35. 关于剪力墙优点的说法，正确的有（   ）。
A. 结构自重大   B. 水平荷载作用下侧移小
C. 侧向刚度大   D. 间距小
E. 平面布置灵活

36. 下列建筑结构体系中，侧向刚度最大的是（   ）。
A. 桁架结构体系   B. 筒体结构体系
C. 框架-剪力墙结构体系   D. 混合结构体系

37. 房屋建筑筒中筒结构的内筒，一般由（   ）组成。
A. 电梯间和设备间   B. 楼梯间和卫生间
C. 设备间和卫生间   D. 电梯间和楼梯间

38. 作用于框架结构体系的风荷载和地震力，可简化成（   ）进行分析。
A. 节点间的水平分布力   B. 节点上的水平集中力
C. 节点间的竖向分布力   D. 节点上的竖向集中力

39. 以承受轴向压力为主的结构有（   ）。
A. 拱式结构   B. 悬索结构
C. 网架结构   D. 桁架结构
E. 壳体结构

40. 常见建筑结构体系中，适用房屋建筑高度最高的结构体系是（   ）。
A. 框架   B. 剪力墙
C. 筒体   D. 框架-剪力墙

41. 大跨度混凝土拱式结构的建筑物，主要利用了混凝土良好的（   ）。
A. 抗剪性能   B. 抗弯性能
C. 抗拉性能   D. 抗压性能

【解析】

拱式结构属于"纯受压"结构。

42. 既有建筑装修时，如需改变原建筑使用功能，应取得（　　）许可。
    A. 原设计单位　　　　　　　　　　B. 建设单位
    C. 监理单位　　　　　　　　　　　D. 施工单位

43. 结构梁上砌筑砌体隔墙，该梁所受荷载属于（　　）。
    A. 均布荷载　　　　　　　　　　　B. 线荷载
    C. 集中荷载　　　　　　　　　　　D. 活荷载

【解析】

"大面小线集中点"——只堆一袋水泥叫点荷载；呈线性堆积在某处叫线荷载；全部堆满叫面荷载。隔墙属于扁平构件，立起来就形成线荷载。

44. 下列荷载中，属于可变荷载的有（　　）。
    A. 雪的荷载　　　　　　　　　　　B. 结构自重
    C. 基础沉降　　　　　　　　　　　D. 安装荷载
    E. 吊车荷载

45. 属于偶然作用（荷载）的有（　　）。
    A. 雪荷载　　　　　　　　　　　　B. 风荷载
    C. 火灾　　　　　　　　　　　　　D. 地震
    E. 吊车荷载

【解析】

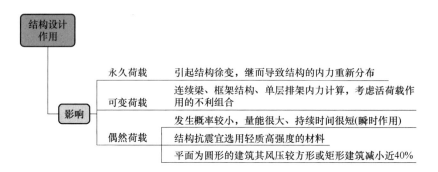

46. 为控制装修对建筑结构的影响，正确的做法有（　　）。
    A. 装修时不能自行改变原来的建筑使用功能
    B. 新的装修构造做法产生的荷载值不能超过原有楼面结构荷载设计值
    C. 经原设计单位的书面有效文件许可，即可在原有承重结构构件上开洞凿孔
    D. 装修时不得自行拆除任何承重构件
    E. 装修施工中可以临时在建筑楼板上堆放大量建筑装修材料

47. 装饰施工中，需在承重结构上开洞凿孔，应经相关单位书面许可，其单位是（　　）。
    A. 原建设单位　　　　　　　　　　B. 原设计单位
    C. 原监理单位　　　　　　　　　　D. 原施工单位

48. 在非地震区，最有利于抵抗风荷载作用的高层建筑平面形状是（   ）。
   A. 菱形   B. 正方形
   C. 圆形   D. 十字形

49. 下列装饰装修施工事项中，所增加的荷载属于集中荷载的有（   ）。
   A. 在楼面加铺大理石面层   B. 悬挂大型吊灯
   C. 室内加装花岗岩罗马柱   D. 封闭阳台
   E. 局部设置假山盆景

50. 均布荷载作用下，连续梁弯矩分布特点是（   ）。
   A. 跨中正弯矩，支座负弯矩
   B. 跨中正弯矩，支座零弯矩
   C. 跨中负弯矩，支座正弯矩
   D. 跨中负弯矩，支座零弯矩

51. 砌体结构的特点有（   ）。
   A. 抗压性能好   B. 材料经济、就地取材
   C. 抗拉强度高   D. 抗弯性能好
   E. 施工简便

52. 砌体结构施工质量控制等级划分要素有（   ）。
   A. 现场质量管理水平   B. 砌体结构施工环境
   C. 砂浆和混凝土质量控制   D. 砂浆拌合工艺
   E. 砌筑工人技术等级

【解析】
等级机理四要素，人机料管没环境。机理如下：
砌体结构施工质量控制等级应根据：①现场质量管理水平，②砂浆和混凝土质量控制，③砂浆拌合工艺，④砌筑工人技术等级四个要素，从高到低分为A、B、C三级，设计工作年限为50年及以上的砌体结构工程，应为A级或B级。

53. 关于砌体结构构造措施的说法，正确的有（   ）。
   A. 砖墙的构造措施主要有：伸缩缝、沉降缝和圈梁
   B. 伸缩缝两侧结构的基础可不分开
   C. 沉降缝两侧结构的基础可不分开
   D. 圈梁可以增加房屋结构的整体性
   E. 圈梁可以抵抗基础不均匀沉降引起墙体内产生的拉应力

54. 基础部分必须断开的是（   ）。
   A. 伸缩缝   B. 温度缝
   C. 沉降缝   D. 施工缝

55. 砌体结构楼梯间抗震措施正确的是（   ）。
   A. 采取悬挑式踏步楼梯
   B. 9度设防时采用装配式楼梯段
   C. 楼梯栏板采用无筋砖砌体
   D. 出屋面楼梯间构造柱与顶部圈梁连接

【解析】

抗震真理楼梯间，语感排除选项 A、B、C。

《建筑抗震设计规范》（GB 50011—2010）7.3.6 规定，楼、屋盖的钢筋混凝土梁或屋架应与墙、柱（包括构造柱）或圈梁可靠连接；不得采用独立砖柱。跨度不小于 6m 大梁的支承构件应采用组合砌体等加强措施，并满足承载力要求。

7.3.8 规定，装配式楼梯段应与平台板的梁可靠连接，8、9 度时不应采用装配式楼梯段；不应采用墙中悬挑式踏步或踏步竖肋插入墙体的楼梯，不应采用无筋砖砌栏板。

56. 钢结构承受动荷载且需进行疲劳验算时，严禁使用（　　）接头。

A. 塞焊 B. 槽焊
C. 电渣焊 D. 气电立焊
E. 坡口焊

【解析】

"疲劳验算禁四焊"——塞焊、槽焊、电渣焊、气电立焊。

塞焊、槽焊接头构造有明显的应力集中趋势；电渣焊、气电立焊焊接热输入大，会在接头区域产生过热的粗大组织，导致焊接接头塑韧性下降。

总之，这四类焊接接头形式和工艺，无法满足结构的抗疲劳性，承受交变荷载的能力较差。

57. 预制混凝土板水平运输时，叠放不应超过（　　）。

A. 3 层 B. 4 层 C. 5 层 D. 6 层

58. 属于一类高层民用建筑的有（　　）。

A. 建筑高度 40m 的居住建筑 B. 医疗建筑
C. 建筑高度 60m 的公共建筑 D. 省级电力调度建筑
E. 藏书 80 万册的图书馆

59. 有效控制城市发展的重要手段是（　　）。

A. 建筑设计 B. 结构设计
C. 规划设计 D. 功能设计

【解析】

通过城市规划设计，能够大概看清本市的建设脉络、建设特点和政策导向。

60. 预应力混凝土楼板结构的混凝土最低强度等级不应低于（　　）。

A. C25 B. C30 C. C35 D. C40

【解析】

专业语感大动脉，强度系列 14 级：

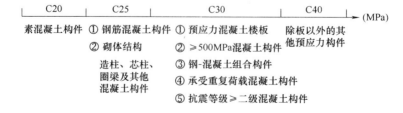

混凝土构件最低强度等级

61. 基坑侧壁安全等级为一级，可采用的支护结构有（　　）。
A. 灌注桩排桩　　　　　　　　　　B. 地下连续墙
C. 土钉墙　　　　　　　　　　　　D. 型钢水泥土搅拌墙
E. 水泥土重力式围护墙

【解析】
支护机理5比2，水土无钢二三级。机理如下：
可用于基坑侧壁安全等级为一级的支护结构包括灌注桩排桩、咬合桩围护墙、地下连续墙、型钢水泥土搅拌墙、板桩围护墙等。

62. 不能用作填方土料的有（　　）。
A. 淤泥　　　　　　　　　　　　　B. 淤泥质土
C. 有机质大于5%的土　　　　　　　D. 砂土
E. 碎石土

【解析】
不能夯实是机理，淤泥含水有机5。机理如下：
（1）填方土料应保证填方的强度和稳定性。
（2）填方土应尽量采用同类土。
（3）一般不能选用淤泥、淤泥质土。
（4）不得选用有机质大于5%的土以及含水量不符合压实要求的黏土。

63. 采用丙烯酸类聚合物液状胶黏剂的有（　　）。
A. 加气混凝土隔墙　　　　　　　　B. 增强水泥条板隔墙
C. 轻质混凝土条板隔墙　　　　　　D. 预制混凝土板隔墙
E. GRC空心混凝土隔墙

【解析】
专业极偏丙烯酸，机理如下：
（1）建筑胶聚合物砂浆：加气混凝土隔墙。
（2）建筑胶黏剂：GRC空心混凝土隔墙胶黏剂。
（3）丙烯酸类聚合物液状胶黏剂：增强水泥条板、轻质混凝土条板、预制混凝土板。
（4）胶黏剂要随配随用，并应在30min内用完。

64. 人造板幕墙的面板有（　　）。
A. 铝型复合板　　　　　　　　　　B. 搪瓷板
C. 陶板　　　　　　　　　　　　　D. 纤维水泥板
E. 微晶玻璃板

【解析】
专业极偏人造幕，机理如下：
常用的人造板幕墙有瓷板幕墙、陶板幕墙、微晶玻璃板幕墙、石材蜂窝板幕墙、木纤维板幕墙和纤维水泥板幕墙等。

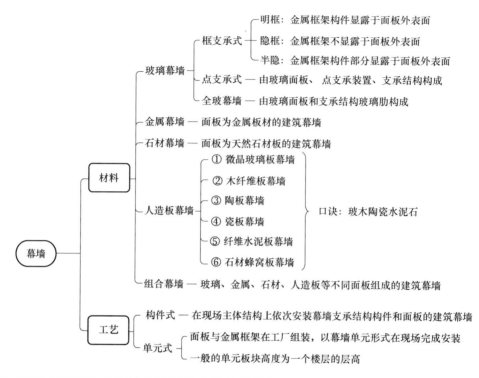

65. 混凝土预制构件钢筋套筒灌浆连接的灌浆料强度试件要求有（　　）。

A. 每工作班应制作 1 组
B. 边长 70.7mm 立方体
C. 每层不少于 3 组
D. 40mm×40mm×160mm 长方体
E. 同条件养护 28 天

【解析】

每班 1 组每层 3，水泥试件 28 天。机理如下：

钢筋套筒灌浆连接及浆锚搭接连接的灌浆料强度应符合标准的规定和设计要求：每工作班应制作 1 组且每层不应少于 3 组 40mm×40mm×160mm 的长方体试件，标养 28 天后进行抗压强度试验。

66. 墙体复合保温砌块进场复验的内容有（　　）。

A. 传热系数
B. 单位面积质量
C. 抗压强度
D. 吸水率
E. 拉伸粘接强度

【解析】

保温砌块等墙体节能定型产品的传热系数或热阻、抗压强度、吸水率。

【参考答案】

题号	1	2	3	4	5	6	7	8	9	10
答案	C	C	C	A	D	ABCE	B	B	A	ABCD
题号	11	12	13	14	15	16	17	18	19	20
答案	BCDE	CDE	C	ABCD	ACE	ABD	BCE	BDE	A	A

(续)

题号	21	22	23	24	25	26	27	28	29	30
答案	ABCD	A	C	D	C	C	A	ABE	C	B
题号	31	32	33	34	35	36	37	38	39	40
答案	C	ACD	B	C	BC	B	D	B	AE	C
题号	41	42	43	44	45	46	47	48	49	50
答案	D	A	B	ADE	CD	ABCD	B	C	BCE	A
题号	51	52	53	54	55	56	57	58	59	60
答案	ABE	ACDE	ABDE	C	D	ABCD	D	BCD	C	B
题号	61	62	63	64	65	66				
答案	ABD	ABC	BCD	CDE	ACD	ACD				

二、2024 考点预测

1. 各结构体系的特点。
2. 各结构体系的力学性能。
3. 各结构体系的构造设计及抗震构造设计。

第三节 工程施工

考点一：地基基础
考点二：主体结构
考点三：装修工程
考点四：防水工程
考点五：节能工程
考点六：室内污染
考点七：质量通病

一、案例及参考答案

案 例 一

【2023 年一建建筑】

某新建住宅小区，单位工程分别为地下 2 层，地上 9～12 层，总建筑面积 15.5 万 m²。各单位为贯彻落实《建设工程质量检测管理办法》（住房和城乡建设部令第 57 号）要求，在工程施工质量检测管理中做了以下工作：

1. 建设单位委托具有相应资质的检测机构负责本工程质量检测工作。
2. 监理工程师对混凝土试件制作与送样进行了见证。试验员如实记录了其取样、现场检测等情况，制作了见证记录。

3. 混凝土试样送检时，试验员向检测机构填报了检测委托单。

4. 总包项目部按照建设单位要求，每月向检测机构支付当期检测费用。

地下室混凝土模板拆除后，发现混凝土墙体、楼板面存在蜂窝、麻面、露筋、裂缝、孔洞和层间错台等质量缺陷。质量缺陷图片资料详见图3-1～图3-6。项目部按要求制定了质量缺陷处理专项方案，按照"凿除孔洞松散混凝土……剔除多余混凝土"的工艺流程进行孔洞质量缺陷治理。

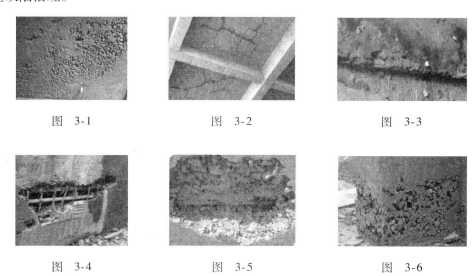

图 3-1　　　　　　　　图 3-2　　　　　　　　图 3-3

图 3-4　　　　　　　　图 3-5　　　　　　　　图 3-6

项目部编制的基础底板混凝土施工方案中确定了底板混凝土后浇带留设的位置，明确了后浇带处的基础垫层、卷材防水层、防水加强层、防水找平层、防水保护层、止水钢板、外贴止水带等防水构造要求（见图3-7）。

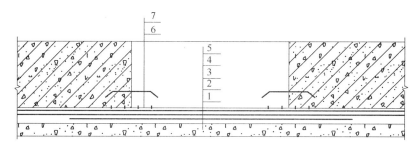

图3-7　后浇带防水构造图（部分）

问题：

1. 指出工程施工质量检测管理工作中的不妥之处，并写出正确做法（本问题2项不妥，多答不得分）。混凝土试件制作与取样见证记录内容还有哪些？

2. 写出图3-1～图3-6显示的质量缺陷名称。（表示为图3-1—麻面）

3. 写出图3-7中防水构造层编号的构造名称。（表示为1—基础垫层）

4. 补充完整混凝土表面孔洞质量缺陷治理工艺流程内容。

【参考答案】

1. （本小题 7.0 分）

（1）不妥之处：

① 试验员如实记录其取样、现场检测等情况，制作了见证记录。 (1.0 分)

正确做法：应由见证人员记录其取样、现场检测情况，制作见证记录。 (1.0 分)

② 总包项目部按照建设单位要求，每月向检测机构支付当期检测费用。 (1.0 分)

正确做法：应由建设单位依据合同约定及时支付工程质量检测费用。 (1.0 分)

【解析】

建设单位应当在编制工程概预算时合理核算建设工程质量检测费用，单独列支并按照合同约定及时支付。

（2）记录：取样、制样、标识、封志、送检、现场检测。 (3.0 分)

2. （本小题 3.0 分）

图 3-1—麻面； (0.5 分)

图 3-2—裂缝； (0.5 分)

图 3-3—层间错台； (0.5 分)

图 3-4—露筋； (0.5 分)

图 3-5—孔洞； (0.5 分)

图 3-6—蜂窝。 (0.5 分)

3. （本小题 5.0 分）

1—基础垫层；2—防水找平层；3—防水加强层；4—卷材防水层；5—防水保护层；6—贴止水带；7—止水钢板。 (5.0 分)

4. （本小题 5.0 分）

（1）清理表面。 (1.0 分)

（2）支设模板。 (1.0 分)

（3）洒水湿润。 (1.0 分)

（4）涂抹混凝土界面剂。 (1.0 分)

（5）用高一强度等级的细石混凝土仔细浇筑密实。 (1.0 分)

（6）保温保湿养护不少于 7 天。 (1.0 分)

【评分准则：写出 5 条，即得 5 分】

【解析】

《混凝土结构工程施工规范》8.9.3 混凝土结构外观一般缺陷修整应符合下列规定：

① 露筋、蜂窝、孔洞、夹渣、疏松、外表缺陷，应凿除胶结不牢固部分的混凝土，应清理表面，洒水湿润后应用 1:2～1:2.5 水泥砂浆抹平；

② 应封闭裂缝；

③ 连接部位缺陷、外形缺陷可与面层装饰施工一并处理。

8.9.4 混凝土结构外观严重缺陷修整应符合下列规定：

露筋、蜂窝、孔洞、夹渣、疏松、外表缺陷，应凿除胶结不牢固部分的混凝土至密实部位，清理表面，支设模板，洒水湿润，涂抹混凝土界面剂，应采用比原混凝土强度等级高一级的细石混凝土浇筑密实，养护时间不应少于 7 天。

混凝土结构外观缺陷分类应符合下表的规定。

混凝土结构外观缺陷分类

名称	现象	严重缺陷	一般缺陷
露筋	构件内钢筋未被混凝土包裹而外露	纵向受力钢筋有露筋	其他钢筋有少量露筋
蜂窝	混凝土表面缺少水泥砂浆而形成石子外露	构件主要受力部位有蜂窝	其他部位有少量蜂窝
孔洞	混凝土中孔穴深度和长度均超过保护层厚度	构件主要受力部位有孔洞	其他部位有少量孔洞
夹渣	混凝土中夹有杂物且深度超过保护层厚度	构件主要受力部位有夹渣	其他部位有少量夹渣
疏松	混凝土中局部不密实	构件主要受力部位有疏松	其他部位有少量疏松
裂缝	缝隙从混凝土表面延伸至混凝土内部	构件主要受力部位有影响结构性能或使用功能的裂缝	其他部位有少量不影响结构性能或使用功能的裂缝
连接部位缺陷	构件连接处混凝土有缺陷及连接钢筋、连接件松动	连接部位有影响结构传力性能的缺陷	连接部位有基本不影响结构传力性能的缺陷
外形缺陷	缺棱掉角、棱角不直、翘曲不平、飞边凸肋等	清水混凝土构件有影响使用功能或装饰效果的外形缺陷	其他混凝土构件有不影响使用功能的外形缺陷
外表缺陷	构件表面麻面、掉皮、起砂、沾污等	具有重要装饰效果的清水混凝土构件有外表缺陷	其他混凝土构件有不影响使用功能的外表缺陷

案 例 二

【2023 年一建建筑】

某新建商品住宅项目,建筑面积 2.4 万 m^2,地下 2 层,地上 16 层。

项目部编制了雨期施工专项方案,内容包括:

(1) 袋装水泥堆放于仓库地面。
(2) 浇筑板、墙、柱混凝土时可适当减小坍落度。
(3) 室外露天采光井采用编织布覆盖固定。
(4) 砌体每日砌筑高度不超过 1.5m。
(5) 抹灰基层涂刷水性涂料时,含水率不得大于 10%。

问题:

指出雨期施工专项方案中的不妥之处,并写出正确做法(本小题 3 项不妥,多答不得分)。

【参考答案】(本小题 6.0 分)

不妥之一:袋装水泥堆放于仓库地面。 (1.0 分)
正确做法:袋装水泥应存入仓库。水泥底层应架空通风,四周有排水沟。 (1.0 分)
不妥之二:室外露天采光井采用编织布覆盖固定。 (1.0 分)
正确做法:室外露天采光井全部用盖板盖严并固定,同时铺上塑料薄膜。 (1.0 分)
不妥之三:砌体每日砌筑高度不超过 1.5m。 (1.0 分)

正确做法：每日砌筑高度不得超过1.2m。 (1.0分)

案 例 三

【2023年一建建筑】

某施工企业中标新建一办公楼工程，地下2层，地上28层，钢筋混凝土灌注桩基础，上部为框架剪力墙结构，建筑面积28600m²。

桩基施工完成后，项目部采用高应变法按要求进行了工程桩桩身完整性检测，抽检数量按照相关标准规定选取。

钢筋施工专项技术方案中规定：采用专用量规等检测工具对钢筋直螺纹加装质量进行检测；纵向受力钢筋采用机械连接或焊接接头时的接头面积百分率如下：

（1）受拉接头不宜大于50%。
（2）受压接头不宜大于75%。
（3）直接承受动力荷载的结构构件不宜采用焊接。
（4）直接承受动力荷载的结构构件采用机械连接时，不宜超过50%。

项目部质量员在现场发现屋面卷材有流淌现象，经质量分析讨论，对屋面卷材流淌现象的原因分析如下：

（1）胶结料耐热度偏低。
（2）找平层的分格缝设置不当。
（3）胶结料黏结层过厚。
（4）屋面板因温度变化产生胀缩。
（5）卷材搭接长度太小。

针对原因分析，整改方案采用钉钉子法：在卷材上部离屋脊200~350mm处钉一排20mm长圆钉，钉眼涂防锈漆。

监理工程师认为屋面卷材流淌现象的原因分析和钉钉子法存在不妥，要求施工单位按要求整改。

问题：

1. 灌注桩桩身完整性检测方法还有哪些？桩身完整性抽检数量的标准规定有哪些？
2. 指出钢筋连接接头面积百分率等要求中的不妥之处，并写出正确做法（本问题2项不妥之处，多答不得分）。现场钢筋直螺纹接头加工和安装质量检测专用工具有哪些？
3. 写出屋面卷材流淌原因分析中的不妥之处（本问题3项不妥之处，多答不得分）。写出钉钉子法的正确做法。

【参考答案】

1.（本小题5.0分）
（1）还有：钻芯法、低应变法、声波透射法。 (3.0分)
（2）抽检数量：不应少于总桩数的20%且不应少于10根。每根柱子承台下的桩抽检数量不应少于1根。 (2.0分)

2.（本小题5.0分）
（1）不妥之处：
不妥之一：受压接头不宜大于75%。 (0.5分)

正确做法：受压接头可不受限制。　　　　　　　　　　　　　　　　　　(0.5分)

不妥之二：直接承受动力荷载的结构构件采用机械连接时，不宜超过50%。(0.5分)

正确做法：直接承受动力荷载的结构构件采用机械连接时，不应超过50%。(0.5分)

(2) 包括：量尺、通规、止规、管钳扳手、扭力扳手。　　　　　　　　　(3.0分)

3. (本小题5.0分)

(1) 不妥之处：

不妥之一：找平层的分格缝设置不当。　　　　　　　　　　　　　　　　(1.0分)

不妥之二：屋面板因温度变化产生胀缩。　　　　　　　　　　　　　　　(1.0分)

不妥之三：卷材搭接长度太小。　　　　　　　　　　　　　　　　　　　(1.0分)

(2) 钉钉子法：

① 当施工后不久，卷材有下滑趋势时，可在卷材的上部离屋脊300～450mm范围内钉三排50mm长圆钉，钉眼上灌胶结料；　　　　　　　　　　　　　　　　　　　(1.0分)

② 卷材流淌后，横向搭接若有错动，应清除边缘翘起处的旧胶结料，重新浇灌胶结料，并压实刮平。　　　　　　　　　　　　　　　　　　　　　　　　　　　　(1.0分)

【解析】

质量缺陷——卷材流淌

(1) 现象：

1) 严重流淌：流淌面积占屋面面积50%以上，大部分流淌距离超过卷材搭接长度。卷材大多折皱成团，垂直面卷材拉开脱空，卷材横向搭接有严重错动。某些脱空和拉断处产生漏水。

2) 中等流淌：流淌面积占屋面面积20%～50%，大部分流淌距离在卷材搭接长度范围之内，屋面卷材有轻微折皱，垂直面卷材被拉开100mm左右，只有天沟卷材脱空耸肩。

3) 轻微流淌：流淌面积占屋面面积20%以下，流淌长度仅2～3cm，屋架端坡处卷材有轻微折皱。

(2) 原因分析：

① 胶结料耐热度偏低；

② 胶结料黏结层过厚；

③ 屋面坡度过陡，而采用平行屋脊铺贴卷材；或采用垂直屋脊铺贴卷材，在半坡进行短边搭接。

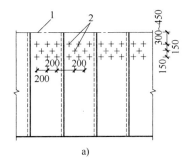
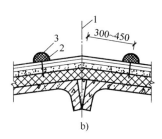

钉钉子法制止卷材流淌

a) 平面　b) 大样

1—屋脊线　2—圆钉　3—玛琋脂

当施工后不久,卷材有下滑趋势时,可在卷材的上部离屋脊300~450mm范围内钉三排50mm长圆钉,钉眼上灌玛琋脂。

卷材流淌后,横向搭接若有错动,应清除边缘翘起处的旧玛琋脂,重新浇灌玛琋脂,并压实刮平。

案 例 四

【2022年一建建筑】

某配套工程地上1~3层结构柱混凝土设计强度等级C40。于2022年8月1日浇筑1F柱,8月6日浇筑2F柱,8月12日浇筑3F柱,分别留置了一组C40混凝土同条件养护试件。1F、2F、3F柱同条件养护试件在规定等效龄期内(自浇筑日起)进行抗压强度试验,其试验强度值转换成实体混凝土抗压强度评定值分别为:$38.5N/mm^2$、$54.5N/mm^2$、$47.0N/mm^2$。施工现场8月份日平均气温记录见表3-1。

表3-1 施工现场8月份日平均气温记录表

日期	1	2	3	4	5	6	7	8	9	10	11
日平均气温/℃	29	30	29.5	30	31	32	33	35	31	34	32
气温累计数/℃·d	29	59	88.5	118.5	149.5	181.5	214.5	249.5	280.5	314.5	346.5
日期	12	13	14	15	16	17	18	19	20	21	22
日平均气温/℃	31	32	30.5	34	33	35	35	34	34	36	35
气温累计数/℃·d	377.5	409.5	440	474	507	542	577	611	645	681	716
日期	23	24	25	26	27	28	29	30	31		
日平均气温/℃	34	35	36	36	35	36	35	34	34		
气温累计数/℃·d	750	785	821	857	892	928	963	997	1031		

项目部填充墙施工记录中留存有包含施工放线、墙体砌筑、构造柱施工、卫生间坎台施工等工序内容的图像资料,详见图3-8。

图 3-8

问题：

1. 分别写出配套工程 1F、2F、3F 柱 C40 混凝土同条件养护试件的等效龄期（d）和日平均气温累计数（℃·d）。

2. 两种混凝土强度检验评定方法是什么？1F～3F 柱 C40 混凝土实体强度评定是否合格？并写出评定理由。（合格评定系数 $\lambda_3 = 1.15$、$\lambda_4 = 0.95$）

3. 分别写出填充墙施工记录图 3-8 中 a～d 的工序内容，写出四张图片的施工顺序（如 a-b-c-d）。

【参考答案】

1. （本小题 3.0 分）

（1）等效龄期 1F：19d；日平均气温累计数：616℃·d。 (1.0 分)

（2）等效龄期 2F：18d；日平均气温累计数：603.5℃·d。 (1.0 分)

（3）等效龄期 3F：18d；日平均气温累计数：619.5℃·d。 (1.0 分)

说明：混凝土强度检验时的等效龄期可取日平均温度逐日累计数达到 600℃·d 时所对应的龄期，且不应小于 14d。

2. （本小题 5.0 分）

（1）包括：

① 统计方法评定； (1.0 分)

② 非统计方法评定。 (1.0 分)

（2）合格。 (1.0 分)

理由：

① 3 组试块抗压强度均值 = (38.5 + 54.5 + 47.0)/3 = 46.7N/mm² > 46N/mm²（= 1.15 × 40N/mm²）； (1.0 分)

② 最小一组试块平均抗压强度值为 38.5N/mm² > 38N/mm²（= 40N/mm² × 0.95）。

(1.0 分)

3. （本小题 5.0 分）

（1）工序：

① 图 3-1a：放线； (1.0 分)

② 图 3-1b：混凝土浇筑； (1.0 分)

③ 图 3-1c：墙体砌筑； (1.0 分)

④ 图 3-1d：现浇混凝土坎台。 (1.0 分)

（2）顺序：a-d-c-b。 (1.0 分)

案 例 五

【2022 年一建建筑】

外框钢结构工程开始施工时，总承包项目部质量员在巡检中发现，一种首次使用的焊接材料施焊部位存在焊缝未熔合、未焊透的质量缺陷，钢结构安装单位也无法提供其焊接工艺评定试验报告。总承包项目部要求立即暂停此类焊接材料的焊接作业，待完成工艺评定后重新申请恢复施工。

工程完工后，总承包单位自检后认为：所含分部工程中有关安全、节能、环境保护和主要使用功能的检验资料完整，符合单位工程质量验收合格标准，报送监理单位进行预验收。监理工程师在检查后发现部分楼层 C30 混凝土同条件试件缺失、不符合实体混凝土强度评定要求等问题，退回整改。

问题：
1. 哪些情况需要进行焊接工艺评定试验？焊缝缺陷还有哪些类型？
2. 单位工程质量验收合格的标准有哪些？工程质量控制资料部分缺失时的处理方式有哪些？

【参考答案】

1. （本小题 6.5 分）
（1）施工单位首次采用的：
① 钢材； (0.5 分)
② 焊接材料； (0.5 分)
③ 焊接方法； (0.5 分)
④ 接头形式； (0.5 分)
⑤ 焊接位置； (0.5 分)
⑥ 焊后热处理制度； (0.5 分)
⑦ 焊接工艺参数； (0.5 分)
⑧ 预热和后热措施。 (0.5 分)
（2）焊缝缺陷还包括：
① 裂纹； (0.5 分)
② 孔穴； (0.5 分)
③ 固体夹杂； (0.5 分)
④ 形状缺陷； (0.5 分)
⑤ 其他缺陷。 (0.5 分)

2. （本小题 3.5 分）
（1）竣工验收合格标准：
① 所含分部工程的质量均应验收合格； (0.5 分)
② 质量控制资料应完整； (0.5 分)
③ 所含分部工程中有关安全、节能、环保和主要功能的检验资料应完整； (0.5 分)
④ 主要使用功能的抽查结果应符合相关专业验收规范的规定； (0.5 分)
⑤ 观感质量应符合要求。 (0.5 分)
（2）工程资料缺失时：
应委托有资质的检测机构进行相应的实体检验或抽样试验。 (1.0 分)

案 例 六

【经典案例】
某新建医院工程，地下 2 层，地上 8~16 层，总建筑面积 11.8 万 m^2。基坑深度 9.8m，沉管灌注桩基础，钢筋混凝土结构。

施工单位在桩基础专项施工方案中，根据工程所在地含水量较小的土质特点，确定沉管灌注桩选用单打法成桩工艺，其成桩过程包括桩机就位、锤击（振动）沉管、上料等工作内容。

基础底板大体积混凝土浇筑方案确定了包括环境温度、底板表面与大气温差等多项温度控制指标；明确了温控检测点布置方式，要求沿底板厚度方向测温点间距不大于500mm。

施工作业班组在一层梁、板混凝土强度未达到拆模标准（见表3-2）的情况下，进行了部分模板的拆除；拆模后，发现梁底表面出现了夹渣、麻面等质量缺陷。监理工程师要求进行整改。

表3-2 底模及支架拆除的混凝土强度要求

构建类型	构建跨度/m	达到设计的混凝土立方体抗压强度标准的百分率（%）
板	≤2	≥A
	>2, ≤8	≥B
	>8	≥100
梁	≤8	≥75
	>8	≥C

问题：

1. 沉管灌注桩施工除单打法外，还有哪些方法？成桩过程还有哪些内容？
2. 大体积混凝土温控指标还有哪些？沿底板厚度方向的测温点应布置在什么位置？
3. 混凝土容易出现哪些表面缺陷？写出表3中A、B、C处要求的数值。

【参考答案】

1. （本小题5.0分）

（1）还包括：复打法、反插法。 (2.0分)

（2）还包括的内容：

① 边锤击（振动）边拔管，并继续浇筑混凝土； (1.0分)

② 下钢筋笼，继续浇筑混凝土及拔管； (1.0分)

③ 成桩。 (1.0分)

2. （本小题5.0分）

（1）还包括：

① 混凝土浇筑体的温升值； (1.0分)

② 混凝土浇筑体里表温差； (1.0分)

③ 混凝土浇筑体降温速率。 (1.0分)

（2）厚度方向测温布置点：

应至少布置表层、底层和中心温度测点，测点间距不宜大于500mm。 (2.0分)

3. （本小题5.0分）

（1）容易出现：麻面、蜂窝、孔洞、露筋等缺陷。 (2.0分)

（2）A：50；B：75；C：100。 (3.0分)

案 例 七

【2022年一建建筑】

宴会厅顶板混凝土浇筑前，施工技术人员向作业班组进行了安全专项方案交底，针对混凝土浇筑过程中可能出现的包括浇筑方案不当使支架受力不均衡，产生集中荷载、偏心荷载等多种安全隐患形式，提出了预防措施。

标准客房样板间装修完成后，施工总承包单位和专业分包单位进行初验，其装饰材料的燃烧性能检查结果见表3-3。

表3-3 样板间装饰材料燃烧性能检查表

部位	顶棚	墙面	地面	隔断	窗帘	固定家具	其他装饰材料
满分值	$A+B_1$	B_1	$A+B_1$	B_2	B_2	B_2	B_3

注：$A+B_1$指A级和B_1级材料均有。

竣工交付前，项目部按照每层抽一间，每间取一点，共抽查了10个点，占总数5.6%的抽样方案，对标准客房室内环境污染物浓度进行了检测。检测部分结果见表3-4。

表3-4 标准客房室内环境污染物浓度检测表（部分）

污染物	民用建筑	
	平均值	最大值
TVOC/(mg/m^3)	0.46	0.52
苯/(mg/m^3)	0.07	0.08

问题：

1. 改正表3-3中燃烧性能不符合要求部位的错误做法，装饰材料燃烧性能分几个等级？并分别写出代表含义（如A—不燃）。
2. 写出建筑工程室内环境污染物浓度检测抽检数量要求。标准客房抽样数量是否符合要求？
3. 表3-4的污染物浓度是否符合要求？应检测的污染物还有哪些？

【参考答案】

1. （本小题4.0分）
（1）改正：
① 顶棚应采用A级； (0.5分)
② 隔断应采用B_1级； (0.5分)
③ 其他装饰材料应采用B_2级。 (0.5分)
（2）4个等级。 (0.5分)
（3）A—不燃；B_1—难燃；B_2—可燃；B_3—易燃。 (2.0分)

2. （本小题6.0分）
（1）抽检要求：
① 抽检总量>房间总数的5%，且每个单体建筑抽检数量不小于3间； (1.0分)
② 房间总数<3间的，应全数检测； (1.0分)
③ 幼儿园、学校教室、学生宿舍、老年人照料房屋设施室内装饰装修验收时，室内环境污染物抽检量不得少于房间总数的50%，且不得少于20间； (2.0分)
④ 当房间总数<20间时，应全数检测。 (1.0分)
（2）抽检数量符合要求。 (1.0分)

3. (本小题3.0分)
(1) 检测结果：
① TVOC 不符合要求； (0.5分)
② 苯符合要求。 (0.5分)
(2) 包括：氡、氨、甲醛、甲苯、二甲苯。 (2.0分)

案 例 八

【2021年一建建筑】

某工程项目经理部编制的《屋面工程施工方案》中：

(1) 工程采用倒置式屋面，屋面构造层包括防水层、保温层、找平层、找坡层、隔离层、结构层和保护层。构造示意图如图3-9所示。

(2) 防水层选用三元乙丙高分子防水卷材。

(3) 防水层施工完成后进行雨后观察或淋水、蓄水试验，持续时间应符合规范要求。合格后再进行隔离层施工。

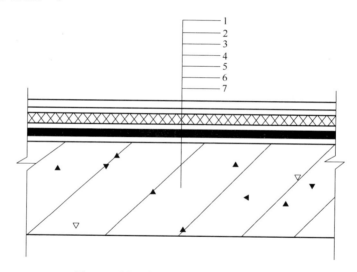

图3-9 倒置式屋面构造示意图（部分）

问题：

1. 常用高分子防水卷材有哪些？（如三元乙丙）
2. 常用屋面隔离层材料有哪些？屋面防水层淋水、蓄水试验持续时间各是多少小时？
3. 写出图3-9中屋面构造层1~7对应的名称。

【参考答案】

1. (本小题3.0分)

常用高分子防水卷材有：聚氯乙烯防水卷材；氯化聚乙烯防水卷材；氯化聚乙烯-橡胶共混防水卷材；三元丁橡胶防水卷材。 (3.0分)

2. (本小题4.0分)

(1) 常用屋面隔离层材料包括：干铺塑料膜、土工布、卷材、铺抹低强度等级砂浆。

(2.0分)

(2) 屋面防水层淋水时间是2h，蓄水时间是24h。 (2.0分)

3．（本小题7.0分）

1：保护层； (1.0分)

2：隔离层； (1.0分)

3：保温层； (1.0分)

4：防水层； (1.0分)

5：找平层； (1.0分)

6：找坡层； (1.0分)

7：结构层。 (1.0分)

案 例 九

某工程采用静压力压桩法沉桩，施工顺序按照"先深后浅，先长后短，先大后小，先密后疏"的原则进行，采用卡扣式方法接桩，接头高出地面0.8m。进行桩身完整性检测时，发现有部分Ⅱ类桩。

施工单位采购的一批材料进场后，按照要求对该批材料进行了验证，验证内容有材料的规格、外观检查等，并制定了材料管理措施。

在施工过程中，监理单位检查时发现，叠合板的钢筋没有进行隐蔽工程验收就直接进入下道工序施工，于是，下达了整改通知书，施工单位对叠合板钢筋的牌号、规格、数量、间距等进行了检查。

问题：

1．采用"先深后浅，先长后短，先大后小，先密后疏"的原则是否正确？接头高出地面0.8m是否妥当？说明理由。按桩身完整性划分，工程桩分为几类？对Ⅱ类桩身缺陷特征进行描述。

2．补充材料质量验证的内容。材料质量控制还有哪些环节？

3．监理单位下达整改通知书的做法是否正确？预制叠合板的钢筋工程需进行隐蔽工程验收的内容还有哪些？

【参考答案】

1．（本小题5.0分）

(1) 不正确。（静压桩沉桩顺序：先大后小，先长后短，先深后浅，避免密集）

(1.0分)

(2) 高出地面0.8m不妥当。 (1.0分)

理由：应高出地面1~1.5m（或1m以上）。 (1.0分)

(3) 桩身的完整性有4（四、Ⅳ）类。 (1.0分)

(4) Ⅱ类桩：桩身有轻微缺陷，不影响承载力的正常发挥。 (1.0分)

2．（本小题3.0分）

(1) 补充材料质量验证的内容：品种、型号、数量、见证取样和合格证（或检测报告）。 (1.5分)

(2) 材料质量控制的环节包括：检验试验（复检）、过程保管（存放、存储）、材料使用。 (1.5分)

3. (本小题7.0分)
(1) 下达整改通知书的做法正确。 (1.0分)
(2) 叠合板钢筋隐蔽工程验收的内容：
① 连接方式、接头数量、接头位置、接头面积的百分率、搭接长度、锚固方式、锚固长度； (4.0分)
② 箍筋弯钩角度及平直段长度； (1.0分)
③ 预埋件的规格、数量、位置。 (1.0分)

案 例 十

【2021年一建建筑】

某施工单位承建一高档住宅楼工程。钢筋混凝土剪力墙结构，地下2层，地上26层，建筑面积36000m^2。

施工单位项目部根据该工程特点，编制了"施工期变形测量专项方案"，明确了建筑测量精度等级，规定了两类变形测量基准点设置均不少于4个。

首层楼板混凝土出现明显的塑态收缩现象，造成混凝土结构表面收缩裂缝。项目部质量专题会议分析其主要原因是骨料含泥量过大和水泥及掺合料的用量超出规范要求等，要求及时采取防治措施。

二次结构填充墙施工时，为抢工期，项目施工部门安排作业人员将刚生产7天的蒸压加气混凝土砌块用于砌筑作业，要求砌体灰缝厚度、饱满度等质量满足要求。后被监理工程师发现，责令停工整改。

项目经理巡查到二层样板间时，地面瓷砖铺设施工人员正按照基层处理、放线、浸砖等工艺流程进行施工。

其检查了施工质量，强调后续工作要严格按照正确施工工艺作业，铺装完成28天后，用专用勾缝剂勾缝，做到清晰顺直，保证地面整体质量。

问题：

1. 建筑变形测量精度分几个等级？变形测量基准点分为哪两类？其基准点设置要求有哪些？
2. 除塑态收缩外，还有哪些收缩现象易引起混凝土表面收缩裂缝？收缩裂缝产生的原因还有哪些？
3. 蒸压加气混凝土砌块使用时的要求龄期和含水率应是多少？写出水泥砂浆砌筑蒸压加气混凝土砌块的灰缝质量要求。
4. 地面瓷砖面层施工工艺内容还有哪些？瓷砖勾缝要求还有哪些？

【参考答案】

1. (本小题6.0分)
(1) 建筑变形测量精度分为5个等级。 (1.0分)
(2) 变形测量基准点分为沉降基准点和位移基准点两类。 (2.0分)
(3) 基准点设置的要求包括：在特等、一等沉降观测时，不应少于4个；其他等级沉降观测时不应少于3个；沉降观测基准点之间应形成闭合环。 (3.0分)

2. (本小题6.0分)
(1) 还有沉陷收缩、干燥收缩、碳化收缩、凝结收缩等收缩现象易引起混凝土表面收

缩裂缝。 (2.0分)
(2) 收缩裂缝产生的原因：
① 混凝土原材料质量不合格，如集（骨）料含泥量大； (1.0分)
② 水泥或掺合料用量超出规范规定； (1.0分)
③ 混凝土水胶比、坍落度偏大，和易性差； (1.0分)
④ 混凝土浇筑振捣差，养护不及时或养护差。 (1.0分)

3. （本小题4.0分）
(1) 要求龄期：28天。 (1.0分)
(2) 含水率：宜小于30%。 (1.0分)
(3) 灰缝质量要求：
① 水平灰缝厚度和竖向灰缝宽度不应超过15mm； (1.0分)
② 填充墙砌筑砂浆的灰缝饱满度均应不小于80%，且竖缝应填满砂浆，不得有透明缝、瞎缝、假缝。 (1.0分)

4. （本小题4.0分）
(1) 地面瓷砖面层施工工艺内容还有：铺设结合层砂浆、铺砖、养护、检查验收、勾缝、成品保护。 (2.0分)
(2) 瓷砖勾缝的要求还有平整、光滑、深浅一致，且缝应略低于砖面。 (2.0分)

案 例 十 一

【2019年一建建筑】

某工程的钢筋混凝土基础底板，长度120m，宽度100m，厚度2.0m，混凝土设计强度等级C35，抗渗等级P6，设计无后浇带。施工单位选用商品混凝土浇筑。混凝土设计配合比为1:1.7:2.8:0.46（水泥:中砂:碎石:水）；水泥用量400kg/m³。粉煤灰掺量20%（等量替换水泥），实测中砂含水率4%、碎石含水率1.2%。采用跳仓法施工方案，分别按1/3长度与1/3宽度分成9个浇筑区（见图3-10），每区混凝土浇筑时间3天、各区依次连续浇筑，同时按照规范要求设置测温点（见图3-11）。（资料中未说明条件及因素均视为符合要求）

4	B	5
A	3	D
1	C	2

图3-10 跳仓法分区示意图
注：1~5为第一批浇筑顺序，A~D为填充浇筑区编号。

问题：

1. 计算施工方大体积混凝土设计配合比的水泥、中砂、碎石、水用量是多少？计算施工方大体积混凝土施工配合比的水泥、中砂、碎石、水、粉煤灰的用量是多少？（单位：kg，小数点后保留两位）

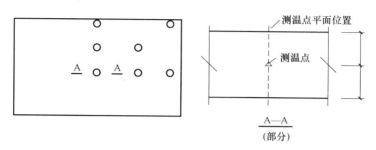

图3-11 分区测温点位置平面示意图

2. 写出图3-10中无浇筑区A、B、C、D的先后浇筑顺序，如表示为A-B-C-D。
3. 在图3-11上画出A—A侧面示意图（可手绘），并补齐应布置的竖向测温点位置。
4. 写出施工现场混凝土浇筑常用的机械设备名称。

【参考答案】

1. （本小题9.0分）
（1）设计配合比：
① 水泥：400.00kg； (1.0分)
② 中砂：400×1.7=680.00(kg)； (1.0分)
③ 碎石：400×2.8=1120.00(kg)； (1.0分)
④ 水：400×0.46=184.00(kg)。 (1.0分)

（2）施工配合比：
① 水泥：400×(1−20%)=320.00(kg)； (1.0分)
② 中砂：680×(1+4%)=707.20(kg)； (1.0分)
③ 碎石：1120×(1+1.2%)=1133.44(kg)； (1.0分)
④ 水：184−680×4%−1120×1.2%=143.36(kg)； (1.0分)
⑤ 粉煤灰：400×20%=80.00(kg)。 (1.0分)

2. （本小题4.0分）
C-A-B-D 或 C-A-D-B。 (4.0分)

3. （本小题4.0分）

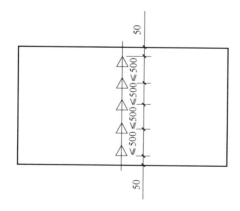

4. （本小题3.0分）
（1）混凝土输送泵。 (1.0分)

(2) 混凝土输送管。 (1.0 分)
(3) 混凝土布料机。 (1.0 分)

或：手推车、机动翻斗车、混凝土搅拌输送车等。

案 例 十 二

【2019 年一建建筑】

某新建办公楼工程，地下 2 层，地上 20 层，框架-剪力墙结构，建筑高度 87m，基坑深 7.6m。建设单位通过公开招标选定了施工总承包单位并签订了工程施工合同。

项目部对装饰装修工程门窗子分部工程进行过程验收中，检查了塑料门窗安装等各分项工程，并验收合格；检查了外窗气密性能等有关安全和功能检测项目合格报告，观感质量符合要求。

问题：

1. 门窗子分部工程中还包括哪些分项工程？
2. 门窗工程有关安全和功能检测项目还有哪些？

【参考答案】

1. （本小题 2.0 分）
① 木门窗安装； (0.5 分)
② 金属门窗安装； (0.5 分)
③ 特种门安装； (0.5 分)
④ 门窗玻璃安装。 (0.5 分)

2. （本小题 2.0 分）
① 水密性能； (1.0 分)
② 抗风压性能。 (1.0 分)

案 例 十 三

【2019 年一建建筑】

某新建住宅工程，建筑面积 22000m²，地下 1 层，地上 16 层，框架-剪力墙结构，抗震设防烈度 7 度。

240mm 厚灰砂砖填充墙与主体结构连接施工的要求有：填充墙与柱连接钢筋为 2ϕ6@600，伸入墙内 500mm；填充墙与结构梁下最后三皮砖空隙部位，在墙体砌筑 7 天后，采取两边对称斜砌填实；化学植筋连接筋 ϕ6 做拉拔试验时，将轴向受拉非破坏承载力检验值设为 5.0kN，持荷时间 2min，期间各检测结果符合相关要求，即判定该试样合格。

屋面防水层选用 2mm 厚的改性沥青防水卷材，铺贴顺序和方向按照平行于屋脊、上下层不得相互垂直等要求，采用热粘法施工。

问题：

1. 指出填充墙与主体结构连接施工要求中的不妥之处，并写出正确做法。
2. 屋面防水卷材铺贴方法还有哪些？屋面卷材防水铺贴顺序和方向要求还有哪些？

【参考答案】

1.（本小题8.0分）

（1）不妥之一：填充墙与柱连接钢筋为2ϕ6@600，伸入墙内500mm。 （1.0分）

正确做法：填充墙与柱连接钢筋应为2ϕ6@500mm，深入墙内1000mm。 （1.0分）

（2）不妥之二：填充墙与结构梁下最后三皮砖空隙部位，在墙体砌筑7天后，采取两边对称斜砌填实。 （1.0分）

正确做法：填充墙梁下最后3皮砖应在下部墙体砌完14天后砌筑，并由中间开始向两边斜砌顶紧。 （2.0分）

（3）不妥之三：化学植筋连接筋ϕ6做拉拔试验时，将轴向受拉非破坏承载力检验值设为5.0kN，持荷时间2min。 （1.0分）

正确做法：当采用化学植筋的连接方式时，应进行实体检测。锚固钢筋拉拔试验的受拉非破坏承载力检验值应为6.0kN。抽检钢筋在检验值作用下应基材无裂缝、滑移、裂损现象；持荷2min期间荷载值降低不大于5%。 （2.0分）

2.（本小题5.0分）

（1）铺贴方法还有：

① 冷粘法； （0.5分）

② 热熔法； （0.5分）

③ 自粘法； （0.5分）

④ 焊接法； （0.5分）

⑤ 机械固定法。 （0.5分）

（2）铺贴顺序和方向要求还有：

① 卷材防水层施工前，应先进行细部构造处理； （0.5分）

② 平行屋脊的卷材搭接缝应顺流水方向； （0.5分）

③ 相邻两幅卷材短边搭接缝应错开，且不得小于500mm； （0.5分）

④ 相邻两幅卷材长边搭接缝应错开，且不得小于幅宽的1/3； （0.5分）

⑤ 檐沟、天沟卷材施工时，宜顺檐沟、天沟方向铺贴。 （0.5分）

案 例 十 四

【2019年一建建筑】

某高级住宅工程，建筑面积80000m²，由3栋塔楼组成，地下2层（含车库），地上28层，底板厚度800mm，由A施工总承包单位承建。约定工程最终达到绿色建筑评价二星级。

工程开始施工正值冬季，A施工单位项目部编制了冬期施工专项方案，根据当地资源和气候情况对底板混凝土的养护采用综合蓄热法，对底板混凝土的测温方案和温差控制、温降梯度及混凝土养护时间提出了控制指标要求。

外墙挤塑板保温层施工中，项目部对保温板的固定、构造节点处理内容进行了隐蔽工程验收，保留了相关的记录和图像资料。

问题：

1. 冬期施工混凝土养护方法还有哪些？对底板混凝土养护中温差控制、温降梯度、养护时间应提出的控制指标是什么？

2. 墙体节能工程隐蔽工程验收的部位或内容还有哪些？

【参考答案】

1.（本小题 6.5 分）

（1）养护方法：

① 蓄热法； (0.5 分)

② 加热法； (0.5 分)

③ 暖棚法； (0.5 分)

④ 负温养护法； (0.5 分)

⑤ 掺外加剂。 (0.5 分)

（2）指标包括：

① 混凝土的中心温度与表面温度的差值不应大于 25℃； (1.0 分)

② 表面温度与大气温度的差值不应大于 20℃； (1.0 分)

③ 温降梯度不得大于 3℃/天； (1.0 分)

④ 养护时间不应少于 14 天。 (1.0 分)

2.（本小题 7.0 分）

① 保温层附着的基层及其表面处理； (1.0 分)

② 锚固件； (1.0 分)

③ 增强网铺设； (1.0 分)

④ 墙体热桥部位处理； (1.0 分)

⑤ 现场喷涂或浇注有机类保温材料的界面； (1.0 分)

⑥ 被封闭的保温材料厚度； (1.0 分)

⑦ 保温隔热砌块填充墙。 (1.0 分)

案 例 十 五

【2018 年一建建筑】

某高校图书馆工程，地下 2 层，地上 5 层，建筑面积约 35000m²，现浇钢筋混凝土框架结构，部分屋面为正向抽空四角锥网架结构。施工单位与建设单位签订了施工总承包合同，合同工期为 21 个月。

问题：

监理工程师的建议是否合理？网架安装方法还有哪些？网架高空散装法施工的特点还有哪些？

【参考答案】（本小题 7.0 分）

（1）监理工程师建议是合理。 (1.0 分)

（2）网架安装方法还有：

① 滑移法； (1.0 分)

② 整体吊装法； (1.0 分)

③ 整体提升法； (1.0 分)

④ 整体顶升法。 (1.0 分)

【评分准则：写出 3 项正确的，即得 3.0 分】

(3) 高空散装法施工的特点还有：
① 脚手架用量大； (1.0分)
② 工期较长； (1.0分)
③ 需占建筑物场内用地； (1.0分)
④ 技术上有一定难度。 (1.0分)
【评分准则：写出3项正确的，即得3.0分】

案例十六

【2018年一建建筑】

某新建高层住宅工程，地下1层，地上12层，2层以下为现浇钢筋混凝土结构，2层以上为装配式混凝土结构，预制墙板钢筋采用套筒灌浆连接施工工艺。

施工总承包合同签订后，施工单位项目经理遵循项目质量管理程序，按照质量管理PDCA循环工作方法持续改进质量工作。

监理工程师在检查土方回填施工时发现：回填土料混有建筑垃圾；土料铺填厚度大于400mm；采用振动压实机压实2遍成活；每天将回填土2~3层的环刀法取样统一送检测单位检测压实系数。对此提出整改要求。

"后浇带施工专项方案"中确定：模板独立支设；剔除模板用钢丝网；因设计无要求，基础底板后浇带10天后封闭。

监理工程师在检查第4层外墙板安装质量时发现：钢筋套筒连接灌浆满足规范要求；留置了3组边长为70.7mm的立方体灌浆料标准养护试件；留置了1组边长70.7mm的立方体坐浆料标准养护试件；施工单位选取第4层外墙板竖缝两侧11mm的部位，现场进行淋水试验。对此要求整改。

问题：

1. 指出土方回填施工中的不妥之处？并写出正确做法。
2. 指出"后浇带专项方案"中的不妥之处？写出后浇带混凝土施工的主要技术措施。
3. 指出第4层外墙板施工中的不妥之处？并写出正确做法。装配式混凝土构件钢筋套筒连接灌浆质量要求有哪些？

【参考答案】

1. （本小题6.0分）

(1) 不妥之一：回填土料混有建筑垃圾。 (1.0分)
正确做法：回填土料应尽量用同类土，不得混有建筑垃圾。 (1.0分)
(2) 不妥之二：土料铺填厚度大于400mm。 (1.0分)
正确做法：采用振动压实机时，回填土的每层虚铺厚度为250~350mm。 (1.0分)
(3) 不妥之三：采用振动压实机压实2遍成活。 (1.0分)
正确做法：采用压实机压实回填土，每层压实遍数为3~4次。 (1.0分)
(4) 不妥之四：每天将回填2~3层的环刀法取样统一送检测单位检测压实系数。 (1.0分)
正确做法：每层回填土均应检测压实系数，下层压实系数试验合格，才能进行上层回填土施工。 (1.0分)

【评分准则：找出3个不妥并写出正确做法的，即得6.0分】

2. (本小题 5.0 分)
(1) 不妥之处如下：
① 不妥之一：剔除模板用钢丝网。 (1.0 分)
理由：应保留后浇带钢丝网。
② 不妥之二：因设计无要求，基础底板后浇带 10 天后封闭。 (1.0 分)
理由：设计无要求时，后浇带混凝土应至少在两侧结构浇筑完 28 天后再浇筑。
(2) 后浇带主要技术措施：
① 后浇带应当自两侧混凝土完工至少 28 天后再开始浇筑。 (1.0 分)
② 后浇带应采用"微膨胀混凝土"浇筑，且要比两侧混凝土强度等级提高一个级别。
(1.0 分)
③ 后浇带浇筑完毕后，至少养护 14 天；有防水要求时，至少养护 28 天。 (1.0 分)

3. (本小题 7.0 分)
(1) 不妥之处如下：
① 不妥之一：留置 3 组边长 70.7mm 的立方体灌浆料标准养护试件。 (1.0 分)
正确做法：每层应至少留置 3 组 40mm×40mm×160mm 的灌浆料标准养护试件。 (1.0 分)
② 不妥之二：留置 1 组边长 70.7mm 的立方体坐浆料标准养护试件。 (1.0 分)
正确做法：每层应至少留置 3 组边长 70.7mm 的立方体坐浆料标准养护试件。 (1.0 分)
③ 不妥之三：选第 4 层外墙板竖缝两侧 11mm 的部位，进行现场淋水试验。 (1.0 分)
正确做法：外墙板抽查部位应为相邻两层四块墙板形成的十字接缝区域，面积不得少于 10m²，进行现场淋水试验。 (1.0 分)
(2) 质量要求如下：灌浆应饱满、密实，所有出口处均应出浆。 (1.0 分)

案例十七

【2017 年一建建筑】

某新建别墅群项目，总建筑面积 45000m²，各幢别墅均为地下 1 层，地上 3 层，砖混结构。项目部对地下室 M5 水泥砂浆防水层施工提出了技术要求：采用普通硅酸盐水泥、自来水、中砂、防水剂等材料拌和，中砂含泥量不得大于 3%；防水层施工前应采用强度等级 M5 的普通砂浆将基层表面的孔洞、缝隙堵塞抹平；防水层施工要求一遍成型，铺抹时应压实、表面应提浆压光，并及时进行保湿养护 7 天。

问题：
找出项目部对地下室水泥砂浆防水层施工技术要求的不妥之处，并分别说明理由。

【参考答案】（本小题 8.0 分）
(1) 不妥之一：采用强度等级 M5 的普通砂浆将基层表面的孔洞、缝隙堵塞抹平。
(1.0 分)
理由：应采用与防水层相同的水泥砂浆堵塞抹平。 (1.0 分)
(2) 不妥之二：中砂含泥量不得大于 3%。 (1.0 分)
理由：防水砂浆中的中砂含泥量不应大于 1%。 (1.0 分)
(3) 不妥之三：施工要求一遍成型，铺抹时应压实、表面应提浆压光。 (1.0 分)
理由：防水层应分层铺抹，最后一层表面应提浆压光。 (1.0 分)

(4) 不妥之四：及时进行保湿养护7天。　　　　　　　　　　　　　　　　(1.0分)
理由：防水砂浆终凝后开始保湿养护，养护时间不得少于14天。　　　　(1.0分)

案例十八

【2017年一建建筑】

某新建住宅工程项目，建筑面积23000m²，地下2层，地上18层，现浇钢筋混凝土剪力墙结构，项目实行项目总承包管理。

施工过程中，项目部针对屋面卷材防水层出现的起鼓（直径>300mm）问题，制定了割补法处理方案。方案规定了修补工序，并要求先铲除保护层、把鼓泡卷材割除、对基层清理干净等修补工序依次进行处理整改。

问题：
卷材鼓泡采用割补法治理的工序依次还有哪些？

【参考答案】（本小题4.0分）
(1) 用喷灯烘烤旧卷材槎口，并分层剥开，除去旧胶结材料。　　　　　(1.0分)
(2) 依次将旧卷材分片重新粘贴好，上面铺贴第一层新卷材。　　　　　(1.0分)
(3) 再依次粘贴旧卷材，上面铺贴第二层新卷材，周边压实刮平。　　　(1.0分)
(4) 重做保护层，并进行成品保护。　　　　　　　　　　　　　　　　(1.0分)

案例十九

【2016年一建建筑】

某综合楼工程，地下3层，地上30层，总建筑面积68000m²，地基基础设计等级为甲级，灌注桩筏形基础，现浇钢筋混凝土框架-剪力墙结构。建设单位与施工单位按照《建设工程施工合同（示范文本）》签订了施工合同，约定竣工时须向建设单位移交变形测量报告，部分主要材料由建设单位采购提供。施工单位委托第三方测量单位进行施工阶段的建筑变形测量。

基础桩设计桩径800mm、长度35～42m，混凝土强度等级C30，共计900根，施工单位编制的桩基施工方案中列明：采用泥浆护壁成孔、导管法水下灌注C30混凝土；灌注时桩顶混凝土面超过设计标高500mm；每根桩留置1组混凝土试件；成桩后按总桩数的20%对桩身质量进行检验。监理工程师审查方案时认为存在错误，要求施工单位改正后重新上报。

地下结构施工过程中，测量单位按变形测量方案实施监测时，发现基坑周边地表出现明显裂缝，立即将此异常情况报告给施工单位。施工单位立即要求测量单位及时采取相应的检测措施，并根据观测数据制订后续防控对策。

问题：
1. 指出桩基施工方案中的错误之处，并分别写出相应的正确做法。
2. 针对变形测量，除基坑周边地表出现明显裂缝外，还有哪些异常情况也应立即报告委托方？

【参考答案】
1. （本小题4.0分）
(1) 错误之一：导管法水下灌注C30混凝土。　　　　　　　　　　　　(1.0分)

正确做法：应采用 C35 混凝土进行导管法水下灌注桩。 (1.0 分)
（2）错误之二：灌注时桩顶混凝土面超过设计标高 500mm。 (1.0 分)
正确做法：灌注时桩顶混凝土面标高至少比设计标高超灌 1.0m。 (1.0 分)
2.（本小题 5.0 分）
立即报告委托方的异常情况：
① 变形量或变形速率出现异常变化； (1.0 分)
② 变形量达到或超出预警值； (1.0 分)
③ 周边或开挖面出现塌陷滑坡情况； (1.0 分)
④ 建筑本身及周边建筑物出现异常； (1.0 分)
⑤ 自然灾害引起的其他异常变形情况。 (1.0 分)

案例二十

【2016 年一建建筑】
某新建体育馆工程，建筑面积约 2300m²，现浇钢筋混凝土结构，钢结构网架屋盖，地下 1 层，地上 4 层，地下室顶板设计为后张法预应力混凝土梁。

地下室顶板同条件养护试块强度达到设计要求后，施工单位现场生产经理立即向监理工程师口头申请拆除地下室顶板模板，监理工程师同意后，施工单位将地下室顶板的模板及支架全部拆除。

屋盖网架采用 Q390GJ 钢，因钢结构制作单位首次采用该材料，施工前，监理工程师要求其对首次采用 Q390GJ 钢及相关的接头形式、焊接工艺参数、预热和后热措施等焊接参数组合条件进行焊接工艺评定。

填充墙砌体采用单排孔轻骨料混凝土小砌块，专用小砌块砂浆砌筑，现场检查中发现：进场的小砌块龄期达到 21 天后，即开始浇水湿润，待小砌块表面出现浮水后，开始砌筑施工；砌筑时将小砌块的底面朝上反砌于墙上，小砌块的搭接长度为块体长度的 1/3；砌体的砂浆饱满度要求为：水平灰缝 90% 以上，竖向灰缝 85% 以上；墙体每天砌筑高度为 1.5m，填充墙砌筑 7 天后进行顶砌施工；为施工方便，在部分墙体上留置了净宽度为 1.2m 的临时施工洞口。检查后，监理工程师要求对错误之处进行整改。

问题：
1. 监理工程师同意地下室顶板拆模是否正确？背景资料中地下室顶板预应力梁拆除底模及支架的前置条件有哪些？
2. 除背景资料已明确的焊接参数组合条件外，还有哪些参数的组合条件也需要进行焊接工艺评定？
3. 针对背景资料中填充墙砌体施工的不妥之处，写出相应的正确做法。

【参考答案】
1.（本小题 4.0 分）
（1）不正确。 (1.0 分)
（2）前置条件：
① 预应力筋张拉完毕后； (1.0 分)
② 在同条件养护试块强度记录达到规定要求时； (1.0 分)

③ 技术负责人批准后。 (1.0分)

2. （本小题3.0分）

(1) 焊接材料； (1.0分)

(2) 焊接方法； (1.0分)

(3) 焊接位置。 (1.0分)

3. （本小题6.0分）

(1) 不妥之一：进场小砌块龄期达到21天后，即开始砌筑施工。

正确做法：进场小砌块的龄期不得少于28天。 (1.0分)

(2) 不妥之二：浇水湿润，待小砌块表面出现浮水后，开始砌筑施工。

正确做法：吸水率小的轻骨料砌块，砌筑前不应浇水湿润；吸水率大的轻骨料砌块，砌筑前1~2天浇水湿润，砌筑时不得有浮水。 (1.0分)

(3) 不妥之三：小砌块的搭接长度为块体长度的1/3。

正确做法：单排孔小砌块的搭接长度应为块体长度的1/2。 (1.0分)

(4) 不妥之四：竖向灰缝的砂浆饱满度为85%。

正确做法：竖向灰缝砂浆饱满度不得低于90%。 (1.0分)

(5) 不妥之五：填充墙砌筑7天后即开始顶砌施工。

正确做法：填充墙梁下最后3皮砖应在下部墙体砌完14天后砌筑。 (1.0分)

(6) 不妥之六：在部分墙体上留置了净宽度为1.2m的临时施工洞口。

正确做法：墙体上留置的临时施工洞口净宽度不应超过1m。 (1.0分)

案例二十一

【2015年一建建筑】

某高层钢结构工程，建筑面积28000m²，地下1层，地上20层，外围护结构为玻璃幕墙和石材幕墙，外墙保温材料为新型材料；屋面为现浇混凝土板，防水等级为Ⅰ级，采用卷材防水。

施工过程中发生了如下事件：

事件一：钢结构安装施工前，监理工程师对现场的施工准备工作进行了检查，发现钢构件现场堆放存在问题，现场堆放应具备的基本条件不够完善，劳动力进场情况不符合要求，责令施工单位进行整改。

事件二：施工中，施工单位对幕墙与各层楼板间的缝隙防火隔离处理进行了检查；对幕墙的抗风压性能、空气渗透性能、雨水渗漏性能、平面变形性能等有关安全和功能检测项目进行了见证取样和抽样检测。

事件三：监理工程师对屋面卷材防水进行了检查，发现屋面女儿墙墙根处等部位的防水做法存在问题（防水节点施工做法如图3-12所示），责令施工单位整改。

事件四：本工程采用某新型保温材料，按规定进行了评审、鉴定和备案，同时施工单位完成相应程序性工作后，经监理工程师批准后投入使用。施工完成后，由施工单位项目负责人主持，组织了总监理工程师、建设单位项目负责人、施工单位技术负责人、相关专业质量员和施工员进行了节能分部工程的验收。

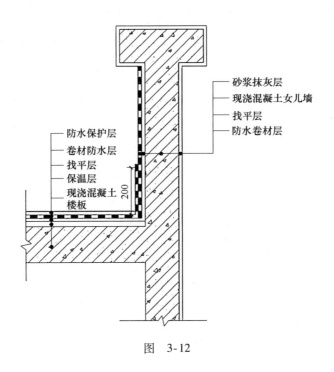

图 3-12

问题：

1. 事件一中，高层钢结构安装前现场的施工准备还应检查哪些工作？钢构件现场堆场应具备哪些基本条件？

2. 事件二中，建筑幕墙与各楼层楼板间的缝隙隔离的主要防火构造做法是什么？幕墙工程中有关安全和功能的检测项目还有哪些？

3. 事件三中，指出防水节点施工图做法图示中的错误？

4. 事件四中，新型保温材料使用前还应有哪些程序性工作？节能分部工程的验收组织有什么不妥？

【参考答案】

1. （本小题6.0分）

（1）还应有：

① 钢构件预检和配套；   (1.0分)

② 安装机械的选择；   (1.0分)

③ 定位轴线及标高和地脚螺栓的检查；   (1.0分)

④ 安装流水段的划分和安装顺序的确定。   (1.0分)

（2）基本条件：

① 堆场应临近场内道路、堆场应平整并进行硬化处理、无积水、通风好； (1.0分)

② 堆场应在塔式起重机覆盖范围内、堆场周边应设置排水沟渠。 (1.0分)

2. （本小题6.0分）

（1）防火构造：

① 缝隙采用岩棉或矿棉等不燃材料封堵，其厚度不应小于100mm；满足设计的耐火极限要求，楼层间形成水平防火烟带； (1.0分)

② 防火层应采用厚度不小于 1.5mm 的镀锌钢板承托，不得采用铝板； (1.0分)
③ 承托板与主体结构、幕墙结构及承托板之间的缝隙应采用防火密封胶密封。 (1.0分)
（2）检测项目：
① 硅酮结构胶的相容性试验； (1.0分)
② 后置埋件的现场拉拔试验； (1.0分)
③ 幕墙的层间变形性能。 (1.0分)

3. （本小题5.0分）
（1）不妥之一：现浇混凝土楼板上未设找坡层、找平层和隔汽层。 (1.0分)
（2）不妥之二：泛水高度不应小于250mm。 (1.0分)
（3）不妥之三：屋面与女儿墙交接处应做成圆弧。 (1.0分)
（4）不妥之四：防水层在女儿墙根部未设附加层。 (1.0分)
（5）不妥之五：女儿墙根部与保护层之间未按规定设置缝隙。 (1.0分)
（6）不妥之六：卷材收头处未采用金属压条钉压。 (1.0分)
（7）不妥之七：女儿墙压顶未设向内的坡度。 (1.0分)
（8）不妥之八：女儿墙压顶未设鹰嘴或滴水槽。 (1.0分)
（9）不妥之九：高层屋面应设两道防水。 (1.0分)
【评分准则：写出5项正确的，即得5.0分】

4. （本小题4.0分）
（1）程序性工作：
① 对施工工艺进行评价； (1.0分)
② 制定专门的施工技术方案。 (1.0分)
（2）不妥之处：
① 不妥之一：由施工单位项目负责人主持； (1.0分)
② 不妥之二：参加验收的人员。 (1.0分)

案例二十二

【2014年一建建筑】

某办公楼工程，建筑面积45000m²，钢筋混凝土框架-剪力墙结构，地下一层，地上十二层，层高5m，抗震等级为一级，内墙装饰面层为油漆、涂料。地下工程防水为混凝土自防水和外贴卷材防水。施工过程中，发生了下列事件：

事件一： 监理工程师对三层油漆和涂料施工质量检查中，发现部分房间有流坠、刷纹、透底等质量通病，下达了整改通知单。

事件二： 在地下防水工程质量检查验收时，监理工程师对防水混凝土强度、抗渗性能和细部节点构造进行了检查，提出了整改要求。

问题：
1. 事件一中，涂料工程还有哪些质量通病？
2. 事件二中，地下工程防水分为几个等级？一级防水的标准是什么？防水混凝土验收时，需要检查哪些部位的设置和构造做法？

【参考答案】
1.（本小题4.0分）
① 泛碱； (1.0分)
② 咬色； (1.0分)
③ 疙瘩； (1.0分)
④ 砂眼； (1.0分)
⑤ 漏涂； (1.0分)
⑥ 起皮； (1.0分)
⑦ 掉粉。 (1.0分)
【评分准则：答对4项即可得4.0分】

2.（本小题5.0分）
（1）地下工程防水分为四级。 (1.0分)
（2）一级防水的标准：不允许渗水，结构表面无湿渍。 (1.0分)
（3）检查的部位：
① 变形缝； (1.0分)
② 施工缝； (1.0分)
③ 后浇带； (1.0分)
④ 穿墙管； (1.0分)
⑤ 埋设件。 (1.0分)
【评分准则：检查部位写出3项正确的，即可得3.0分】

案例二十三

【2014年一建建筑】

某办公楼工程，建筑面积45000m²，地下2层，地上26层，框架-剪力墙结构，设计基础底标高为－9.0m，由主楼和附属用房组成。基坑支护采用复合土钉墙，地质资料显示，该开挖区域为粉质黏土且局部有滞水层。

监理工程师在审查复合土钉墙边坡支护方案时，对方案中制定的采用钢筋网喷射混凝土面层、混凝土终凝时间不超过4h等构造做法及要求提出了整改完善的要求。

问题：
基坑土钉墙护坡其面层的构造还应包括哪些技术要求？

【参考答案】（本小题6.0分）
（1）土钉墙墙面坡度不宜大于1∶0.2。 (1.0分)
（2）土钉与面层应有效连接，应设置承压板或加强钢筋构造，承压板与加强钢筋与土钉螺栓连接或焊接。 (1.0分)
（3）钢筋直径宜为6～10mm，钢筋间距宜为150～250mm。 (1.0分)
（4）坡面上下段网搭接长度应大于300mm。 (1.0分)
（5）应设置承压板或加强钢筋等构造措施，使面层与土钉可靠连接。 (1.0分)
（6）强度等级不宜低于C20，面层厚度不宜小于80mm。 (1.0分)

案例二十四

【2013 年一建建筑】

某商业建筑工程，地上 6 层，砂石地基，砖混结构，建筑面积 24000m^2。外窗采用铝合金窗，内门采用金属门。在施工过程中发生了如下事件：

事件一： 砂石地基施工中，施工单位采用细砂（掺入 30% 的碎石）进行铺垫。监理工程师检查发现其分层铺设厚度和分段施工的上下层搭接长度不符合规范要求，令其整改。

事件二： 二层现浇混凝土楼板出现收缩裂缝，经项目经理部分析认为原因有：混凝土原材料质量不合格（骨料含泥量大），水泥和掺合料用量超出规定。同时提出了相应的防治措施：选用合格的原材料，合理控制水泥和掺合料用量。监理工程师认为项目经理部的分析不全面，要求进一步完善原因分析和防治方法。

问题：

1. 事件一中，砂石地基采用的原材料是否正确？砂石地基还可以采用哪些原材料？除事件一列出的项目外，砂石地基施工过程还应检查哪些内容？

2. 事件二中，出现裂缝原因还可能有哪些？并补充完善其他常见的防治方法？

【参考答案】

1.（本小题 6.0 分）

(1) 正确。 (1.0 分)

(2) 中砂、粗砂、砾石、卵石、石屑。 (2.0 分)

(3) 还应检查：

① 夯实时的加水量； (1.0 分)

② 夯压遍数； (1.0 分)

③ 压实系数。 (1.0 分)

2.（本小题 5.0 分）

(1) 原因还有：

① 混凝土水灰比大、坍落度大、和易性差； (1.0 分)

② 混凝土振捣质量差，养护不及时。 (1.0 分)

(2) 防治方法还有：

① 由有资质的试验室配制进行混凝土配合比设计，并确保搅拌质量； (1.0 分)

② 确保混凝土浇筑振捣密实，并在初凝前及时进行二次抹压； (1.0 分)

③ 及时养护混凝土，并保证养护质量满足要求。 (1.0 分)

案例二十五

【2012 年一建建筑】

某办公楼工程，地下 1 层，地上 12 层，总建筑面试 26800m^2，筏形基础、框架-剪力墙结构。

基坑开挖完成后，经施工总承包单位申请，总监理工程师组织勘察、设计单位的项目负责人和施工总承包单位的相关人员等进行验槽。首先，验收小组经检验确认了该基础不存在空穴、古墓、古井及其他地下埋设物；其次根据勘察单位项目负责人的建议，验收小组仅核对基坑的位置之后就结束了验收工作。

问题：
验槽的组织方式是否妥当？基坑验槽还包括哪些内容？

【参考答案】（本小题5.0分）
（1）验槽的组织方式不妥。 (1.0分)
（2）基坑验槽还应包括：
① 根据勘察、设计文件核对基坑的平面尺寸、坑底标高； (1.0分)
② 根据勘察报告核对坑底、坑边岩土体及地下水情况； (1.0分)
③ 检查基坑底土质的扰动情况及扰动的范围和程度； (1.0分)
④ 检查基坑底土质受到冰冻、干裂、受水冲刷或浸泡等扰动情况。 (1.0分)

案例二十六

某施工单位承接了两栋住宅楼工程，总建筑面积65000m^2，基础均为筏板基础（上反梁结构），地下2层，地上30层，地下结构连通，上部为两个独立单体一字设置，设计形式一致，地下室外墙南北向的距离40m，东西向的距离120m。

施工过程中发生了以下事件：

事件一： 项目经理部首先安排了测量人员进行平面控制测量定位，测量人员很快提交了测量成果，为工程施工奠定了基础。

事件二： 房心回填土施工时正值雨季，土源紧缺，工期较紧，项目经理部在回填后立即浇筑地面混凝土面层，在工程竣工初验时，该部位地面局部出现下沉，影响使用功能，监理工程师要求项目经理部整改。

问题：
1. 事件一中，测量人员从进场测设到形成细部放样的平面控制测量成果需要经过哪些主要步骤？
2. 分析事件二中导致地面局部下沉的原因有哪些？在利用原填方土料的前提下，写出处理方案中的主要施工步骤。

【参考答案】
1.（本小题3.0分）
（1）先建立场区控制网，再分别建立建筑物施工控制网； (1.0分)
（2）根据平面控制网的控制点，测设建筑物的主轴线； (1.0分)
（3）根据主轴线再进行建筑物的细部放样。 (1.0分)

2.（本小题8.0分）
（1）导致地面局部下沉的原因有：
① 填料不符合设计和规范的要求，致使回填土的密实度达不到要求； (1.0分)
② 土的含水率过大，致使回填土的密实度达不到要求； (1.0分)
③ 碾压或夯实机械的能量不够，致使密实度达不到要求。 (1.0分)
（2）处理方案中的主要施工步骤包括：
① 拆除混凝土垫层和面层； (1.0分)

② 换填不符合要求的土料； (1.0分)
③ 对于含水率过大的土层，翻松晾晒、重新夯实； (1.0分)
④ 对于碾压或夯实机械能量不够的土层，更换大功率机械； (1.0分)
⑤ 房心回填土处理完毕后，重新浇筑混凝土垫层和面层。 (1.0分)

案例二十七

【2011年一建建筑】

某公共建筑工程，建筑面积22000m²，地下2层，地上5层，层高3.2m，钢筋混凝土框架结构。大堂一至三层中空，大堂顶板为钢筋混凝土井字梁结构。屋面设有女儿墙，屋面防水材料采用SBS卷材，某施工总承包单位承担施工任务。

合同履行过程中，发生了下列事件：

事件一： 施工总承包单位进入现场后，采购了110t Ⅱ级钢，钢筋出厂合格证明资料齐全。

施工总承包单位将同一炉罐号的钢筋组批，在监理工程师见证下取样复试。复试合格后，施工总承包单位在现场采用冷拉方法调直钢筋，冷拉率控制为3%。监理工程师责令施工总承包单位停止钢筋加工工作。

事件二： 屋面进行闭水试验时，发现女儿墙根部漏水。经查证，主要原因是转角处卷材开裂，施工总承包单位进行了整改。

问题：
1. 指出事件一中施工总承包单位做法的不妥之处，分别写出正确做法。
2. 按先后次序说明事件二中女儿墙根部漏水质量问题的治理步骤。

【参考答案】

1. （本小题5.0分）

（1）"将同一炉罐号的钢筋组批"不妥。 (1.0分)

正确做法：应将同厂家、同品种、同一类型、同一批次钢筋抽取样品进行复验，且一批不应超过60t。 (2.0分)

（2）"冷拉率控制为3%"不妥。 (1.0分)

正确做法：Ⅱ级钢冷拉率不应超过1%。 (1.0分)

2. （本小题3.0分）
① 割开卷材，烘烤剥离，清除旧料； (1.0分)
② 新卷材分层压入，搭接粘贴牢固； (1.0分)
③ 裂缝处增设一层卷材，四周粘牢。 (1.0分)

案例二十八

【2011年一建建筑】

某办公楼工程，建筑面积82000m²，地下3层，地上20层，钢筋混凝土框架-剪力墙结构。距邻近6层住宅楼7m。

合同履行过程中，发生了下列事件：

事件一： 基坑支护工程专业施工单位提出了基坑支护降水采用"排桩+锚杆+降水井"

方案，施工总承包单位要求基坑支护降水方案进行比选后确定。

事件二： 底板混凝土施工中，混凝土浇筑从高处开始，沿短边方向自一端向另一端进行。在混凝土浇筑完 12h 内对混凝土表面进行保温保湿养护，养护持续 7 天。养护至 72h 时，测温显示混凝土内部温度 70℃，混凝土表面温度 35℃。

问题：

1. 事件一中，适用于本工程的基坑支护降水方案还有哪些？
2. 指出事件二中底板大体积混凝土浇筑及养护的不妥之处，并说明正确做法。

【参考答案】

1．（本小题 3.0 分）

（1）地下连续墙 + 锚杆 + 降水井。 (1.0 分)

（2）地下连续墙 + 内支撑 + 降水井。 (1.0 分)

（3）排桩 + 内支撑 + 截水帷幕 + 降水井。 (1.0 分)

2．（本小题 6.0 分）

（1）"混凝土浇筑从高处开始，沿短边方向自一端向另一端进行"不妥。 (1.0 分)

正确做法：混凝土浇筑应从低处开始，沿长边方向自一端向另一端进行。 (1.0 分)

（2）"在混凝土浇筑完 12h 内对混凝土表面进行保温保湿养护，养护持续 7 天"不妥。 (1.0 分)

正确做法：混凝土浇筑完成后，应及时覆盖保温保湿材料，进行 12h 的保温保湿养护，浇水养护时间不少于 14 天。 (1.0 分)

（3）"混凝土内部温度 70℃，混凝土表面温度 35℃"不妥。 (1.0 分)

正确做法：采取措施使混凝土内外温差不大于 25℃。 (1.0 分)

案例二十九

【2009 年一建建筑】

某施工总承包单位承担一项建筑基坑工程的施工，基坑开挖深度 12m，基坑南侧距基坑边 6m 处有一栋 6 层住宅楼。基坑土质状况从地面向下依次为：杂填土 0~2m，粉质土 2~5m，砂质土 5~10m，黏性土 10~12m。上层滞水水位在地表以下 5m（渗透系数为 0.5m/天），地表下 18m 以内无承压水。基坑支护设计采用灌注桩加锚杆。施工前，建设单位为节约投资，指示更改设计，除南侧外，其余三面均采用土钉墙支护，垂直开挖。基坑在开挖过程中北侧支护出现较大变形，但一直没有发现，最终导致北侧支护部分坍塌。事故调查中发现：

（1）施工总承包单位对本工程做了重大危险源分析，确认南侧毗邻建筑物、临边防护、上下通道的安全为重大危险源，并制订了相应的措施，但未审批；

（2）施工总承包单位有健全的安全制度文件；

（3）施工过程中无任何安全检查记录、交底记录及培训教育记录等其他记录资料。

问题：

1. 本工程基坑最小降水深度应为多少？降水宜采用何种方式？
2. 该基坑坍塌的直接原因是什么？从技术方面分析造成本工程基坑坍塌的主要因素有哪些？

【参考答案】

1. (本小题4.0分)

(1) 最小降水深度: (2.0分)

① 以地下水位为标准: $12 - 5 + 0.5 = 7.5(m)$;

② 以自然地坪为标准: $12 + 0.5 = 12.5(m)$。

(2) 降水宜采用喷射井点。 (2.0分)

2. (本小题5.0分)

(1) 直接原因: 采用土钉墙支护, 垂直开挖。 (1.0分)

(2) 主要因素:

① 基坑深度12m不适用于土钉墙支护; (1.0分)

② 基坑土质状况不适用于土钉墙支护; (1.0分)

③ 如果采用土钉支护, 必须按1:0.2的坡度放坡, 不得垂直开挖; (1.0分)

④ 基坑开挖过程中, 应进行变形监测, 达到预警值时, 立即采取措施处理。 (1.0分)

二、选择题及答案解析

考点一: 地基基础

1. 依据建筑场地的施工控制方格网放线, 最为方便的方法是( )。

A. 极坐标法 B. 角度前方交会法

C. 直角坐标法 D. 方向线交会法

【解析】

建筑物细部点平面位置测设方法包括: "直角坐标极坐标, 角度距离方向线"。最方便的是直角坐标法。

2. 民用建筑上部结构沉降观测点宜布置在( )。

A. 建筑四角 B. 核心筒四角

C. 大转角处 D. 高低层交接处

E. 基础梁上

【解析】

核心逻辑: 建筑物观测点应设置在 "受力较大处"。

3. 椭圆的建筑, 建筑外轮廓线放样最适宜的测量方法是( )。

A. 直角坐标法 B. 角度交会法

C. 距离交会法 D. 极坐标法

4. 当建筑场地施工控制网为方格网或轴线形式时, 放线最为方便的是( )。

A. 直角坐标法 B. 极坐标法

C. 角度前方交汇法 D. 距离交汇法

【解析】

建筑场地施工控制网为方格网或轴线形式时, 采用直角坐标法放线最方便。

5. 某高程测量(见图3-13), 已知A点高程为H_A, 欲测得B点高程H_B, 安置水准仪于A、B之间, 后视读数为a, 前视读数为b, 则B点高程H_B为( )。

A. $H_B = H_A - a - b$ B. $H_B = H_A + a + b$

C. $H_B = H_A + a - b$ D. $H_B = H_A - a + b$

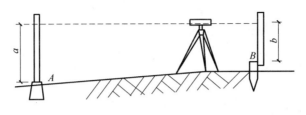

图 3-13

【解析】

高程测设公式简化版：$H_A + a = H_B + b$；通常，把已知点 a 称之为"后视读数"，未知点（待测点）b 称之为"前视读数"。故该公式的内涵为：已知的高程 H_A + 已知点标尺读数 a = 待测点的高程 H_B + 待测点标尺上的读数 b。

6. 不能测量水平距离的仪器是（　　）。

A. 水准仪 B. 经纬仪
C. 全站仪 D. 垂准仪

【解析】

细想三秒定答案。

7. 工程测量用水准仪的主要功能是（　　）。

A. 直接测量待定点的高程
B. 测量两个方向之间的水夹角
C. 测量两点间的高差
D. 直接测量竖直角

【解析】

水准仪不能直接测量高程，只能先测量两点之间的高差，通过计算得出高程。

8. 适合用于烟囱施工中垂直度观测的是（　　）。

A. 水准仪 B. 全站仪
C. 激光水准仪 D. 激光经纬仪

【解析】

语感常识激光好，上下左右两仪器。机理如下：

激光经纬仪特别适合用于以下的施工测量工作：

（1）垂度、准直：高层建筑、高竿构筑（烟囱、塔架）施工中垂度观测和准直定位。
（2）垂直度测量：结构构件、机具安装的精密测量和垂直度控制测量。
（3）轴线、导向：地下工程施工（管道铺设、隧道）轴线测设及导向测量工作。

9. 对某一施工现场进行高程测设，M 点为水准点，已知高程为 12.00m；N 点为待测点，安置水准仪于 M、N 之间，先在 M 点立尺，读得后视读数为 4.500m，然后在 N 点立尺，读得前视读数为 3.500m，N 点高程为（　　）m。

A. 11.00 B. 12.00
C. 12.50 D. 13.00

【解析】

根据公式："$H_A + a = H_B + b$" 可得 $12 + 4.5 = 3.5 + 13$。

10. 深基坑工程无支护结构挖土方案是（　　）。

A. 放坡　　　　　　　　　　B. 逆作法

C. 盆式　　　　　　　　　　D. 中心岛式

【解析】

四种深基坑开挖方式中，只有放坡式开挖是不需要支护结构的。

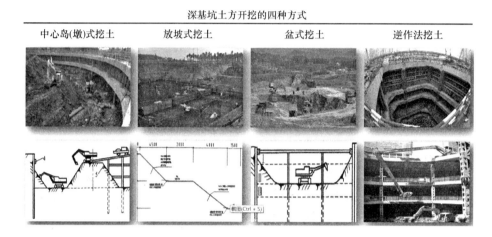

11. 基坑开挖深度8m，基坑侧壁安全等级为一级，基坑支护结构形式宜选（　　）。

A. 水泥土墙　　　　　　　　B. 原状土放坡

C. 土钉墙　　　　　　　　　D. 排桩

12. 土钉墙施工要求正确的是（　　）。

A. 超前支护，严禁超挖

B. 全部完成后抽查土钉抗拔力

C. 同一分段喷射混凝土自上而下进行

D. 成孔注浆型钢筋土钉采用一次注浆工艺

【解析】

A 正确，土钉墙施工原则："超前支护，分层分段，逐层施作，限时封闭，严禁超挖"。

B 错误，每层土钉施工完成后，均应按规范要求抽查土钉的抗拔力。

C 错误，同一分段内应自下而上喷射，一次喷射厚度不宜超过120mm。

D 错误，成孔注浆型土钉采用"两次注浆工艺"。第一次注浆宜为"水泥砂浆"，注浆量不小于钻孔体积的1.2倍。第一次注浆初凝后方可进行第二次注浆；第二次注纯水泥浆，注浆量为第一次的30%~40%，注浆压力值为0.4~0.6MPa。

13. 下列土钉墙基坑支护的设计构造，正确的有（　　）。

A. 土钉墙墙面坡度 1:0.2

B. 土钉长度为开挖深度的0.8倍

C. 喷射混凝土强度等级 C20

D. 土钉的间距为2m

E. 坡面上下段钢筋网搭接长度为250cm

【解析】

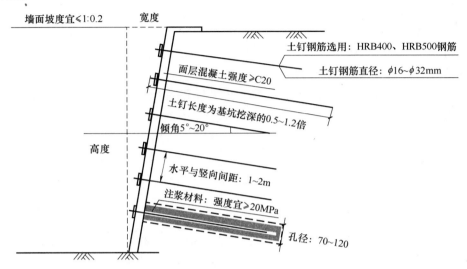

14. 工程基坑开挖采用井点回灌技术的主要目的是（　　）。
A. 避免坑底土体回弹
B. 避免坑底出现管涌
C. 减少排水设施，降低施工成本
D. 防止降水井点对周围建筑物、地下管线的影响

【解析】

井点回灌是为防止降水危及基坑及周边环境安全而采取的平衡措施；通过地下水回灌，避免周边建筑的不均匀沉降。

15. 不宜用填土层的降水方法是（　　）。
A. 电渗井点　　　B. 轻型井点　　　C. 喷射井点　　　D. 降水管井

【解析】

只有降水管井不宜用于填土，但又适合于碎石土和黄土。

16. 可以起到防止深基坑坑底突涌的措施有（　　）。
A. 集水明排　　　　　　　　　B. 水平封底隔渗
C. 井点降水　　　　　　　　　D. 井点回灌
E. 钻孔减压

【解析】

"封底减压防突涌，案例考点要记牢"。这里所谓的钻孔减压，其实是降水的意思。

17. 针对渗透系数较大的土层，适宜采用的降水技术是（　　）。
A. 真空井点　　　B. 轻型井点　　　C. 喷射井点　　　D. 管井井点

【解析】

"轻射管井三降水，尤其管井兴奋点，5年3考主客观，轻松拿分笑开颜"。

18. 不以降低基坑内地下水位为目的的井是（　　）。
A. 集水井　　　B. 减压井　　　C. 回灌井　　　D. 降水井

19. 适合挖掘地下水中土方的机械有（　　）。
    A. 正铲挖掘机 B. 反铲挖掘机
    C. 抓铲挖掘机 D. 铲运机
    E. 拉铲挖掘机

【解析】
"7年3考主客观，反拉抓铲三挖掘"。

20. 下列土方机械设备中，最适宜用于水下挖土作业的是（　　）。
    A. 抓铲挖掘机 B. 正铲挖掘机
    C. 反铲挖掘机 D. 铲运机

21. 浅基坑土方开挖中，基坑边缘堆置土方和建筑材料，最大堆置高度不应超过（　　）m。
    A. 1.2 B. 1.5 C. 1.8 D. 2.0

【解析】
案例考点：①基坑周边严禁超载；②土质良好时，荷载距坑边1m开外，堆放高度≤1.5m。

22. 当回填土含水量测试样本质量为142g、烘干后质量为121g时，其含水量是（　　）。
    A. 8.0% B. 14.8% C. 16.0% D. 17.4%

【解析】
（142－121）/121×100% = 17.4%

23. 无支护结构的基坑挖土方案是（　　）。
    A. 中心岛式挖土 B. 放坡挖土
    C. 盆式挖土 D. 逆作法挖土

【解析】
深基坑工程的挖土方案，主要有放坡挖土、中心岛式（也称墩式）挖土、盆式挖土和逆作法挖土。放坡挖土无支护结构，其余三种皆有支护结构。

24. 关于地下连续墙施工要求，正确的有（　　）。
    A. 下连续墙单元槽段长度宜为8~10m
    B. 导墙高度不应小于1.0m
    C. 应设置现浇钢筋混凝土导墙
    D. 水下混凝土应采用导管法连续浇筑
    E. 混凝土达到设计强度后方可进行墙底注浆

【解析】
A错误，地下连续墙单元槽段长度宜为4~6m。
B错误，导墙高度应≥1.2m。

25. 关于大体积混凝土基础施工要求的说法，正确的是（　　）。
    A. 当采用跳仓法时，跳仓的最大分块单向尺寸不宜大于50cm
    B. 混凝土整体连续浇筑时，浇筑层厚度宜为300~500mm
    C. 保湿养护持续时间不少于7d
    D. 当混凝土表面温度与环境最大温差小于30℃时，可全部拆除

【解析】

A 错误，采用跳仓法时，跳仓的最大分块单向尺寸不宜大于 40m，跳仓间隔施工的时间不宜小于 7d。

C 错误，保湿养护持续时间不宜少于 14d。

D 错误，保温覆盖层原则上，拆除应分层逐步进行；当混凝土表面温度与环境最大温差 <20℃时（温差小，不容易产生裂缝），可全部拆除。

26. 关于土方回填施工工艺的说法，错误的是（　　）。
A. 土料应尽量采用同类土　　　B. 应从场地最低处开始回填
C. 应在相对两侧对称回填　　　D. 虚铺厚度根据含水量确定

【解析】

"3年2考主客观"：设计无要求时，土方回填的虚铺厚度应根据夯实机械确定。

27. 基坑土方填筑应（　　）进行回填和夯实。
A. 从一侧向另一侧平推　　　B. 在相对两侧或周围同时
C. 由近到远　　　　　　　　D. 在基坑卸土方便处

【解析】

土方回填时，两侧或四周应同时回填，防止基础、埋管中心线偏移。

28. 在进行土方平衡调配时，需要重点考虑的性能参数是土的（　　）。
A. 密实度　　B. 天然含水量　　C. 可松性　　D. 天然密度

【解析】

土的可松性是计算："两土两平一运输"的重要参数，即①土方机械生产率，②回填土方量，③运输机具数量，④进行场地平整规划竖向设计，⑤土方平衡调配的重要参数。

29. 反映土体抵抗剪切破坏极限强度的指标是（　　）。
A. 内聚力　　B. 内摩擦角　　C. 黏聚力　　D. 土的可松性

【解析】

1. 内摩擦角	(1) 是工程设计的重要参数 (2) 是土的抗剪强度指标 (3) 反映了土的摩擦性	
2. 抗剪强度	(1) 土体抵抗剪切破坏的极限强度 (2) 包括：内摩擦力、内聚力	
3. 黏聚力	分子接近至 10^{-6}cm 时，显示黏聚力	
4. 土的天然密度	土在自然状态下单位体积的质量	
5. 土天然含水量	(1) 水的质量/固体颗粒质量×100% (2) 影响：挖土难易、边坡稳定、土方回填	
6. 土的干密度	(1) 土的固体颗粒质量/总体积 (2) 干密度越大，土越坚实 (3) 是控制土的夯实标准	
7. 土的密实度	(1) 被土体颗粒填充的程度 (2) 反映土体的紧密程度	
8. 土的可松性	(1) 计算土方机械生产率　(2) 回填土方量 (3) 运输机具数量　　　　(4) 土方平衡调配 (5) 进行场地平整竖向规划	

岩土的工程性能

30. 关于岩土工程性能的说法，正确的是（ ）。
A. 内摩擦角不是土体的抗剪强度指标
B. 土体的抗剪强度指标包含有内摩擦力和内聚力
C. 在土方填筑时，常以土的天然密度控制土的夯实标准
D. 土的天然含水量对土体边坡稳定没有影响

【解析】
A 错误，内摩擦角是土体的抗剪强度指标；C 错误，在土方填筑时，以土的"干密度"控制土的夯实标准；D 错误，土的天然含水量是决定边坡稳定性的因素之一。

31. 增强体复合地基现场验槽应检查（ ）。
A. 地基均匀性检测报告
B. 水土保温检测资料
C. 桩间土情况
D. 地基湿陷性处理效果

【解析】
专业极偏桩增强，地基处理砂石桩。机理如下：
增强体复合地基，应现场检查："桩头桩位桩间土，复合地基检测报"。

32. 混凝土灌注桩质量检查项目中，在混凝土浇筑前进行检查的有（ ）。
A. 孔深
B. 桩身完整性
C. 孔径
D. 承载力
E. 沉渣厚度

【解析】
桩身完整性和承载力是成桩后的检测项目。需注意，沉渣厚度的检测结果应是二次清孔后的结果。第一次清孔在成孔之后进行，第二次清孔是在钢筋笼下放之后进行。

33. 采用锤击沉桩法施工的摩擦桩，主要以（ ）控制其入土深度。
A. 贯入度
B. 持力层
C. 锤击数
D. 标高

【解析】
（1）摩擦桩：其荷载主要是桩侧土与桩间土的摩擦力来承受，桩端无持力层。因此，摩擦桩是以设计单位计算好的设计标高为主要依据。
（2）端承型桩：是指桩顶荷载主要由桩端阻力承受，桩侧阻力相对桩端阻力而言可忽略不计。因此端承桩以贯入度控制其入土深度。
（3）所谓贯入度，就是桩身进入土体的深度，桩端到达了持力层时，贯入度为0。

34. 下列预应力混凝土管桩压桩的施工顺序中，正确的是（ ）。
A. 先深后浅
B. 先小后大
C. 先短后长
D. 自四周向中间进行

【解析】
预制桩的沉桩顺序总体上为"顺口施打"，即先深后浅（深浅）、先大后小（大小）、先长后短（长短）、先密后疏（"秘书"）；密集桩群宜从中间向四周或两边对称施打；当一侧毗邻建筑物时，由毗邻建筑物处向外施打。
注意，砂石地基是例外。由于砂石地基本身比较松散，由内向外施打起不到加固地基的作用，因此砂石地基预制桩应由外向内施打。

35. 锤击沉桩法施工程序：确定桩位和沉桩顺序→桩机就位→吊桩喂桩→（　　）→锤击沉桩→接桩→再锤击沉桩→送桩→收锤→切割桩头。

A. 检查验收　　　　　　　　　B. 校正
C. 静力压桩　　　　　　　　　D. 送桩

【解析】
锤击沉桩与静力压桩核心流程相同，只是说法略有差异，考点要求考生按简答题掌握。

36. 为设计提供依据的试验桩检测，主要确定（　　）。
A. 单桩承载力　　　　　　　　B. 桩身混凝土强度
C. 桩身完整性　　　　　　　　D. 单桩极限承载力

37. 判定或鉴别桩端持力层岩土性状的检测方法是（　　）。
A. 低应变法　　　　　　　　　B. 钻芯法
C. 高应变法　　　　　　　　　D. 声波透射法

【解析】
《建筑桩基检测技术规范》2.1.5 钻芯法，是用钻机钻取芯样，检测桩长、桩身缺陷、桩底沉渣厚度以及桩身混凝土的强度，判定或鉴别桩端岩土性状的方法。

38. 关于钢筋混凝土预制桩的沉桩顺序说法，正确的有（　　）。
A. 对于密集桩群，从中间开始分头向四周或两边对称施打
B. 当一侧毗邻建筑物时，由毗邻建筑物处向另一方向施打
C. 对基础标高不一的桩，宜先浅后深
D. 基坑不大时，打桩可逐排打设
E. 对不同规格的桩，宜先小后大

【解析】
预制桩的沉桩顺序把握一个核心逻辑——"应力外扩"；只有砂石地基反其道而行。

39. 采用插入式振动器振捣本工程底板混凝土时，其操作应（　　）。
A. 慢插慢拔　　　　　　　　　B. 慢插快拔
C. 快插慢拔　　　　　　　　　D. 快插快拔

【解析】
快插，是为了防止混凝土拌合物振捣不均匀，导致分层离析；慢拔，是为了让混凝土拌合物充分填补振捣器拔出的缺口。

40. 工程底板的混凝土养护时间最低不少于（　　）天。
A. 7　　　　　　　　　　　　　B. 14
C. 21　　　　　　　　　　　　D. 28

41. 砌体基础必须采用（　　）砂浆砌筑。
A. 防水　　　　　　　　　　　B. 水泥混合
C. 水泥　　　　　　　　　　　D. 石灰

42. 造成挖方边坡大面积塌方的原因可能有（　　）。
A. 土方施工机械配置不合理　　B. 基坑开挖坡度不够
C. 未采取有效的降排水措施　　D. 边坡顶部堆载过大
E. 开挖次序、方法不当

【解析】

边坡大面积塌方的核心原因可总结为：①外侧应力过大，②内侧支撑不足。本考点按简答题掌握。

43. 不宜用于填土土质的降水方法是（　　）。

A. 轻型井点　　　　　　　　　　B. 降水管井

C. 喷射井点　　　　　　　　　　D. 电渗井点

【解析】

此题可使用排除法。轻型、喷射、电渗井点的适用范围都差不多；只有管井井点无论降深还是降速都比前三类大，本题为单选题，所以选最特殊的那个。

44. 水泥粉煤灰碎石桩（CFG 桩）的成桩工艺有（　　）。

A. 长螺旋钻孔灌注成桩　　　　　B. 振动沉管灌注成桩

C. 洛阳铲人工成桩　　　　　　　D. 长螺旋钻中心压灌成桩

E. 三管法旋喷成桩

【解析】

水泥粉煤灰碎石桩，也叫 CFG 桩，是用地地基处理的一种素混凝土桩。按成桩工艺划分为"护管双钻四成桩"——长螺旋钻孔灌注成桩、长螺旋钻中心压灌成桩、振动沉管灌注成桩和泥浆护壁成孔灌注成桩。

45. 换填地基施工做法正确的是（　　）。

A. 在墙角下接缝　　　　　　　　B. 上下两层接缝距离 300mm

C. 灰土拌合后隔日铺填夯实　　　D. 粉煤灰当日铺填压实

【解析】

趁热打铁真理题，两眼排除 A 和 C。机理如下图：

换填地基-总体施工要点

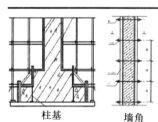

1.不得在柱基、墙角及承重墙下接缝

2.上下两层的缝距应≥500mm，接缝处应夯压密实

3.灰土应当日铺填压夯；夯压密实后3d内不得受水浸泡

5.换填地基夯实标准：
(1) 灰土、粉煤灰：压实系数≥0.95
(2) 其他材料：压实系数为≥0.97

4.粉煤灰垫层铺填后当天压实，每层验收后及时铺填上层或封层

【参考答案】

题号	1	2	3	4	5	6	7	8	9	10
答案	C	ABCD	D	A	C	D	C	D	D	A
题号	11	12	13	14	15	16	17	18	19	20
答案	D	A	ABCD	D	D	BE	D	C	BCE	A
题号	21	22	23	24	25	26	27	28	29	30
答案	B	D	B	CDE	B	D	B	C	B	B
题号	31	32	33	34	35	36	37	38	39	40
答案	C	ACE	D	A	B	D	B	ABD	C	C
题号	41	42	43	44	45					
答案	C	BCDE	B	ABD	D					

考点二：主体结构

1. 拆除跨度为7m的现浇钢筋混凝土梁的底模及支架时，其混凝土强度至少是混凝土设计抗压强度标准值的（　　）。

   A. 50%　　　　　　　　　　　　　B. 75%

   C. 85%　　　　　　　　　　　　　D. 100%

2. 某跨度8m的混凝土楼板，设计强度等级C30，模板采用快拆支架体系，支架立杆间距2m，拆模时混凝土的最低强度是（　　）MPa。

   A. 15　　　　　　　　　　　　　　B. 22.5

   C. 30　　　　　　　　　　　　　　D. 25.5

【解析】

本题的重点在于"快拆体系"，快拆支架体系的支架立杆间距不应大于2m，对应"板跨≤2m"时的拆模强度。因此混凝土的最低强度是15MPa（50%）。

3. 模板工程设计的主要原则下列说法正确的是（　　）。

   A. 安全性　　　　　　　　　　　　B. 实用性

   C. 经济性　　　　　　　　　　　　D. 耐久性

   E. 普遍性

【解析】

模板设计原则包括"安全实用经济性"三个方面：

① 安全性：满足刚度、强度、稳定性；

② 实用性：满足构造合理、安拆方便、表面平整、接缝严密等特性；

③ 经济性：确保永久工程质量、安全的前提下，尽量减少投入量、增加周转率。

4. 跨度6m、设计混凝土强度等级C30的板，拆除底模时的同条件养护标准立方体试块抗压强度值至少应达到（　　）。

   A. 15MPa　　　B. 18MPa　　　C. 22.5MPa　　　D. 30MPa

【解析】

跨度为6m且不采用快拆体系的模板，其混凝土强度达到设计强度值的75%时方可拆除底模，即 $30 \times 0.75 = 22.5(MPa)$。

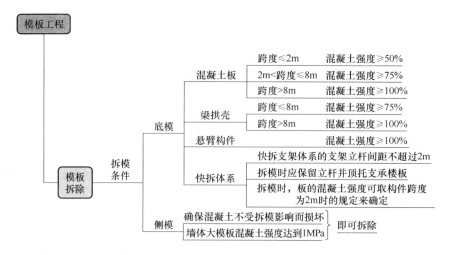

5. 在常温条件下一般墙体大模板，拆除时混凝土强度最少要达到（   ）。

A. $0.5N/mm^2$
B. $1.0N/mm^2$
C. $1.5N/mm^2$
D. $2.0N/mm^2$

6. 常用模板中，具有轻便灵活、拆装方便、通用性强、周转率高、接缝多且严密性差、混凝土成型后外观质量差等特点的是（   ）。

A. 木模板
B. 组合钢模板
C. 钢框木胶合板模板
D. 钢大模板

【解析】

未来可能作为"冷门考点"出现在一建卷面上，建议适当关注。

7. 关于钢筋加工的说法，正确的是（   ）。

A. 不得采用冷拉调直
B. 不得采用手动液压切断下料
C. 不得采用喷砂除锈
D. 不得反复弯折

【解析】

A 错误，尽管很多地区都明文规定不允许施工现场使用经冷拉调直过的钢筋，但国家规范并未完全禁止对钢筋的冷拉调直，只是对钢筋的冷拉调直率做出明确规定（一级钢光圆钢筋≤4%，二级钢及以上带肋钢筋≤1%）因此 A 选项暂时认为是错的。

D 正确，钢筋受到交变荷载（反复弯折）作用会导致脆断，故不得反复弯折。

8. 钢筋配料时，弯起钢筋（不含搭接）的下料长度是（   ）。

A. 直段长度 + 弯钩增加长度
B. 直段长度 + 斜段长度 + 弯钩增加长度
C. 直段长度 + 斜段长度 - 弯曲调整值 + 弯钩增加长度
D. 直段长度 + 斜段长度 + 弯曲调整值 + 弯钩增加长度

【解析】

2018 年 11 月 24 日广东、海南补考实操题，2021 年适当关注。

9. 框架结构的主、次梁与板交叉处，上部钢筋从上往下顺序为（   ）。

A. 板、主梁、次梁
B. 板、次梁、主梁
C. 次梁、板、主梁
D. 主梁、次梁、板

【解析】

框架结构主次梁与板交接处的传力顺序为：板→次梁→主梁。

10. 关于基础钢筋施工的说法，正确的是（   ）。

A. 钢筋网绑扎时，必须将全部钢筋相交点扎牢，不可漏绑

B. 底板双层钢筋，上层钢筋弯钩朝下，下层可朝上或水平

C. 纵向受力钢筋混凝土保护层不应小于40mm，无垫层时不应小于70mm

D. 独立柱基础为双向钢筋时，其底面长边钢筋应放在短边钢筋的上面

11. 受力钢筋代换应征得（   ）同意。

A. 监理单位　　　　B. 施工单位　　　　C. 设计单位　　　　D. 勘察单位

【解析】

钢筋代换属于"设计变更"，故应征得设计单位同意。2021年警惕钢筋代换与设计变更程序相结合的作文题。

12. 关于钢筋代换的说法，正确的有（   ）。

A. 钢筋代换时应征得设计单位的同意

B. 同钢号之间的代换按钢筋代换前后用钢量相等的原则代换

C. 当构件配筋受强度控制时，按钢筋代换前后强度相等的原则代换

D. 当构件受裂缝宽度控制时，代换前后应进行裂缝宽度和挠度验算

E. 当构件按最小配筋率配筋时，按钢筋代换前后截面面积相等的原则代换

【解析】

传统案例题考点，未来可能演变为实操题，要求重点掌握。

13. 宜采用绑扎搭接接头的是（   ）。

A. 直径28mm受拉钢筋　　　　　　B. 直径25mm受压钢筋

C. 桁架拉杆纵向受力钢筋　　　　　　D. 行车梁纵向受力钢筋

【解析】

专业语感258，拉25、压28，小心动力禁绑扎。

14. HRB400E钢筋应满足最大力下总伸长率不小于（   ）。

A. 6%　　　　　　B. 7%　　　　　　C. 8%　　　　　　D. 9%

15. 有关梁、板钢筋的绑扎要求，规范的做法是（   ）。

A. 连续梁、板上部钢筋接头宜设在跨中1/3范围内，下部接头宜设在梁端1/3范围内

B. 梁采用双层受力筋时，双排钢筋之间应垫不小于ϕ25mm的短钢筋

C. 梁的箍筋接头应交错布置

D. 板、次梁与主梁交叉处板钢筋在上，次梁居中，主梁在下

E. 框架节点处钢筋十分稠密时，梁顶面主筋间的净距要有25mm

【解析】

A正确，钢筋接头的设置原则："设在弯矩较小处"。连续梁板上部受"负弯矩"影响，梁端弯矩最大，因此接头设在跨中1/3处；下部钢筋受正弯矩影响，跨中弯矩最大，所以设在梁端部1/3处。之所以设在"端部1/3"而非端部，是为了避开箍筋加密区。

E错误，框架节点处钢筋十分稠密时，梁顶面主筋间的净距不小于30mm。

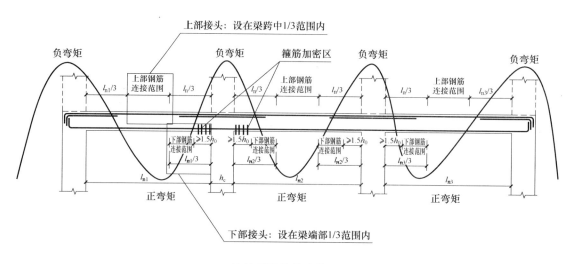

连续梁钢筋接头位置

16. 冬期浇筑有抗冻耐久性能要求的C50混凝土,其混凝土受冻临界强度不宜低于设计强度等级的( )。

　　A. 20%　　　　B. 30%　　　　C. 40%　　　　D. 50%

【解析】

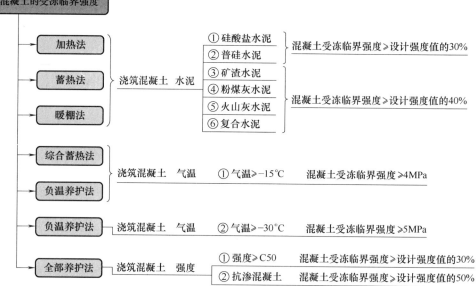

17. 配制厚大体积的普通混凝土不宜选用( )水泥。

　　A. 矿渣　　　　　　　　　　B. 粉煤灰
　　C. 复合　　　　　　　　　　D. 硅酸盐

18. 大体积混凝土养护的温控过程中,其降温速率一般不宜大于( )。

　　A. 1℃/天　　　　　　　　　B. 1.5℃/天
　　C. 2℃/天　　　　　　　　　D. 2.5℃/天

【解析】
大体积混凝土降温速率一般不大于2℃/天。

19. 大体积混凝土拆除保温覆盖时，浇筑体表面与大气温差不应大于（　　）。
A. 15℃ B. 20℃
C. 25℃ D. 28℃

【解析】

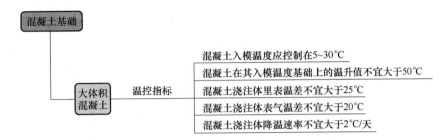

20. 关于大体积混凝土浇筑的说法，正确的是（　　）。
A. 宜沿短边方向进行　　　　B. 可多点同时浇筑
C. 宜从高处开始浇筑　　　　D. 应采用平板振捣器振捣

21. 关于预应力工程施工的方法，正确的是（　　）。
A. 都必须使用台座　　　　　B. 都预留预应力孔道
C. 都采用放张工艺　　　　　D. 都使用张拉设备

【解析】
A错误：①先张法才需要利用台座来承受预应力钢筋的张拉应力。原因是先张法是先张拉钢筋，后浇筑混凝土，因此必须用两个台座固定钢筋。②后张法是先浇筑混凝土，后张拉钢筋，张拉设备顶在梁体端部，因此不需要台座。

B错误：①无黏结预应力筋不需预留孔道和灌浆。无黏结预应力筋是带防腐隔离层和外护套的专用预应力筋，不与混凝土直接接触，所以不需要孔道灌浆。②有黏结预应力筋才需要在张拉后应尽早孔道灌浆，目的是保护预应力筋，防止预应力筋氧化锈蚀。

C错误：①先张法才需要放张，后张法不需要放张。②先张法是先张拉钢筋，后浇筑混凝土，通过放松预应力筋，借助混凝土与预应力筋的黏结，对混凝土施加预应力。③后张法是先浇筑混凝土，后张拉钢筋，预应力是靠锚具传递给混凝土，不需要放张。

22. 肋梁楼盖无黏结预应力筋的张拉顺序，设计无要求时，通常是（　　）。
A. 先张拉楼板，后张拉楼面梁
B. 板中的无黏结筋须集中张拉
C. 梁中的无黏结筋须同时张拉
D. 先张拉楼面梁，后张拉楼板

23. 下列预应力损失中，属于长期损失的是（　　）。
A. 孔道摩擦损失　　　　　　B. 锚固损失
C. 弹性压缩损失　　　　　　D. 预应力筋应力松弛损失

【解析】
"长期损失两形态，松弛徐变老弱态"。

24. 混凝土施工缝留置位置正确的有（　　）。
A. 柱在梁、板顶面
B. 单向板在平行于板长边的任何位置
C. 有主次梁的楼板在次梁跨中 1/3 范围内
D. 墙在纵横墙的交接处
E. 双向受力板按设计要求确定

【解析】

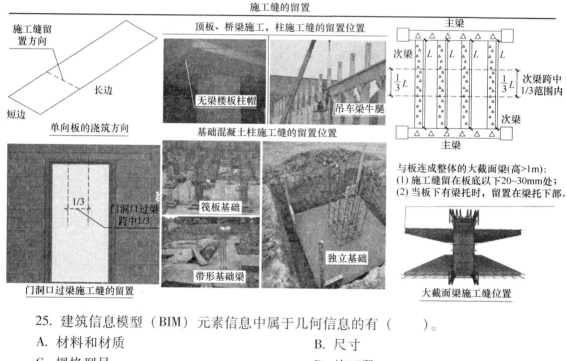

25. 建筑信息模型（BIM）元素信息中属于几何信息的有（　　）。
A. 材料和材质　　　　　　　　B. 尺寸
C. 规格型号　　　　　　　　　D. 施工段
E. 空间拓扑关系

【解析】
模型元素信息包括几何信息和非几何信息。几何信息包括：尺寸、定位、空间拓扑关系等；非几何信息包括：名称、规格型号、材料和材质、生产厂商、功能与性能技术参数，以及系统类型、施工段、施工方式、工程逻辑关系等。

26. 对已浇筑完毕的混凝土采用自然养护，应在混凝土（　　）开始。
A. 初凝前　　　　　　　　　　B. 终凝前
C. 终凝后　　　　　　　　　　D. 强度达到 1.2N/mm²

【解析】
混凝土的养护原则：普通混凝土终凝前养护，防水混凝土终凝后养护。

27. 大体积混凝土应分层浇筑，上层混凝土应在下层混凝土（　　）浇筑。
A. 初凝前　　　　　　　　　　B. 初凝后
C. 终凝前　　　　　　　　　　D. 终凝后

【解析】

若在下层混凝土初凝后浇筑，就容易形成冷缝，不利于上下层混凝土的紧密粘接。

28. 下列混凝土外加剂中，不能显著改善混凝土拌合物流变性能的是（   ）。

    A. 减水剂　　　B. 引气剂　　　C. 膨胀剂　　　D. 泵送剂

29. 混凝土的非荷载型变形有（   ）。

    A. 化学收缩　　　　　　　　　B. 碳化收缩
    C. 温度变形　　　　　　　　　D. 徐变
    E. 干湿变形

【解析】

混凝土变形按原因划分为荷载变形和非荷载变形。非荷载变形指物理化学因素引起的变形，包括化学收缩、碳化收缩、干湿变形、温度变形。荷载作用变形又可分为在短期荷载作用下的变形和长期荷载作用下的徐变。

30. 有关掺合料的作用说法正确的是（   ）。

    A. 降低温升，改善和易性，增进后期强度
    B. 改善混凝土内部结构，提高耐久性
    C. 可代替部分水泥，节约资源等作用
    D. 抑制碱-骨料反应的作用
    E. 增加混凝土的早期强度

【解析】

E错误，应该是增强混凝土的后期强度。混凝土掺合料的主要作用是对冲水泥水化热大、水化速率快等副作用，顺便也为工业废渣找到一个良好的归宿。

31. 关于混凝土梁板浇筑的说法，下列错误的是（   ）。

    A. 梁和板宜同时浇筑混凝土
    B. 有主次梁的楼板宜顺着主梁方向浇筑
    C. 单向板宜沿板的长边方向浇筑
    D. 拱和高度>1m时的梁等结构，可单独浇筑混凝土

【解析】

B错误，有主次梁的楼板，应顺着次梁方向浇筑。这主要是考虑到施工缝的留置。施工缝（即施工断面）的存在不利于结构的整体性，沿次梁浇筑是个两害相权取其轻的办法，施工缝留在次梁跨中1/3部位，这样既避开箍筋加密区，又避开了主梁。

32. 浇筑竖向构件时，应先在底部填以不超过（   ）厚与混凝土内砂浆成分相同的水泥砂浆。

    A. 20mm　　　　　　　　　　B. 30mm
    C. 40mm　　　　　　　　　　D. 50mm

【解析】

这么做的目的是防止混凝土中的石子过度下沉堆积。但接浆层（无石子）多少会影响混凝土的实际强度，而商混厂配置选用的粗骨料最大粒径一般不超过25mm，因此规范规定：混凝土浇筑前的接浆层厚度应控制在30mm以下。

33. 浇筑与柱和墙连成整体的梁和板时，应在柱和墙浇筑完毕后停歇（   ）h，再继

续浇筑。

A. 0.5~1.0　　　　　　　　B. 1.0~1.5
C. 1.5~2.0　　　　　　　　D. 2.0~2.5

【解析】
竖向构件（柱、墙）浇筑完毕后，停歇1~1.5h，让混凝土拌合物初步沉实并清除浮浆杂物后，再进行后续施工。

34. 混凝土的优点包括（　　）。

A. 耐久性好　　　　　　　　B. 自重轻
C. 耐火性好　　　　　　　　D. 抗裂性好
E. 可模性好

【解析】
（1）混凝土结构优点："可模高强耐磨好，延性抗震防辐射，就地取材适用广，耐火耐久费用低"。
（2）混凝土结构缺点："裂差重杂工期长"。

35. 为了防止外加剂对混凝土中钢筋锈蚀产生不良影响，应控制外加剂中氯离子含量限制应满足下列要求（　　）。

A. 预应力混凝不超过0.02kg/m³
B. 无筋混凝土氯离子含量为0.2~0.6kg/m³
C. 普通钢筋混凝土0.02~0.2kg/m³
D. 普通通钢筋混凝土0.2~2kg/m³
E. 预应力混凝土为0.02~0.2kg/m³

【解析】

```
关于氯离子含量的限制性规定
├─ 1. 概念 —— 混凝土氯离子含量和总碱量：指其各种原材料所含氯离子和碱含量之和
├─ 2. 防水混凝土 —— 混凝土拌合物的氯离子含量≤胶凝材料总量的0.1%
├─ 3. 混凝土结构 ── (1) 设计年限100年　　氯离子含量≤500mg/L
│                   (2) 预应力混凝土结构　氯离子≤350mg/L
├─ 4. 外加剂 ── (1) 预应力混凝土：≤0.02kg/m³
│               (2) 普通混凝土：0.02~0.2kg/m³
│               (3) 无筋混凝土：0.2~0.6kg/m³
└─ 5. 天然砂 —— 天然砂氯离子含量≤0.06%
```

36. 关于后张预应力混凝土梁模板拆除的说法，正确的有（　　）。

A. 梁侧模应在预应力张拉前拆除　　　B. 梁底模应在预应力张拉前拆除
C. 梁侧模应在预应力张拉后拆除　　　D. 梁侧模达到拆除条件即可拆除
E. 梁底模应在预应力张拉后拆除

37. 预应力楼盖的预应力筋张拉顺序是（　　）。
   A. 主梁→次梁→板
   B. 板→次梁→主梁
   C. 次梁→主梁→板
   D. 次梁→板→主梁

【解析】
采用后张法预应力时，张拉程序通常为：先楼板、再次梁，最后主梁。

38. 关于钢筋混凝土工程雨期施工的说法，正确的有（　　）。
   A. 对水泥和掺合料应采取防水和防潮措施
   B. 对粗、细骨料含水率进行实时监测
   C. 浇筑板、墙、柱混凝土时，可适当减小坍落度
   D. 应选用具有防雨水冲刷性能的模板脱模剂
   E. 钢筋焊接接头可采用雨水急速降温

【解析】
本题更加侧重于施工管理，要求考生按实操题准备。

39. 关于后浇带防水混凝土施工的说法，正确的有（　　）。
   A. 两侧混凝土龄期达到 28 天再施工
   B. 混凝土养护时间不得小于 28 天
   C. 混凝土强度等级不得低于两侧混凝土
   D. 混凝土采用补偿收缩混凝土
   E. 混凝土必须采用普通硅酸盐水泥

【解析】 2018 年案例题，毫无争议的重要考点。

A 错误，后浇带混凝土的浇筑时间应根据设计要求确定；设计无要求时，默认为两侧混凝土至少保留 14 天，才可浇筑后浇带混凝土。

E 错误，没有硬性规定必须采用硅酸盐水泥。

40. 关于砌体结构施工说法，正确的是（　　）。
   A. 在干热条件砌筑时，应选用较小稠度值的砂浆
   B. 机械搅拌砂浆时，搅拌时间自开始投料时算起
   C. 砖柱不得采用包心砌法砌筑
   D. 先砌砖墙，后绑构造柱钢筋，最后浇筑混凝土

41. 砌筑砂浆强度等级不包括（　　）。
   A. M2.5　　　　B. M5　　　　C. M7.5　　　　D. M10

42. 普通砂浆的稠度越大，说明砂浆的（　　）。
   A. 保水性越好
   B. 黏结力越强
   C. 强度越小
   D. 流动性越大

【解析】
砂浆稠度值用针入度表示；检测针进入拌合物越多，针入度越大，砂浆越稀。

43. 砌体工程不得在（　　）设置脚手眼。
   A. 120mm 厚墙，料石墙、清水墙、独立柱、附墙柱
   B. 240mm 厚墙
   C. 宽度为 2m 的窗间墙

D. 过梁上与过梁成60°的三角形范围，以及过梁净跨度1/2的高度范围内

E. 梁或梁垫下及其左右500mm范围内

【解析】

脚手眼不得设置在"轻薄窄近过难看"的部位。

砌体结构不得设置脚手眼的部位

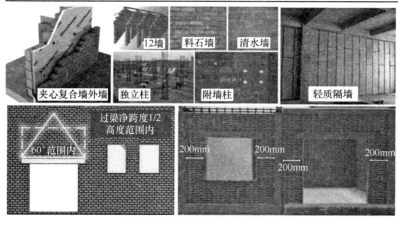

(7) 过梁上方成60°的三角形范围及过梁净跨度1/2的高度范围内

(8) 门窗洞口两侧石砌体300mm，其他砌体200mm范围内；转角处石砌体600mm，其他砌体450mm范围内

44. 关于砌筑砂浆的说法，正确的有（　　）。

A. 水泥粉煤灰砂浆搅拌时间不得小于3min

B. 留置试块为边长7.07cm的正方体

C. 同盘砂浆应留置两组试件

D. 砂浆应采用机械搅拌

E. 六个试件为一组

45. 关于砖砌体施工要点的说法，正确的是（　　）。

A. 半盲孔多孔砖的封底面应朝下砌筑

B. 多孔砖的孔洞应垂直于受压面砌筑

C. 马牙槎从每层柱脚开始应先进后退

D. 多孔砖应饱和吸水后进行砌筑

【解析】

A 错误，"盲孔封底朝上砌"。

C 错误，"先退后进马牙槎，确保柱脚足够大"。

D 错误，"饱和吸水易走浆，干砖上墙不提倡"。

46. 关于小型空心砌块砌筑工艺的说法，正确的是（　　）。

A. 上下通缝砌筑

B. 不可采用铺浆法砌筑

C. 先绑扎构造柱钢筋后砌筑，最后浇筑混凝土

D. 防潮层以下的空心小砌块砌体，应用C15混凝土灌实砌体的孔洞

47. 填充墙可采用蒸压加气混凝土砌体的部位或环境有（　　）。

A. 化学侵蚀环境　　　　　　　　　B. 砌体表面温度低于80℃的部位

C. 建筑物防潮层以下墙体　　　　　D. 长期处于有振动源环境的墙体

【解析】

轻骨料混凝土小型空心砌块或加气混凝土砌块墙无有效措施，不得用于"大湿大蚀高热振"：①建筑物防潮层以下部位；②长期浸水或化学侵蚀环境；③长期处于有振动源环境的墙体；④砌块表面经常处于80℃以上的高温环境。

48. 砖砌体工程的砌筑方法通常采用（　　）。

A. 挤浆法　　　　　　　　　　　　B. 刮浆法

C. 满口灰法　　　　　　　　　　　D. "三一"砌筑法

【解析】

砌筑方法有"三一"砌筑法、挤浆法（铺浆法）、刮浆法和满口灰法四种。通常宜采用"三一"砌筑法，即一铲灰、一块砖、一揉压的砌筑方法。

49. 砖砌体"三一"砌筑法的具体含义是指（　　）。

A. 一个人　　　　　　　　　　　　B. 一铲灰

C. 一块砖　　　　　　　　　　　　D. 一挤揉

E. 一勾缝

50. 《砌体结构工程施工质量验收规范》（GB 50203—2011）规定，砌砖工程当采用铺浆法砌筑时，施工期间温度超过30℃时，铺浆长度最大不得超过（　　）mm。

A. 400　　　　　B. 500　　　　　C. 600　　　　　D. 700

51. 240mm厚砖砌体承重墙，每个楼层墙体上最上一皮砖的砌筑方式应采用（　　）。

A. 整砖斜砌　　　　　　　　　　　B. 整砖丁砌

C. 半砖斜砌　　　　　　　　　　　D. 整砖顺砌

52. 厕浴间蒸压加气混凝土砌块200mm高度范围内应做（　　）坎台。

A. 混凝土　　　　　　　　　　　　B. 普通透水墙

C. 多孔砖　　　　　　　　　　　　D. 混凝土小型空心砌块

53. 砖基础施工时，砖基础的转角处和交接处应同时砌筑，当不能同时砌筑时，应留置（　　）。

A. 直槎　　　　　B. 凸槎　　　　　C. 凹槎　　　　　D. 斜槎

54. 砌筑砂浆应随拌随用，当施工期间最高气温在30℃以内时，水泥混合砂浆最长应在（　　）h内使用完毕。

A. 2　　　　　　B. 3　　　　　　C. 4　　　　　　D. 5

55. 某项目经理部质检员对正在施工的砖砌体进行了检查，并对水平灰缝厚度进行了统计，下列符合规范规定的数据有（　　）mm。

A. 7　　　　B. 9　　　　C. 10　　　　D. 12　　　　E. 15

56. 浇筑混凝土时为避免发生离析现象，混凝土自高处倾落的自由高度应满足（　　）。

A. 粗骨料粒径未超过25mm时，浇筑高度不宜超过6m

B. 粗骨料粒径超过25mm时，浇筑高度不宜超过3m

C. 浇筑高度不能满足要求时,应加设串筒、溜管、溜槽等装置

D. 粗骨料粒径不超过 25mm 时,浇筑高度不宜超过 3m

E. 浇筑混凝土时,必须加设串筒、溜槽等装置

【解析】
控制混凝土的浇筑高度,是为了防止混凝土拌合物产生过大的分层离析。

57. 混凝土结构子分部工程可划分为(　　)等分项工程。

A. 模板、钢筋
B. 预应力
C. 混凝土
D. 现浇结构、装配式结构
E. 基础混凝土

【解析】
2021 年案例题考点。

58. 混凝土分项工程按(　　)划分为若干检验批。

A. 工作班
B. 楼层
C. 结构缝
D. 施工段
E. 楼号

【解析】
(1) 检验批和分项没有本质性区别,只有批量大小之分。比如钢筋工程属于分项工程;具体到基础钢筋可单独作为一个检验批。

(2) 本考点可考案例。

59. 关于混凝土浇水养护的施工要点,下列说法正确的是(　　)。

A. 采用硅酸盐水泥、普通水泥、矿渣硅酸盐水泥拌制的混凝土,养护时间应≥7 天

B. 火山灰质水泥、粉煤灰水泥拌制的混凝土,养护时间应≥14 天

C. 对掺缓凝剂、掺合料或有抗渗性要求的混凝土,养护时间应≥14 天

D. 混凝土养护用水应与拌制用水应相同,浇水次数应能保持混凝土处于润湿状态

E. 在已浇筑的混凝土强度达到 1.0MPa 以前,不得在其上踩踏或安装模板及支架等

【解析】
E 错误,应该是达到 1.2MPa 之前,不得在其上踩踏或安装模板及支架。

60. 有关混凝土的浇筑与养护下列说法正确的是(　　)。

A. 混凝土的养护方法有自然养护和加热养护两类

B. 现场施工一般为自然养护

C. 自然养护又包括浇水覆盖养护、薄膜养护、养生液养护

D. 已浇筑完毕的混凝土,应在混凝土终凝前养护

E. 已浇筑完毕的混凝土通常在混凝土终凝后 8~12h 内养护

【解析】
E 错误,混凝土的养护时间通常是在浇筑完毕后的 8~12h 内养护,换句话说,是在终凝前养护。防水混凝土才是在终凝后养护。

61. 混凝土施工缝宜留在结构受(　　)较小且便于施工的部位。

A. 荷载
B. 弯矩
C. 剪力
D. 压力

【解析】

钢筋接头是留在承受弯矩较小处，施工缝则应留在受剪力较小处。

62. 冬期拌制混凝土需采用加热原材料时，应优先采用加热（ ）的方法。

A. 水泥　　　　B. 砂　　　　C. 石子　　　　D. 水

【解析】

冬期施工，一般优先加热水。这个不用解释，单凭语感也能答对。

63. 下列有关石灰的熟化下列说法正确的是（ ）。

A. 生石灰熟化期不得少于 7 天

B. 磨细生石灰粉熟化期不少于 2 天

C. 抹灰用的石灰膏的熟化期应不少于 15 天

D. 配置水泥石灰砂浆时，不得采用脱水硬化的石灰膏

E. 消石灰粉可直接用于砌筑砂浆中

【解析】

"2715 粉灰膏"。E 错误，消石灰粉不得直接用于砌筑砂浆中。消石灰粉是未完全熟化的石灰，起不到塑化作用，同时又影响砂浆强度，故不应使用。

64. 下列砌筑工程，应当在 1~2 天前浇水湿润的砌体是（ ）。

A. 烧结普通砖　　B. 烧结多孔砖　　C. 蒸压灰砂砖　　D. 蒸压粉煤灰砖

E. 薄灰法砌筑的蒸压加气块

65. 关于砌筑空心砖墙的说法，正确的是（ ）。

A. 空心砖墙底部宜砌 2 皮烧结普通砖

B. 空心砖孔洞应沿墙呈垂直方向

C. 拉结钢筋在空心砖墙中的长度不小于空心砖长加 200mm

D. 空心砖墙的转角、交接处应同时砌筑，不得留直槎

E. 空心砖墙的转角、交接处留斜槎时，高度不大于 1.2m

【解析】

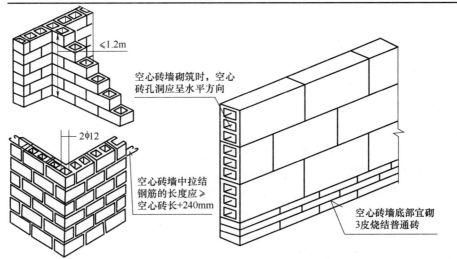

66. 施工时所用的小型空心砌块的产品龄期最小值是（　　）。
A. 12 天
B. 24 天
C. 28 天
D. 36 天

【解析】
只要涉及"混凝土"的龄期，无论是混凝土试块，还是混凝土小砌块均首选"28 天"。

67. 高强度螺栓按连接形式通常分为（　　）。
A. 摩擦连接
B. 张拉连接
C. 承压连接
D. 焊接连接
E. 机械连接

【解析】
"张承有度摩擦力"。摩擦连接是目前钢结构中高强度螺栓广泛采用的基本连接形式。

68. 有关高强螺栓的安装要点说法正确的是（　　）。
A. 扩孔数量应征得设计同意
B. 修整后或扩孔后的孔径应≤1.2 倍螺栓直径
C. 高强螺栓超拧应更换，废弃的螺栓可用作普通螺栓
D. 高强度螺栓长度应以螺栓连接副终拧后外露 1~2 扣螺纹为标准计算
E. 高强度螺栓长度应以螺栓连接副终拧后外露 2~3 扣螺纹为标准计算

【解析】
B 正确，就是说这个孔不能太大，否则会影响到密贴和紧固效果。
C 错误，高强螺栓一般是一次性的，超拧就报废了，不得重复使用。
E 正确，终拧后外露 2~3 扣螺纹是最合理的。拧得太紧（4 扣及以上）超过了螺栓本身扭矩力，容易导致滑扣；太松显然更不行。

69. 有关高强螺栓的施拧方法，下列说法正确的是（　　）。
A. 高强螺栓连接副施拧可采用扭矩法或转角法
B. 高强螺栓连接副的初拧、复拧、终拧应在 20h 内完成
C. 高强螺栓群应从四周向中央进行
D. 宜按先焊接后螺栓紧固的施工顺序

【解析】
B 错误，高强螺栓连接副的初拧、复拧、终拧应在 24h 内完成。
C 错误，高强螺栓群应从中央向四周进行，应力外扩。
D 错误，宜按先螺栓紧固后焊接的施工顺序。

70. 钢结构涂装施工正确的是（　　）。
A. 施工环境温度宜为 5~30℃之间，相对湿度不大于 80%
B. 涂装时构件表面不应有结露，涂装后 4h 内应保护免受雨淋
C. 厚涂型防火涂料 80% 及以上面积应符合耐火极限要求
D. 厚涂型防火涂料最薄处厚度应不小于设计要求的 85%
E. 薄型涂层表面裂纹宽度不应大于 0.5mm；厚涂型防火涂料涂层不应大于 1.0mm

【解析】
A 错误，结构涂装的施工环境温度为 5~38℃。

B 正确，钢结构涂装至少得 4h 才能晾干，性能才能逐渐趋于稳定。
C、D 正确，这叫"面积厚度两维度，8085 双标控"。

71. 钢结构普通螺栓作为永久性连接螺栓施工，其做法错误的是（　　）。
A. 在螺栓一端垫两个垫圈来调节螺栓紧固度
B. 螺母应和结构构件表面的垫圈密贴
C. 因承受动荷载而设计要求放置的弹簧垫圈必须设置在螺母一侧
D. 螺栓紧固度可采用锤击法检查

【解析】
A 错误，螺母垫圈最多一个，太多了影响紧固质量。

72. 关于钢结构高强度螺栓安装的说法，正确的有（　　）。
A. 应从螺栓群中部开始向四周扩展逐个拧紧
B. 应从螺栓群四周开始向中部集中逐个拧紧
C. 应从刚度大的部位向不受约束的自由端进行
D. 应从不受约束的自由端向刚度大的部位进行
E. 同一个接头中高强度螺栓初拧、复拧、终拧应在 24h 内完成

73. 易产生焊缝固体夹渣缺陷的原因是（　　）。
A. 焊缝布置不当　　　　　　　　B. 焊前未加热
C. 焊接电流太小　　　　　　　　D. 焊后冷却快

【解析】
类别：固体夹杂分为夹渣和夹钨两种缺陷。
主因：①焊接材料质量不好；②焊接电流太小；③焊接速度太快；④熔渣密度太大；⑤阻碍熔渣上浮；⑥多层焊时焊渣未清除干净。
处理：铲除夹渣或夹钨处的焊缝金属，然后补焊。

74. 建筑工业化主要标志是（　　）。
A. 建筑设计标准化　　　　　　　B. 构配件生产工厂化
C. 施工机械化　　　　　　　　　D. 组织管理科学化
E. 建筑设计个性化

【解析】
A、B、C、D 正确，E 错误。
有了标准化设计，才能批量（工厂）化生产。既然是工业化，那么自然是以机械施工为主，因此有了"施工机械化"。最后施工现场组织科学化的管理。

75. 装配式混凝土建筑是（　　）最重要的方式。
A. 建筑工业化　　　　　　　　　B. 建筑标准化
C. 建筑个性化　　　　　　　　　D. 建筑推广化

【解析】
装配式混凝土结构至少对应了"标准化设计、工厂化生产、机械化施工"。至于"科学化的管理"这个在于企业管理模式、管理理念是否科学。

76. 建筑装饰工业化的基础是（　　）。
A. 批量化生产　　　　　　　　　B. 整体化安装
C. 标准化制作　　　　　　　　　D. 模块化设计

【解析】

建筑装配式装饰装修工程的四大特征包括：模块化设计、标准化制作、批量化生产和整体化安装。其顺序为：设计→制作→生产→施工。

所谓工业化，主要体现在"标准化制作"和"批量化生产"环节。所以"模块化设计"是建筑装饰工业化的基础；"标准化制作"是实现批量化生产和整体化安装的前提。

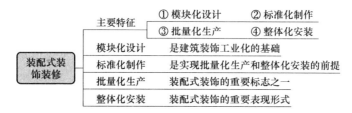

77. 全预制装配式与预制装配整体式结构相比的优点是（　　）。
   A. 节省运输费用
   B. 施工速度快
   C. 整体性能良好
   D. 生产基地一次性投资少

【解析】

专业机理两概念，理解为王全半装。

全装配式	装配整体式
特点	特点
1. 通常采用柔性连接技术	1. 具有良好的整体性能
2. 因此全预制装配式结构的恢复性能好	2. 具有足够的强度、刚度和延性
3. 震后只需修复连接部位即可继续使用，具有较好的经济效益	3. 能安全抵抗地震力
优点	优点
1. 生产率高	1. 一次投资比全装配式少
2. 施工速度快	2. 适应性强
3. 构件质量好	3. 节省运输费用
4. 受季节性影响小	4. 便于推广
	5. 在一定条件下也可以缩短工期，实现大面积流水施工
	6. 结构的整体性良好
	7. 能取得较好的经济效果

78. 宜采用立式运输预制构件的是（　　）。
   A. 外墙板　　　　　　　　　　B. 叠合板
   C. 楼梯　　　　　　　　　　　D. 阳台

【解析】

外墙板宜采用立式运输，梁、板、楼梯、阳台宜采用水平运输。

79. 与传统建筑相比，装配式混凝土建筑呈现出如下优势（   ）。
   A. 保证工程质量，降低安全隐患
   B. 降低人力成本，提高生产效率
   C. 节能环保，减少污染
   D. 模数化设计，延长建筑寿命
   E. 降低生产成本

【解析】
2018 年一建案例简答题考点。

80. 装配式装修的重要表现形式是（   ）。
   A. 模块化设计
   B. 标准化制作
   C. 批量化生产
   D. 整体化安装

【解析】
（1）整体化安装是装配式装饰的重要表现形式。
（2）模块化设计是建筑装饰工业化的基础。
（3）标准化制作装配式装饰模块化产品是实现批量化生产和整体化安装的前提。
（4）批量化生产是装配式装饰的重要标志之一。

81. 全预制装配式结构通常采用（   ）。
   A. 刚性连接
   B. 柔性连接
   C. 半刚性连接
   D. 焊接

82. 预制构件钢筋可以采用（   ）等连接方式。
   A. 套筒灌浆连接
   B. 浆锚搭接连接
   C. 焊接或螺栓连接
   D. 机械连接
   E. 绑扎搭接

【解析】
"机械套筒焊螺锚"。

83. 混凝土预制柱适宜的安装顺序是（   ）。
   A. 角柱→边柱→中柱
   B. 角柱→中柱→边柱
   C. 边柱→中柱→角柱
   D. 边柱→角柱→中柱

【解析】
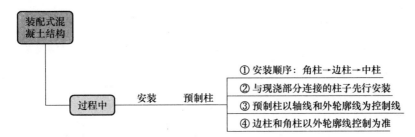

84. 关于钢框架-支撑结构体系特点的说法，正确的有（   ）。
   A. 属于双重抗侧力结构体系
   B. 钢框架部分是剪切型结构
   C. 支撑部分是弯曲型的结构
   D. 两者并联将增大结构底部层间位移

E. 支撑斜杆破坏后,将危及建筑物基本安全

【解析】

本题考核钢框架-支撑结构体系的力学特点;具有一定的出题偶然性,建议考生跟着老师的节奏,掌握核心点。

85. 关于型钢混凝土结构施工做法,正确的有（　　）。

A. 柱的纵向钢筋设在柱截面四角
B. 柱的箍筋穿过钢梁腹板
C. 柱的箍筋焊在钢梁腹板上
D. 梁模板可以固定在型钢梁上
E. 梁柱节点处留设排气孔

【解析】

型钢与钢筋混凝土结构钢筋绑扎方法基本相同。柱的纵筋不能穿过梁翼缘,所以只能设在柱截面四角或无梁部位。

梁柱节点部位,柱箍筋要在型钢梁腹板上预留孔洞中穿过。整根箍筋无法穿过的时候,只能将箍筋分段焊接。节点处受力较复杂,所以不宜将箍筋焊在梁的腹板上。

型钢混凝土结构

【参考答案】

题号	1	2	3	4	5	6	7	8	9	10
答案	B	A	ABC	C	B	B	D	C	B	C
题号	11	12	13	14	15	16	17	18	19	20
答案	C	ACDE	B	D	ABCD	B	D	C	B	B
题号	21	22	23	24	25	26	27	28	29	30
答案	D	A	D	ACDE	BE	B	A	C	ABCE	ABCD
题号	31	32	33	34	35	36	37	38	39	40
答案	B	B	B	ACE	ABC	ADE	B	ABCD	BCD	C
题号	41	42	43	44	45	46	47	48	49	50
答案	A	D	ADE	ABD	B	C	B	D	BCD	B

(续)

题号	51	52	53	54	55	56	57	58	59	60
答案	B	A	D	B	BCD	ABC	ABCD	ABCD	ABCD	ABCD
题号	61	62	63	64	65	66	67	68	69	70
答案	C	D	ABCD	ABCD	DE	C	ABC	ABE	A	BCDE
题号	71	72	73	74	75	76	77	78	79	80
答案	A	ACE	C	ABCD	A	D	B	A	ABCD	D
题号	81	82	83	84	85					
答案	B	ABCD	A	ABC	ABDE					

考点三：装饰装修工程

1. 关于抹灰工程的施工做法，正确的有（   ）。
A. 对不同材料基体交接处的加强措施进行隐蔽验收
B. 抹灰用的石灰膏的熟化期不少于 7 天
C. 设计无要求时，室内墙、柱面的阳角用 1∶2 水泥砂浆做暗护角
D. 水泥砂浆抹灰层在干燥条件下养护
E. 当抹灰总厚度大于 35mm 时，采取加强网措施

【解析】
B 错误，抹灰用的石灰膏的熟化期不应少于 15 天。
D 错误，水泥砂浆抹灰层应在湿润条件下养护，一般应在抹灰 24h 后进行养护。

2. 下列关于抹灰工程的说法符合《建筑装修工程质量验收规范》规定的是（   ）。
A. 当抹灰总厚度大于 25cm 时，应采取加强措施
B. 不同材料基体交接处表面的抹灰，采用加强网防裂时，加强网与各基层搭接宽度不应小于 50mm
C. 室内抹灰、柱面和门洞口的阳角，当设计无要求时，应做 1∶2 水泥砂浆护角
D. 抹灰工程应对水泥的抗压强度进行复验

3. 下列抹灰工程的功能中，属于防护功能的有（   ）。
A. 改善室内卫生条件 B. 增强墙体防潮、防风化能力
C. 提高墙面隔热能力 D. 保护墙体不受风雨侵蚀
E. 提高居住舒适度

4. 下列板材内隔墙施工工艺顺序中，正确的是（   ）。
A. 基层处理→放线→安装卡件→安装隔墙板→板缝处理
B. 放线→基层处理→安装卡件→安装隔墙板→板缝处理
C. 基层处理→放线→安装隔墙板→安装卡件→板缝处理
D. 放线→基层处理→安装隔墙板→安装卡件→板缝处理

5. 用水泥砂浆铺贴花岗岩地面前，应对花岗岩板的背面和侧面进行的处理是（   ）。
A. 防碱 B. 防酸
C. 防辐射 D. 钻孔、剔槽

【解析】

石材铺贴前应进行防碱背涂处理，否则碱太大了很难看。

6. 应进行防碱处理的地面面层板材是（ ）。

A. 陶瓷地砖　　　　　　　　　　B. 大理石板

C. 水泥花砖　　　　　　　　　　D. 人造石板块

【解析】

专业机理水泥碱，裂缝透碱花脸猴，玻木陶瓷水泥石。

7. 饰面板（砖）材料进场时，现场应验收的项目有（ ）。

A. 品种　　　　　　　　　　　　B. 规格

C. 强度　　　　　　　　　　　　D. 尺寸

E. 外观

【解析】

"进场检查无强度"。

8. 关于墙体瓷砖饰面施工工艺顺序的说法，正确的是（ ）。

A. 排砖及弹线→基层处理→抹底层砂浆→浸砖→镶贴面砖→清理

B. 基层处理→抹底层砂浆→排砖及弹线→浸砖→镶贴面砖→清理

C. 抹底层砂浆→排砖及弹线→抹结合层砂浆→浸砖→镶贴面砖→清理

D. 基层处理→抹底层砂浆→排砖及弹线→湿润基层→镶贴面砖→清理

9. 采用湿作业法施工的饰面板工程中，应进行防碱背涂处理的是（ ）。

A. 人造石　　　　　　　　　　　B. 天然石材

C. 抛光砖　　　　　　　　　　　D. 陶瓷锦砖

10. 关于板材隔墙施工工艺的说法，正确的是（ ）。

A. 板缝用10～40mm宽的玻纤布条，阴阳转角用200mm宽布条处理

B. 第一层采用60mm宽的玻璃纤维网格条贴缝

C. 待胶黏剂稍干后，粘贴宽度为150mm的玻璃纤维网格条

D. 隔墙板安装应从门洞口处向两端依次进行；无门洞墙体，自一端向另一端依次安装

E. 胶黏剂要随配随用，并应在30min内用完

【解析】

A错误，应该采用50～60mm的纤维网格布条，转角处用200mm宽的布条处。这是板缝抗裂处理的重要手段。

11. 暗龙骨吊顶工序中：①安装主龙骨，②安装副龙骨，③安装水电管线，④安装压条，⑤安装罩面板，正确的排序是（ ）。

A. ①③②④⑤　　　　　　　　　B. ①②③④⑤

C. ③①②⑤④　　　　　　　　　D. ③②①④⑤

【解析】

注意，一定是先安装水电管线，再安装主、副龙骨。

12. 符合吊顶纸面石膏板安装技术要求的是（ ）。

A. 从板的两边向中间固定　　　　B. 长边（纸包边）垂直于主龙骨安装

C. 短边平行于主龙骨安装　　　　D. 从板的中间向板的四周固定

13. 建筑工程中常用的软木材有（　　）。
   A. 松树　　　　　　　　　　　　B. 榆树
   C. 杉树　　　　　　　　　　　　D. 桦树
   E. 柏树

【解析】

凡是针叶状的树，通常都是软木，比如松树、杉树和柏树等；阔叶状的木通常为硬木材，比如榆树、桦树、水曲柳等。

14. 下列地面面层中，属于整体面层的是（　　）。
   A. 水磨石面层　　　　　　　　　B. 花岗石面层
   C. 大理石面层　　　　　　　　　D. 木地板面层

15. 厕浴间楼板周边上翻混凝土的强度等级最低应为（　　）。
   A. C15　　　　　B. C20　　　　　C. C25　　　　　D. C30

16. 室内地面的水泥混凝土垫层，应设置纵向缩缝和横向缩缝，纵向缩缝间距不得大于6m，横向缩缝最大间距不得大于（　　）m。
   A. 3　　　　　　B. 6　　　　　　C. 9　　　　　　D. 12

【解析】

"纵横间距均6m"。

17. 地面水泥砂浆整体面层施工后，养护时间最少不应小于（　　）天。
   A. 3　　　　　　B. 7　　　　　　C. 14　　　　　D. 28

18. 关于建筑幕墙施工的说法，正确的是（　　）。
   A. 槽型预埋件应用最为广泛
   B. 平板式预埋件的直锚筋与锚板不宜采用T形焊接
   C. 对于工程量大、工期紧的幕墙工程，宜采用双组分硅酮结构密封胶
   D. 幕墙防火层可采用铝板

19. 石材幕墙面板与骨架连接方式使用最多的是（　　）。
   A. 短槽式　　　　　　　　　　　B. 通槽式
   C. 背栓式　　　　　　　　　　　D. 钢销式

【解析】

专业极偏石材幕，"通槽短槽背栓式，通槽较少短槽多"。

20. 通常情况下，玻璃幕墙上悬开启窗最大的开启角度是（　　）。
   A. 30°　　　　　B. 40°　　　　　C. 50°　　　　　D. 60°

【解析】

这主要是出于安全考量，防止坠落事故。

21. 关于构件式玻璃幕墙开启窗的说法，正确的是（　　）。
   A. 开启角度不宜大于40°，开启距离不宜大于300mm
   B. 开启角度不宜大于40°，开启距离不宜大于400mm
   C. 开启角度不宜大于30°，开启距离不宜大于300mm
   D. 开启角度不宜大于30°，开启距离不宜大于400mm

【解析】
"幕墙角距33制"。

22. 采用玻璃肋支承的点支承玻璃幕墙，其玻璃应是（　　）。
A. 钢化玻璃　　　　　　　　B. 夹层玻璃
C. 净片玻璃　　　　　　　　D. 钢化夹层玻璃

23. 下列用于建筑幕墙的材料或构配件中，通常无须考虑承载能力要求的是（　　）。
A. 连接角码　　　　　　　　B. 硅酮结构胶
C. 不锈钢螺栓　　　　　　　D. 防火密封胶

【解析】
防火密封胶区别于结构胶，只是起到密封作用。

24. 关于玻璃幕墙的说法，正确的是（　　）。
A. 防火层可以与幕墙玻璃直接接触
B. 同一玻璃幕墙单元可以跨越两个防火分区
C. 幕墙金属框架应与主体结构的防雷体系可靠连接
D. 防火层承托板可以采用铝板

25. 关于建筑幕墙防雷构造要求的说法，错误的是（　　）。
A. 幕墙的铝合金立柱采用柔性导线连通上、下柱
B. 幕墙压顶板与主体结构屋顶的防雷系统有效连接
C. 在有镀膜层的构件上进行防雷连接应保护好所有的镀膜层
D. 幕墙立柱预埋件用圆钢或扁钢与主体结构的均压环焊接连通

26. 根据《民用建筑工程室内环境污染控制规范》（GB 50325），室内环境污染控制要求属于Ⅰ类的是（　　）。
A. 办公楼　　　　　　　　　B. 图书馆
C. 体育馆　　　　　　　　　D. 学校教室

27. 建筑高度110m的外墙保温材料的燃烧性能等级应为（　　）。
A. A级　　　　　　　　　　 B. A或B1级
C. B1级　　　　　　　　　　D. B2级

【解析】
超高层建筑（高度>100m）燃烧性能等级均为A级。

28. 属于难燃性建筑材料的是（　　）。
A. 铝合金制品　　　　　　　B. 纸面石膏板
C. 木制人造板　　　　　　　D. 赛璐珞

【解析】
石膏板是A级材料，纸面石膏板属于B1级。赛璐珞是"遇热变软，冷却变硬"的塑料，属于易燃材料。

29. 下列应使用A级材料的部位是（　　）。
A. 疏散楼梯间顶棚　　　　　B. 消防控制室地面
C. 展览性场所展台　　　　　D. 厨房内固定橱柜

【解析】

火势是向上走的，所以顶棚必然是 A 级材料。

30. 燃烧性能等级为 B1 级的装修材料，其燃烧性能为（　　）。

    A. 不燃　　　　　　　　　　　　B. 难燃

    C. 可燃　　　　　　　　　　　　D. 易燃

31. 民用建筑工程室内装修所用水性涂料必须检测合格的项目是（　　）。

    A. 苯 + VOC　　　　　　　　　　B. 甲苯 + 游离甲醛

    C. 游离甲醛 + VOC　　　　　　　D. 游离甲苯二异氰酸酯（TDI）

【解析】

《民用建筑工程室内环境污染控制规范》5.2.5 民用建筑工程室内装修中所采用的水性涂料、水性胶黏剂、水性处理剂必须有同批次产品的挥发性有机化合物（VOC）和游离甲醛含量检测报告；溶剂型涂料、溶剂型胶黏剂必须有同批次产品的挥发性有机化合物（VOC）、苯、甲苯 + 二甲苯、游离甲苯二异氰酸酯（TDI）含量检测报告，并应符合设计要求和本规范的有关规定。

32. 疏散楼梯前室顶棚的装修材料燃烧性能等级应是（　　）。

    A. A 级　　　　　　　　　　　　B. B1 级

    C. B2 级　　　　　　　　　　　　D. B3 级

【解析】

这属于常识性考点，绝大多数民用建筑的疏散楼梯间和前室的顶棚、墙面和地面，都是混凝土 + 砂浆抹面。这两者都属于 A 级材料。

【参考答案】

题号	1	2	3	4	5	6	7	8	9	10
答案	ACE	C	BCD	A	A	B	ABDE	B	B	BCDE
题号	11	12	13	14	15	16	17	18	19	20
答案	C	D	ACE	A	B	B	B	C	A	A
题号	21	22	23	24	25	26	27	28	29	30
答案	C	D	D	C	C	D	A	B	A	B
题号	31	32								
答案	C	A								

考点四：防水工程

1. 地下工程的防水等级分为（　　）。

    A. 二级　　　　　　　　　　　　B. 三级

    C. 四级　　　　　　　　　　　　D. 五级

【解析】

地下工程四级防水：

（1）一级防水：不许渗水，结构表面无湿渍。

（2）二级防水：不许漏水，结构表面少量湿渍。

（3）三级防水：少量漏水，无线流和漏泥沙。

（4）四级防水：有漏水点，无线流和漏泥沙。

2. 地下室外墙卷材防水层施工做法中，正确的是（　　）。

A. 卷材防水层铺设在外墙的迎水面上

B. 卷材防水层铺设在外墙的背水面上

C. 外墙外侧卷材采用空铺法

D. 铺贴双层卷材时，两层卷材相互垂直

【解析】

"无机背水，有机迎水"。

3. 防水砂浆施工时，其环境温度最低限值为（　　）。

A. 0℃　　　　　　　　　　　　B. 5℃

C. 10℃　　　　　　　　　　　 D. 15℃

【解析】

防水施工环境温度下限通常"不低于5℃"，个别例外：

（1）涂膜防水施工：溶剂型："0~35℃"，水乳型：5~35℃。

（2）卷材铺贴施工：冷粘法≥5℃，热熔法≥-10℃。

（3）喷涂硬泡聚氨酯：15~35℃，空气相对湿度宜小于85%。

4. 防水水泥砂浆施工做法正确的是（　　）。

A. 采用抹压法，一遍成活

B. 上下层接槎位置错开200mm

C. 转角处接槎

D. 养护时间7d

【解析】

防水机理不渗漏，语感排除ACD。机理如下：

防水砂浆应采用抹压法施工，分遍成活。各层应紧密结合，每层宜连续施工。

当需留槎时，上下层接槎位置应错开100mm以上，离转角200mm内不得留接槎。

5. 地下工程水泥砂浆防水层的养护时间至少应为（　　）。

A. 7天　　　　　　　　　　　　B. 14天

C. 21天　　　　　　　　　　　 D. 28天

【解析】

除屋面防水找平层砂浆养护时间不小于7天以外，地面、室内防水砂浆、防水混凝土以及屋面防水混凝土养护时间均不小于14天。

6. 可以进行防水工程防水层施工的环境是（　　）。

A. 雨天　　　　　　　　　　　　B. 夜间

C. 雪天　　　　　　　　　　　 D. 六级大风

【解析】

5级风和6级风对应"质量"和"安全"两个方面。如：地下水泥砂浆防水层不得在5级大风条件下施工；起吊作业不得在6级大风下作业。这是很重要的选择题技巧。

7. 铺贴厚度小于3mm的地下工程改性沥青卷材时，严禁采用的施工方法是（ ）。
A. 冷粘法　　　　　　　　B. 热熔法
C. 满粘法　　　　　　　　D. 空铺法
【解析】
铺贴厚度小于3mm改性沥青卷材，采用热熔法很容易就焊透了。

8. 关于防水混凝土施工缝留置技术要求的说法中，正确的有（ ）。
A. 墙体水平施工缝应留在高出底板表面不小于300mm的墙体上
B. 拱（板）墙结合的水平施工缝，宜留在拱（板）墙接缝线以下150～300mm处
C. 墙体有预留洞时，施工缝距孔洞边缘不应小于300mm
D. 垂直施工缝应避开变形缝
E. 垂直施工缝应避开地下水和裂隙水较多的地段

9. 关于防水卷材施工说法正确的有（ ）。
A. 地下室底板混凝土垫层上铺防水卷材采用满粘
B. 地下室外墙外防外贴卷材采用点粘法
C. 基层阴阳角做成圆弧后再铺贴
D. 铺贴双层卷材时，上下两层卷材应垂直铺贴
E. 铺贴双层卷材时，上下两层卷材接缝应错开

【解析】
（1）A、B说反了。底板混凝土卷材应采用空铺或点粘法，侧墙外防外贴法卷材、顶板卷材应满粘法施工。

底板采用满粘法，卷材与结构变形速率不同，卷材可能被拉裂；所以要空铺或点粘，为的是留有更多的自由变形空间。而顶板和墙面的卷材，必须满粘，否则很容易掉下来。

（2）卷材铺贴必须平行，严禁垂直。

10. 防水混凝土试配时的抗渗等级应比设计要求提高（ ）MPa。
A. 0.1　　　　　　　　　B. 0.2
C. 0.3　　　　　　　　　D. 0.4

11. 倒置式屋面基本构造自下而上顺序为（ ）。
①结构层、②保温层、③保护层、④找坡层、⑤找平层、⑥防水层
A. ①②③④⑤⑥　　　　B. ①④⑤⑥②③
C. ①②④⑤⑥③　　　　D. ①④⑤②③⑥
【解析】
"结构找坡再找平，防水保温后保护"。

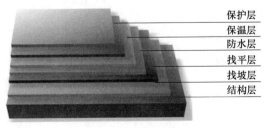

倒置式屋面基本构造

12. 关于屋面涂膜防水层施工工艺的说法，正确的是（   ）。
   A. 水乳型防水涂料宜选用刮涂施工
   B. 热熔型防水涂料宜选用喷涂施工
   C. 反应固化型防水涂料宜选用喷涂施工
   D. 聚合物水泥防水涂料宜选用滚涂施工

13. 关于屋面卷材防水施工要求的说法，正确的有（   ）。
   A. 先施工细部，再施工大面   B. 平行屋脊搭接缝应顺流水方向
   C. 大坡面铺贴应采用满粘法   D. 上下两层卷材长边搭接缝错开
   E. 上下两层卷材应垂直铺贴

14. 有关屋面防水层施工坡度的基本要求下列说法正确的是（   ）。
   A. 防水应以防为主，以排为辅
   B. 混凝土结构层宜采用结构找坡，坡度不应小3%
   C. 混凝土结构层采用材料找坡时，坡度宜为2%
   D. 檐沟、天沟纵向找坡不应大于1%
   E. 找坡层最薄处厚度宜≥40mm

【解析】

A 正确，这个主要是针对平屋面。平屋面排水坡度不大，屋面排水过程中容易产生爬水和尿墙现象。

B 正确，这个主要是针对坡屋面。坡屋面就是坡度≥3%的屋面。

C 正确，材料找坡2%最合适；太小影响排水效果，太大可能影响节能效果。

D 错误，檐沟、天沟纵向找坡不应小于1%，坡度太小容易积水。

E 错误，找坡层最薄处厚度宜≥20mm。

15. 刚性防水屋面应有（   ）措施。
   A. 抗裂   B. 隔声
   C. 防火   D. 防风

【解析】
语感真理正常人，水泥收缩生裂缝，刚性防水裂致漏，因此应采取抗裂措施。

16. 立面铺贴防水卷材适宜采用（   ）。
   A. 空铺法   B. 点粘法
   C. 条粘法   D. 满粘法

17. 屋面防水设防要求为一道防水设防的建筑，其防水等级为（   ）。
   A. Ⅰ级   B. Ⅱ级
   C. Ⅲ级   D. Ⅴ级

18. 保温层可在负温下施工的是（   ）。
   A. 水泥砂浆粘贴块状保温材料
   B. 喷涂硬泡聚氨酯
   C. 现浇泡沫混凝土
   D. 干铺保温材料

【解析】

语感常识湿怕冷，一眼认定 D 选项。机理如下：

★环境条件
- 干铺保温材料：可在负温度下施工
- 水泥砂浆粘贴的块状保温材料：不低于5℃
- 喷涂硬泡聚氨酯：15~35℃，空气相对湿度<85%，风速宜≤3级
- 现浇泡沫混凝土：5~35℃，雨天、雪天、5级风以上停止施工

★抽样检验 —— 各检验批抽检数量：100m²抽查1处，每处应为10m²，且≥3处

19. 关于屋面防水水落口做法的说法，正确的是（　　）。

A. 防水层贴入水落口杯内不应小于 30mm，周围直径 500mm 范围内的坡度不应小于3%

B. 防水层贴入水落口杯内不应小于 30mm，周围直径 500mm 范围内的坡度不应小于5%

C. 防水层贴入水落口杯内不应小于 50mm，周围直径 500mm 范围内的坡度不应小于3%

D. 防水层贴入水落口杯内不应小于 50mm，周围直径 500mm 范围内的坡度不应小于5%

【解析】

"水落防水555"。

20. 屋面改性沥青防水卷材的常用铺贴方法有（　　）。

A. 热熔法
B. 热黏结剂法
C. 冷粘法
D. 自粘法
E. 热风焊接法

【解析】

"冷热自粘三铺贴"。

21. 关于屋面卷材铺贴施工环境温度，下列说法正确的是（　　）。

A. 采用冷粘法施工不应低于5℃，热熔法施工不应低于 −10℃
B. 采用冷粘法施工不应低于10℃，热熔法施工不应低于 −10℃
C. 采用冷粘法施工不应低于5℃，热熔法施工不应低于 10℃
D. 采用冷粘法施工不应低于 −5℃，热熔法施工不应低于 −10℃

【解析】

"热熔 −10 冷粘 5"。

22. 关于抹灰工程的做法，正确的有（　　）。

A. 室内抹灰的环境温度一般不低于0℃
B. 抹灰总厚度 >35mm 时，应采取加强措施
C. 防开裂的加强网与各基体的搭接宽度不应小于 50mm
D. 内墙普通抹灰层平均总厚度不大于 20mm
E. 内墙高级抹灰层平均总厚度不大于 25mm

【解析】

A 错误，室内抹灰的环境温度一般不低于5℃。

C 错误，采用加强网时，加强网与各基体的搭接宽度不应小于100mm。

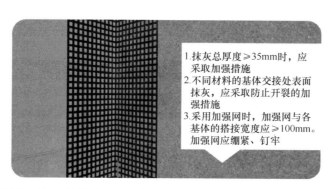

23. 关于防水混凝土施工的说法，正确的有（ ）。

A. 宜采用高频机械分层振捣密实，振捣时间为 10~30s

B. 应连续浇筑，少留施工缝

C. 施工缝宜留在受剪力较大部位

D. 养护时间不得少于 7 天

E. 冬期施工入模温度不应低于 5℃

【解析】

C 错误，说反了，施工缝应留在受剪力较小的部位。

D 错误，室内防水混凝土养护时间不小于 14 天。

24. 受持续振动的地下工程防水不应采用（ ）。

A. 防水混凝土   B. 水泥砂浆防水层

C. 卷材防水层   D. 涂料防水层

【解析】

水泥砂浆防水层可用于地下工程主体结构的迎水面或背水面，不应用于受持续振动或温度高于 80℃ 的地下工程防水。

25. 幕墙石材与金属挂件之间的粘接应采用（ ）。

A. 环氧胶黏剂   B. 云石胶

C. 耐候密封胶   D. 硅酮结构密封胶

【解析】

石材与金属挂件之间的粘接应用环氧胶黏剂，不得采用"云石胶"。

26. 室内防水工程施工环境温度应符合防水材料的技术要求，并宜在（ ）以上。

A. -5℃   B. 5℃   C. 10℃   D. 15℃

【解析】

"防水施工 5 度走，热熔例外 -10 度"。除此之外，室内防水工程，无论是施工温度还是养护温度均不低于 5℃。

27. 厨房、厕浴间防水一般采用（ ）做法。

A. 混凝土防水   B. 水泥砂浆防水

C. 沥青卷材防水   D. 涂膜防水

【解析】

卫生间用卷材，对于犄角旮旯不方便施工的地方，防水效果不如涂膜防水好。

28. 下列行为中，属于施工单位违反民用建筑节能规定的有（　　）。
A. 未对进入施工现场的保温材料进行查验
B. 使用不符合施工图设计要求的墙体材料
C. 使用列入禁止使用目录的施工工艺
D. 明示或暗示设计单位违反民用建筑节能强制性标准进行设计
E. 墙体保温工程施工时未进行旁站和平行检验

【解析】
施工单位有下列行为之一的，由县级以上地方人民政府建设主管部门责令改正，处以罚款；情节严重的责令停业整顿，降低资质等级或者吊销资质证书；造成损失的，依法承担赔偿责任：
（1）未对进入施工现场的墙体材料、保温材料、门窗、采暖制冷系统和照明设备进行查验的。
（2）使用不符合施工图设计文件要求的墙体材料、保温材料、门窗、采暖制冷系统和照明设备的。
（3）使用列入禁止使用目录的技术、工艺、材料和设备的。

29. 单、多层民用建筑内部墙面装饰材料的燃烧性能要求不低于A级的有（　　）。
A. 候机楼的候机大厅　　　　　B. 商店营业厅
C. 餐饮场所　　　　　　　　　D. 幼儿园
E. 宾馆客房

【解析】
商店营业厅、餐饮场所、宾馆客房内部墙面装饰材料，其燃烧性能要求不低于B1级。

30. 民用建筑室内装修工程设计正确的有（　　）。
A. 保温材料采用脲醛树脂泡沫塑料
B. 饰面板采用聚乙烯醇缩甲醛类胶黏剂
C. 墙面采用聚乙烯醇水玻璃内墙涂料
D. 木地板采用水溶性防护剂
E. Ⅰ类民用建筑塑料地板采用水基型胶黏剂

【解析】
A错误，民用建筑工程中，不应在室内采用脲醛树脂泡沫塑料作为保温、隔热和吸声材料。
B错误，民用建筑工程室内装修时，不应采用聚乙烯醇缩甲醛类胶黏剂。
C错误，民用建筑工程室内装修时，不应采用聚乙烯醇水玻璃内墙涂料、聚乙烯醇缩甲醛内墙涂料和树脂以硝化纤维素为主、溶剂以二甲苯为主的水包油型（O/W）多彩内墙涂料。

31. 厕浴间、厨房防水层完工后，应做（　　）蓄水试验。
A. 8h　　　　　　　　　　　　B. 12h
C. 24h　　　　　　　　　　　D. 48h

【参考答案】

题号	1	2	3	4	5	6	7	8	9	10
答案	C	A	B	B	B	B	B	ABCE	CE	B
题号	11	12	13	14	15	16	17	18	19	20
答案	B	C	ABCD	ABC	A	D	B	D	D	ACD
题号	21	22	23	24	25	26	27	28	29	30
答案	A	BDE	ABE	B	A	B	D	ABC	AD	DE
题号	31									
答案	C									

三、2024 考点预测

1. 地基基础验收的程序和条件。
2. 变形观测的办法、条件、程序。
3. 桩基工程的验收标准。
4. 地下连续墙的施工要点及质量验收。
5. 混凝土浇筑、养护、验收的顺序及技术要点。
6. 简述全装配式和装配整体式混凝土的特点。
7. 装配式混凝土结构专项方案应包括的内容。
8. 装配式混凝土预制构件安装前,应做好准备工作。
9. 装配式混凝土结构的十大新技术。
10. 室内环境污染物的类别、检测方法及处理流程。
11. 节能工程施工要点及质量验收。
12. 看图找错(地基基础、主体结构、防水工程、节能工程……)。

附录 2024年全国一级建造师执业资格考试"建筑工程管理与实务"预测模拟试卷

附录A 预测模拟试卷（一）

考试范围	第一章：流水施工；第二章：网络计划
考试题型	主观题（案例实操）5题×20分/题
卷面总分	100分
考试时长	180分钟
难度系数	★★★★
合理分值	80分
合格分值	60分

案 例 一

某新建办公楼工程，地下2层，地上20层，框架-剪力墙结构，建筑高度87m。建设单位通过公开招标选定了施工总承包单位并签订了工程施工合同，基坑深7.6m，基础底板施工计划网络图（见图1）：

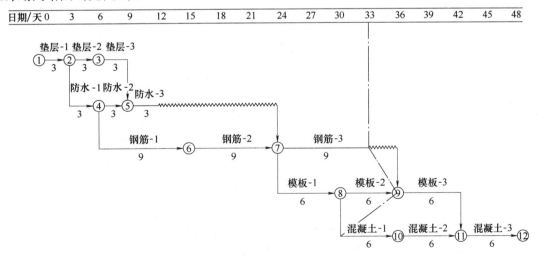

图1 基础底板施工计划网络图

问题：

1. 指出图1中各施工工作的流水节拍。如采用成倍节拍流水施工，计算各施工工作专业队数量。
2. 绘制采用异步距异节奏流水施工的基础底板工程横道图，并计算其流水工期。
3. 绘制采用成倍节拍流水施工的基础底板工程横道图，并计算其流水工期。
4. 简述等步距异节奏流水施工的特点。
5. 进度计划监测检查方法还有哪些？写出第33天的实际进度检查结果。

案 例 二

某地区商业综合体工程，包括商业零售、商务办公、酒店餐饮、公寓住宅、综合娱乐、人行天桥、商业休闲街等。地基基础设计等级为甲级，建筑面积26.8万 m^2。

人行天桥采用人工挖孔桩筏板基础。①~④号桩径为1200mm，桩长2100mm。⑤~⑫桩径为1000mm，桩长18m，桩距2.2m。分两个专业队同时进行。1队施工②、④、⑥、⑧、⑩、⑫号桩，2队施工①、③、⑤、⑦、⑨、⑪号桩。其单根桩施工时间见表1。

表 1

专业队	人工挖孔桩	单根桩施工时间/天
1队	②④	9
	⑥⑧	7.5
	⑩⑫	7.5
2队	①③	9
	⑤⑦	7.5
	⑨⑪	7.5

为加快工程进度，项目部决定将⑨、⑩、⑪、⑫号桩安排第三个施工队进场施工，三队同时作业。

商业休闲街区正东西走向，合同工期150天。合同要求施工期间维持半幅交通。项目部编制的网络计划如图2所示（单位：天）。

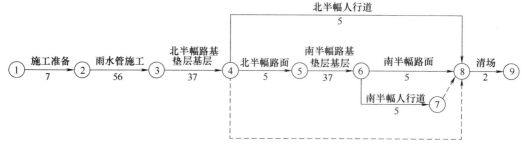

图2 商业街网络计划

问题：

1. 画出组织两个工作队同时作业的横道图，并计算其所需的施工天数。
2. 画出组织三个工作队同时作业的横道图，并计算其所需的施工天数。
3. 指出商业街网络计划中的关键线路。利用表2将本工程网络计划绘制成横道计划。

表 2

分项工程	持续时间/天		时间标尺/旬												
	北半幅	南半幅	1	2	3	4	5	6	7	8	9	10	11	12	13	14
施工准备	7															
雨水管施工	56															
路基垫层基层	37	37														
路面	5	5														
人行道	5	5														
清场	2															

4. 简述流水施工的特点。

5. 简述项目进度管理应遵循的程序。正式的施工进度控制前，施工单位需要做好哪些工作？

案 例 三

某结构形式完全相同的三幢办公楼工程，框架-剪力墙结构，由主楼和附属用房组成。三幢办公楼计划连续搭接施工。其中，基础工程、地下室顶板和主体结构的核心工艺流程包括模板支设、钢筋绑扎、混凝土浇筑三项，进度计划如图 3 所示。工期提前（延误）的奖罚金额为 1 万元/天。

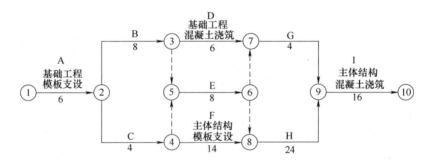

图 3 网络计划进度

G 工作施工前，施工单位根据合同约定，提前 48h 书面通知监理工程师到场验收。监理工程师未做出回复，也未在约定时间内到场验收。施工单位出于工期考虑，随即对 G 工作进行隐蔽。监理工程师得知后，对已覆盖的 G 工程提出重新检查的要求。验收结果显示，该隐蔽工程合格。施工单位以该工程检查验收合格为由，提出剥露与修复隐蔽工程的人工费、材料费合计 1.5 万元，工期延长 3 天的索赔要求。

为获取竣工提前奖，总承包单位确定了各项工作可压缩的持续时间，以及每压缩单位时间所增加的费用，见表 3。

表 3

代号	工作	持续时间/天	可压缩工期/天	压缩费用/(万元/天)
A	基础工程模板支设	6	1	0.6
B	B	8	1	0.5
C	C	4	—	1.0

（续）

代号	工作	持续时间/天	可压缩工期/天	压缩费用/(万元/天)
D	基础工程混凝土浇筑	6	0.5	0.8
E	E	8	2	0.4
F	主体结构模板支设	14	3	0.4
G	G	4	—	1.2
H	H	24	1	0.9
I	主体结构混凝土浇筑	16	2	1.2

问题：

1. 写出图3中代号B、C、E、G、H分别代表的工作内容。列式计算图3的工期，同时给出关键线路（节点法表示）。
2. 总承包单位的费用和工期索赔是否成立？请分别说明理由。
3. 从经济性角度考虑，施工单位应压缩工期多少天？写出详细的压缩步骤（可采用工作代号）。可获得的收益是多少元？
4. 简述在进行工期优化时，应根据哪些因素来考虑优化对象。
5. 简述费用优化的目的和资源优化的两种模式。

案 例 四

某商业综合体工程，建设单位与施工单位依据《建设工程施工合同（示范文本）》签订了施工合同，施工单位向总监理工程师提交了施工总进度计划（见图4）。

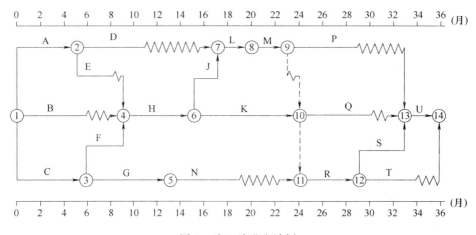

图4 施工总进度计划

事件一： 工程施工至第2个月，发现工程地质实际情况与勘察报告不符，须补充勘察并修改设计。由此导致A暂停施工1个月，B暂停2.5个月，造成施工机械设备闲置费15万元，人员窝工费12万元。施工单位向业主提出工程延期2.5月，费用补偿27万元。

事件二： 20个月末进度检查发现，由于业主方提出设计变更，致使L工作尚需1个月完成，K工作尚需5个月完成，N工作尚需2个月完成。

事件三： 工程施工到第20月，城市中心附近遭遇最大风力达17级以上的强台风，造成

下列损失,承包商及时向业主提出费用及工期索赔,经业主工程师审核后的内容如下:

1)部分裙楼遭受不同程度破坏,修复费用260万元。

2)施工单位自有机械损失达25万元。

3)承包方购买且待安装的智能化设备损坏,损失16万元。

4)全场停工15天,每停一天影响30工日,10台班(窝工补偿标准:100元/工日。机械补偿标准:600元/台班)。

5)施工现场承包商使用的临时设施损坏,造成损失3.5万元;业主使用的临时用房破坏,修复费用1万元。

6)现场清理及留守人员工资合计5万元。

事件四:建设单位第24月初提出工程必须在原合同工期内完成,为此施工单位提出赶工方案,计划将R和S工作均分为3个施工段组织流水施工,施工段和流水节拍见表4。

表 4

工作	施工段		
	①	②	③
R	2	2	1
S	1	1	2

问题:

1. 事件一,监理机构应批准的工期索赔和费用索赔各为多少?说明理由。

2. 针对事件二,分析L、K、N三项工作的进度偏差。预测此时工期为多少个月,说明理由。

3. 事件三中承包商的索赔是否成立?承包商可得到的索赔费用是多少?实际工期是多长时间?上述事件发生后,施工单位可索赔工期是多少?(单位:月)

4. 针对事件四,R和S工作的流水步距为多少?流水工期为多少?组织流水施工后,总工期为多个月?

5. 施工总进度计划的主要内容包括哪些?

案 例 五

某工程的施工合同工期为14周。监理机构批准的施工总进度计划如图5所示(时间单位:周)各工作均按匀速施工。A、B、C工作信息见表5。

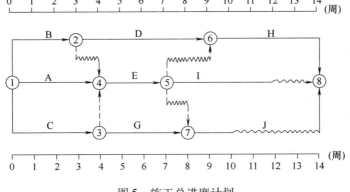

图5 施工总进度计划

表 5

序号	工作	持续时间/周	估算工程量/m³	综合单价/(元/m³)
1	A	4	1200	200
2	B	3	900	110
3	C	4	1000	220

工程施工到第 3 周末时进度检查，施工单位编制的《进度检查监测报告》显示：

事件一：由于业主供应材料逾期进场，导致 A 工作刚刚开始，施工单位人员窝工和机械闲置共计 8000 元。

事件二：事件一发生后，建设单位要求施工单位按原合同工期完工。施工单位增加 B 工作资源量，使其提前 2 周完成，新增赶工费用 28000 元（14000 元/周）。

事件三：C 工作施工过程中，业主方对施工方采购的钢筋提出化学性能检测要求，为配合检验检测，施工单位只完成了估算工程量的 50%，检测配合费用 1200 元。经验收，C 工作已完工程合格，但钢材检测结果不满足要求。

问题：

1. 根据第 3 周末的检查结果，绘制实际进度前锋线。
2. 若施工单位在第 3 周末就 A、C 出现的进度偏差提出工程延期的要求，监理机构应批准工程延期多长时间？为什么？
3. 施工单位是否可以就事件一～事件三提出费用索赔？为什么？可获得费用索赔额是多少？
4. 前 3 周施工单位可以得到的结算款为多少元？
5. 《进度检查监测报告》主要内容包括哪些？

【参考答案】

案 例 一

1.（本小题 6.0 分）

（1）各施工过程的流水节拍：

① 垫层：3 天； （0.5 分）
② 防水：3 天； （0.5 分）
③ 钢筋：9 天； （0.5 分）
④ 模板：6 天； （0.5 分）
⑤ 混凝土：6 天。 （0.5 分）

（2）各专业队数量：

流水步距：取流水节拍的最大公约数，即 3 天。 （1.0 分）
① 垫层专业队数：3/3 = 1（个）； （0.5 分）
② 防水专业队数：3/3 = 1（个）； （0.5 分）
③ 钢筋专业队数：9/3 = 3（个）； （0.5 分）
④ 模板专业队数：6/3 = 2（个）； （0.5 分）

⑤ 混凝土专业队数：6/3＝2（个）。 (0.5分)

2．（本小题4.5分）

（1）绘图： (2.0分)

施工过程 （专业队）		施工进度/天												
		3	6	9	12	15	18	21	24	27	30	33	36	39	42	45
垫层	Ⅰ	①	②	③												
防水	Ⅰ		①	②	③											
钢筋	Ⅰ				①			②			③					
模板	Ⅰ								①		②			③		
混凝土	Ⅰ										①		②		③	

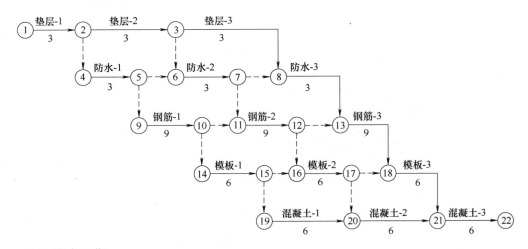

（2）流水工期：

① $K_{垫层、防水}$

```
    3   6   9
-       3   6   9
  ─────────────────
    3   3   3  -9
```

取 $K_{垫层、防水} = 3$ 天。 (0.5分)

② $K_{防水、钢筋}$

```
    3   6   9
-       9  18  27
  ─────────────────
    3  -3  -9  -27
```

取 $K_{防水、钢筋} = 3$ 天。 (0.5分)

③ $K_{钢筋、模板}$

```
    9  18  27
-   6  12  18
────────────────
    9  12  15  -18
```

取 $K_{钢筋、模板} = 15$ 天。 (0.5分)

④ $K_{模板、混凝土}$

```
    6  12  18
-   6  12  18
────────────────
    6   6   6  -18
```

取 $K_{防水、钢筋} = 6$ 天。 (0.5分)

$T = (\sum K + Dh) + \sum j - \sum C = (3+3+15+6) + (6+6+6) = 45(天)$。 (0.5分)

3.（本小题3.5分）

（1）绘图： (2.0分)

施工过程 （专业队）		施工进度/天									
		3	6	9	12	15	18	21	24	27	30	33
垫层	Ⅰ	①	②	③								
防水	Ⅰ		①	②	③							
钢筋	Ⅰ				①							
	Ⅱ					②						
	Ⅲ						③					
模板	Ⅰ							①		③		
	Ⅱ								②			
混凝土	Ⅰ									①	③	
	Ⅱ										②	

（2）流水工期：

① $K = 3$ 天； (0.5分)

② $n' = 3/3 + 3/3 + 9/3 + 6/3 + 6/3 = 9$ 个专业队； (0.5分)

③ $T = (n' - 1 + m) \times K + \sum j - \sum C = (3 + 9 - 1) \times 3 = 33(天)$。 (0.5分)

4.（本小题2.0分）

（1）t：同一施工过程各施工段上流水节拍均相等，不同施工过程的流水节拍不等，其

值为倍数关系。 (0.5分)
(2) k：流水步距均相等，且等于流水节拍的最大公约数。 (0.5分)
(3) n：专业工作队数大于施工过程数，各施工过程间没有间隔时间。 (0.5分)
(4) m：各个专业工作队在各施工段上能够连续作业。 (0.5分)

5．（本小题4.0分）
(1) 还包括：
① 横道计划比较法； (0.5分)
② 网络计划法； (0.5分)
③ S形曲线法； (0.5分)
④ 香蕉形曲线法。 (0.5分)
(2) 进度检查结果：
①钢筋工程：实际进度与计划进度一致； (0.5分)
②模板工程：实际进度比计划进度提前3天； (0.5分)
③混凝土工：实际进度比计划进度拖后3天； (0.5分)
进度检查结果是工期拖后3天。 (0.5分)

案 例 二

1．（本小题3.0分）
绘图： (2.0分)

队伍	人工挖孔桩	作业天数														
		3	6	9	12	15	18	21	24	27	30	33	36	39	42	45	48
1队	②④																
	⑥⑧																
	⑩⑫																
2队	①③																
	⑤⑦																
	⑨⑪																

人工挖孔桩需要48天作业时间。 (1.0分)

2．（本小题3.0分）
绘图： (2.0分)

队伍	人工挖孔桩	作业天数										
		3	6	9	12	15	18	21	24	27	30	33
1队	②④											
	⑥⑧											
2队	①③											
	⑤⑦											

(续)

队伍	人工挖孔桩	作业天数										
		3	6	9	12	15	18	21	24	27	30	33
3队	⑨ ⑪	━━━━━━━━━━━━━━━										
	⑩ ⑫						━━━━━━━━━━━━━━━					

人工挖孔桩需要33天作业时间。　　　　　　　　　　　　　　　　　　　　　　　　　(1.0分)

3．（本小题4.0分）

（1）关键线路：

①→②→③→④→⑤→⑥→⑦→⑧→⑨；　　　　　　　　　　　　　　　　　　(0.5分)

①→②→③→④→⑤→⑥→⑧→⑨。　　　　　　　　　　　　　　　　　　　　(0.5分)

（2）绘图：　　　　　　　　　　　　　　　　　　　　　　　　　　　　　　　　　(3.0分)

分项工程	持续时间/天		时间标尺/旬													
	北半幅	南半幅	1	2	3	4	5	6	7	8	9	10	11	12	13	14	15
施工准备	7		━														
雨水管施工				━━━━━━													
路基垫层基层	37	37							━━━━━				━━━━━			
路面	5	5											━			━
人行道	5	5											━			━
清场		2														━

4．（本小题4.0分）

（1）进度：科学利用工作面，争取时间，合理压缩工期。　　　　　　　　　　　　(1.0分)

（2）质量：专业化施工，有利于工作质量和效率的提升。　　　　　　　　　　　　(1.0分)

（3）费用：专业队可连续施工，相邻专业队能最大限度搭接，减少窝工和其他支出，降低建造成本。　　　　　　　　　　　　　　　　　　　　　　　　　　　　　　　　(1.0分)

（4）资源：单位时间内资源投入量均衡，有利于资源组织与供给。　　　　　　　　(1.0分)

【总结：科学合理工期短，专业施工效率高，连续施工费用低，资源供应较有利】

5．（本小题6.0分）

（1）进度管理程序：

【口诀：计划交底实计变（计划交底十几遍）】

① 编制进度计划；　　　　　　　　　　　　　　　　　　　　　　　　　　　　　(1.0分)

② 进度计划交底，落实管理责任；　　　　　　　　　　　　　　　　　　　　　　(1.0分)

③ 实施进度计划，进行进度控制和变更管理。　　　　　　　　　　　　　　　　　(1.0分)

（2）还应做好：

【口诀：总分计划定方案】

① 编制项目实施总进度计划，确定工期目标；　　　　　　　　　　　　　　　　　(1.0分)

② 将总目标分解为分目标，制定相应细部计划；　　　　　　　　　　　　　　　　(1.0分)

③ 制定完成计划的相应施工方案和保障措施。　　　　　　　　　　　　　　　　　(1.0分)

案 例 三

1. （本小题 4.5 分）

（1）代表工作内容：

B：基础工程钢筋绑扎。 (0.5 分)

C：地下室顶板模板支设。 (0.5 分)

E：地下室顶板钢筋绑扎。 (0.5 分)

G：地下室顶板混凝土浇筑。 (0.5 分)

H：主体结构钢筋绑扎。 (0.5 分)

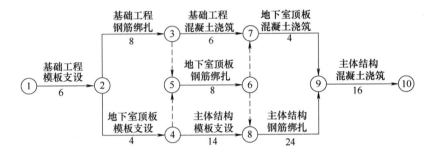

（2）工期及关键线路：

计算工期：$6+4+14+24+16=64$（天）。 (1.0 分)

关键线路：①→②→④→⑧→⑨→⑩。 (1.0 分)

2. （本小题 4.0 分）

（1）费用索赔成立。 (1.0 分)

理由：监理工程师未按约定时间验收，施工单位有权自行隐蔽。监理人提出重新检查且结果合格的，由此增加的费用和延误的工期，应由建设单位承担。 (1.0 分)

（2）工期索赔不成立。 (1.0 分)

理由：G 工作总时差为 22 天，拖后 3 天未超出总时差，不影响总工期。 (1.0 分)

3. （本小题 6.0 分）

（1）应压缩工期 5 天。 (0.5 分)

（2）压缩步骤：

① 压缩 F 工作 2 天，工期可缩短 2 天，增加费用最少为：$0.4 \times 2 = 0.8$（万元）； (1.0 分)

② 压缩 A 工作 1 天，工期缩短 1 天，增加费用最少为：$0.6 \times 1 = 0.6$（万元）； (1.0 分)

③ 同时压缩 E 工作和 F 工作 1 天，工期可缩短 1 天，增加费用最少为：$(0.4+0.4) \times 1 = 0.8$（万元）； (1.0 分)

④ 压缩 H 工作 1 天，工期可缩短 1 天，增加费用最少为：$0.9 \times 1 = 0.9$（万元）。 (1.0 分)

此时工期为：$64-5=59$（天）。

（3）收益：

① 费用增加额为：$0.8+0.6+0.8+0.9=3.1$（万元）； (0.5 分)

② 可获得工期提前奖：$5 \times 1 = 5$（万元）； (0.5 分)

③ 收益为：$5-3.1=1.9$（万元）。 (0.5 分)

4. （本小题 1.5 分）
（1）缩短持续时间对质量、安全影响不大的关键工作。 (0.5 分)
（2）有充足备用资源的关键工作。 (0.5 分)
（3）缩短持续时间所增加的资源、费用最少的工作。 (0.5 分)

5. （本小题 4.0 分）
（1）费用优化的目的：
① 寻求工程总成本最低时的工期安排； (1.0 分)
② 满足工期要求下，寻求最低成本。 (1.0 分)
（2）资源优化的两种模式：
①工期固定，资源均衡； (1.0 分)
②资源有限，工期最短。 (1.0 分)

案 例 四

1. （本小题 4.0 分）
（1）应批准的费用索赔为 27 万元。 (0.5 分)
理由：发现工程地质实际情况与勘察报告不符，需补充勘察并修改设计属于建设单位应承担的责任。 (1.5 分)
（2）不予批准工期索赔。 (0.5 分)
理由：A 工作的总时差为 1 个月，B 工作的总时差为 3 个月，A 工作拖延（暂停施工）1 个月，B 工作拖延（暂停施工）2.5 个月未超出其总时差。 (1.5 分)

2. （本小题 4.0 分）
（1）偏差分析：L 工作实际进度拖后 1 个月；K 工作实际进度拖后 1 个月，N 工作实际进度拖后 3 个月。 (1.5 分)
（2）工期预测：37 个月。 (1.0 分)
理由：L 总时差为 1 个月，拖后一个月，不影响总工期；K 工作为关键工作，拖后 1 月，导致工期拖后 1 个月；N 总时差为 6 个月，拖后 3 个月不影响总工期。 (1.5 分)

3. （本小题 5.0 分）
（1）索赔：
"1)" 索赔成立。 (0.5 分)
"2)" 索赔不成立。 (0.5 分)
"3)" 索赔成立。 (0.5 分)
"4)" 停工 15 天索赔成立，窝工 30 工日和闲置 10 台班索赔不成立。 (0.5 分)
"5)" 承包商临时设施损坏索赔不成立，业主临时用房破坏索赔成立。 (0.5 分)
"6)" 索赔成立。 (0.5 分)
（2）费用索赔：260 + 16 + 1 + 5 = 282（万元）。 (1.0 分)
（3）实际工期：36 + 1 + 0.5 = 37.5（月）。 (0.5 分)
（4）可索赔工期：1.5 月。 (0.5 分)

4. （本小题 3.0 分）
（1）R 和 S 的流水步距：

```
         2, 4, 5
    -)   1, 2, 4
    ─────────────
         2, 3, 3  -4
```

$K_{R,S} = \max(2,3,3,-4) = 3(月)$。 (1.0分)

(2) 流水工期 $= 3 + (1 + 1 + 2) = 7(月)$。 (1.0分)

(3) 总工期 $= 36 + 1.5 - 2 = 35.5(月)$。 (1.0分)

5. （本小题4.0分）

【口诀：总览说明平衡表】

(1) 编制说明。 (1.0分)

(2) 施工总进度计划表（图）。 (1.0分)

(3) 分期（分批）实施工程的开、竣工日期及工期一览表。 (1.0分)

(4) 资源需要量及供应平衡表。 (1.0分)

案 例 五

1. （本小题3.0分）

实际进度前锋线如下图所示。 (3.0分)

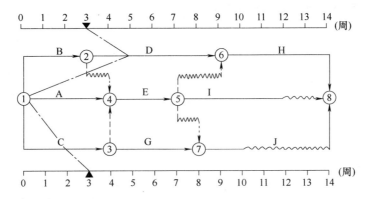

2. （本小题3.0分）

应批准工程延期1周。 (1.0分)

理由：A工作总时差为2周，拖后3周末超出其总时差1周，影响工期1周。C工作进行钢筋化学性能检测，检测结果不满足要求的，工期责任应由施工单位承担。 (2.0分)

3. （本小题5.0分）

(1) 索赔分析：

① 事件一：可以提出费用索赔。 (0.5分)

理由：业主供应材料逾期进场，导致施工方费用损失，业主应承担责任。 (0.5分)

② 事件二：不能提出赶工费索赔。 (0.5分)

理由：事件一发生后，工期为15周，关键线路由 B→D→H 变为 A→E→I。施工单位仅赶工B工作，无法按合同工期约定完工。 (1.0分)

③ 事件三：不能提出费用索赔。 (0.5分)

理由：C工作进行钢筋化学性能检测，检测结果不满足要求的，由此增加的费用应由施工单位承担。 (1.0分)

（2）费用索赔额：8000元。 (1.0分)

4．（本小题4.0分）

结算款：

A工作：8000元。 (1.0分)

B工作：$900 \times 110 = 99000$（元）。 (1.0分)

C工作：$1000 \times 0.5 \times 220 = 110000$（元）。 (1.0分)

合计：$8000 + 99000 + 110000 = 217000$（元）。 (1.0分)

5．（本小题5.0分）

（1）进度执行情况。 (1.0分)

（2）实际施工进度。 (1.0分)

（3）资源供应进度。 (1.0分)

（4）工程变更、索赔、价格调整及工程款收支情况。 (1.0分)

（5）进度偏差状况及导致偏差的原因分析。 (1.0分)

（6）解决问题的措施。 (1.0分)

（7）计划调整意见。 (1.0分)

【评分准则：写出5条，即得5.0分】

附录 2024年全国一级建造师执业资格考试"建筑工程管理与实务"预测模拟试卷

附录B 预测模拟试卷（二）

考试范围	第三章：工程招投标及合同管理
考试题型	主观题（案例实操）案例一、案例二：20分/案例三：30分
卷面总分	70分
考试时长	120分钟
难度系数	★★★★
合理分值	56分
合格分值	42分

案 例 一

某省属高校投资建设一幢建筑面积为30000m² 的普通教学楼，拟采用工程量清单以公开招标方式进行施工招标。业主委托具有相应招标代理和造价咨询资质的某咨询企业编制招标文件和最高投标限价（该项目的最高投标限价为5000万元）。为了响应业主对潜在投标人择优选择的高要求，咨询企业的项目经理在招标文件中设置了以下几项内容。

（1）投标人资格条件之一为投标人近5年必须承担过高校教学楼工程。
（2）投标人近5年获得过本省省级质量奖等奖项作为加分条件。
（3）项目投标保证金为75万元，且必须从投标人的基本账户转出。
（4）中标人的履约保证金为最高投标限价的10%。
（5）招标人不组织项目现场踏勘活动。
（6）投标人对招标文件有异议的，应当在投标截止时间10日前提出，否则招标人将拒绝回复。
（7）招标人将聘请第三方造价机构在开标后评标前开展清标活动。

项目投标及评标过程中发生了以下事件：

事件一：投标人A为外地企业，对项目所在区域不熟，向招标人申请希望招标人安排一名工作人员陪同踏勘现场。招标人同意，并安排一位普通工作人员陪同投标人A踏勘现场。

事件二：清标时发现，投标人A和投标人B的总价和所有分部分项工程综合单价均相差相同的比例。

事件三：评标委员会某成员认为投标人D与招标人曾经在多个项目上合作过，从有利于招标人的角度，建议优先选择投标人D为中标候选人。

问题：

1. 逐一指出咨询企业项目经理为响应业主要求提出的（1）~（7）项内容是否妥当，不妥之处说明理由。

2. 事件一中，招标人的做法是否妥当？并说明理由。

3. 事件二中，评标委员会应该如何处理？并说明理由。

4. 事件三中，评标委员会的做法是否妥当？并说明理由。

案 例 二

某高科技集团在上海浦东投资兴建一大型项目，业主采用平行承发包模式，将土建工程、市政工程分别与两家不同的工程公司 A、B 签署了土建工程、市政工程承包合同。

事件一：土建工程正式开工，地下连续墙施工时，发生了以下事件：

① 在基坑开挖过程中，遇到砂土层，监理工程师 6 月 30 日下达停工令，其后进行地质复查；7 月 4 日接到监理工程师下达的复工令，要求 7 月 5 日复工。

② 地下连续墙出现质量问题，拖延工期 5 日，影响了基础工程施工的正常进行。

③ 7 月 25 日～7 月 28 日，罕见暴雨迫使工程暂停，造成人员窝工 20 个工日。

A 施工单位针对上述事件向业主提出工期索赔。

事件二：土建施工单位 A 在基础施工完成后，与城市市政管线进行初步连接的过程中，发现市政接口与新建工程的相对位置与业主给定的原设计图纸不符，认为是业主提供市政接口资料有误，A 单位提出应由业主补偿由于市政管线位置与原图不符所增加的工作量。

监理工程师实地检查后，认为施工单位建筑定位放线可能有误，提出重新复查定位线。A 单位从开工前建设单位移交坐标点重新进行引测，仍与施工现状相符。监理单位上报建设单位后，建设单位要求更换测量仪器再次复测。施工单位只好停工配合复测，此次结果仍证明新建工程位置与原设计相符。A 单位又向建设单位提出了因两次检查的配合费用和相应的停工损失的索赔要求。

事件三：主体工程施工过程中，因不可抗力造成了损失。A 施工单位及时向项目监理机构提出索赔申请，并附有相关证明材料，要求补偿的经济损失如下：

（1）在建工程损失 26 万元；

（2）施工人员医药费、补偿金 4.5 万元；

（3）施工方采购的施工机具以及主体结构电梯设备分别损失 6 万元、12 万元；

（4）施工机械闲置、施工人员窝工损失 5.6 万元；

（5）工程清理、修复费用 3.5 万元。

事件四：市政工程施工前，B 施工单位组织招标，将热力管道工程分包给 C 专业承包单位，并于收到中标通知书 50 天后接到建设单位签订工程合同的通知。招标书确定的工期为 150 天，B 施工单位以采暖期临近为由，要求 C 公司即刻进场施工，并要求在 90 天内完成该项工程。施工过程中，热力管道工程发生工程变更，增加费用 35 万元。

问题：

1. 事件一的各项索赔是否成立？每项工期索赔各是多少天？总计工期索赔是多少天？

2. 事件二中，建设单位代表要求重新检验，施工单位是否必须执行？说明理由。A 单位的索赔要求是否成立？说明理由。

3. 逐项说明事件三中的经济损失是否应补偿给甲施工单位。（如 26 万元应当补偿）项目监理机构应批准的补偿金额为多少万元？

4. 针对事件四，指出 B 施工单位存在的违规事项。分包合同的变更应遵循的程序包括哪些？

案 例 三

某实行平行承发包的工程，该工程采用边设计边施工的方式进行。施工单位 A 与施工单位 B 分别与建设单位签订了土建工程施工合同和装修工程施工合同。业主与 B 单位签订的合同条款中约定"现场协调由业主完成，并为施工单位创造可利用条件和垂直运输机械"。

土建工程施工合同的承发包双方，在中标通知书发出后的 15 日内进行了合同谈判，澄清、明确了格式条款、合同效力、合同条款规定不明应遵循的原则等问题。合同的部分条款如下：

（1）协议书

1）工程概况。

该工程是位于某市的建筑工程，其地上 27 层，地下 3 层，钢筋混凝土框架结构（其余概况省略）。

2）承包范围。

承包范围为该工程施工图所包括的所有工程。

3）合同工期。

合同工期为 2004 年 2 月 21 日至 2004 年 9 月 30 日，合同工期总日历天数为 223 天。

4）合同价款。

本工程采用总价合同形式，总价为：人民币陆仟贰佰叁拾肆万圆整（￥6234.00 万元）。

5）质量标准。

本工程质量标准要求达到承包商最优的工程质量。

6）质量保修。

施工单位在该项目设计规定的使用年限内承担全部保修责任。

7）工程款支付。

在工程基本竣工时，支付全部合同价款。为确保工程如期竣工，乙方不得因甲方资金暂时不到位而停工和拖延工期。

（2）其他补充协议

1）乙方在施工前不允许将工程分包，只可以转包。

2）甲方不负责提供施工场地的工程地质和地下主要管线网资料。

3）乙方应按项目经理批准的施工组织设计组织施工。

4）涉及质量标准的变更由乙方自行解决。

5）合同变更时，按有关程序确定变更工程价款。

施工单位 A 在工程结构施工完成时，B 装饰装修单位也进入施工现场，此时施工现场存在大量垂直运输工作。由于 A 单位设置的施工电梯运输能力的限制，无法同时满足实际需要，A 单位为了自身施工需要，当自身工作量比较大的时候不允许 B 单位使用施工电梯，造成装饰装修施工进度严重滞后，使整个工程的工期延误了 36 天。B 单位向建设单位就延误的工期提出索赔。

问题：

1. 发承包双方合同谈判时，应重点澄清和解决的问题还包括哪些？该项工程施工合同协议书中有哪些不妥之处？请指出并改正。

2. 该项工程施工合同的补充协议中有哪些不妥之处？请指出并改正。除合同终止外，项目部对于专业分包单位的管理过程包括哪些？

3. 按工期定额来计算，其工期为 212 天，该工程的合同工期应为多少天？若施工过程中工期发生调整，属于哪类变更？应当遵循何种变更程序？

4. B 装饰装修单位就工期延误向建设单位索赔是否成立？说明理由。在施工过程中，施工索赔的起因有哪些？承包人向发包人提供索赔证据的基本要求包括哪些？

【参考答案】

案 例 一

1. （本小题 10.0 分）

（1）：不妥当。 (1.0 分)

理由：依法必须招标的项目，以特定行政区域或者特定行业的业绩、奖项作为投标资格条件的，属于以不合理条件限制、排斥潜在投标人。 (1.0 分)

（2）：不妥当。 (1.0 分)

理由：依法必须招标的项目，以特定行政区域或者特定行业的业绩、奖项作为加分条件或者中标条件，属于以不合理条件限制、排斥潜在投标人。 (1.0 分)

（3）：妥当。 (1.0 分)

（4）：不妥当。 (1.0 分)

理由：履约保证金不得超过合同价的 10%。 (1.0 分)

（5）：妥当。 (1.0 分)

（6）：妥当。 (1.0 分)

（7）：妥当。 (1.0 分)

2. （本小题 4.0 分）

不妥当。 (1.0 分)

理由：招标文件中已经明确不组织现场踏勘，且招标人违反了《招标投标法实施条例》对于"不得组织单个或者部分潜在投标人踏勘项目现场"之规定。 (3.0 分)

3. （本小题 3.0 分）

处理：投标人 A 和投标人 B 的投标文件按废标处理。 (1.0 分)

理由：不同投标人的投标文件异常一致或者投标报价呈规律性差异的，视为投标人之间串通投标。 (2.0 分)

4. （本小题 3.0 分）

不妥当。 (1.0 分)

理由：评标委员会应根据招标文件中规定的评标标准评选中标候选人。 (2.0 分)

案 例 二

1. （本小题 5.0 分）

（1）各项索赔事件：

"①"工期索赔成立； (0.5 分)

"②"工期索赔不成立； (0.5分)
"③"工期索赔成立。 (0.5分)
（2）工期索赔天数：
① 索赔工期5天； (1.0分)
② 索赔工期0天； (1.0分)
③ 索赔工期4天。 (1.0分)
总计工期索赔：5+4=9（天）。 (0.5分)
2.（本小题3.0分）
（1）施工单位必须执行。 (0.5分)
理由：建设单位有权对已完工程提出重新检验，施工单位配合执行。 (1.0分)
（2）索赔要求成立。 (0.5分)
理由：市政接口位置与设计图纸不符，是建设单位的责任，且两次复测均证明施工符合设计要求。 (1.0分)
3.（本小题4.0分）
（1）各项补偿：
①"26万元"应补偿给A施工单位； (0.5分)
②"4.5万元"不应补偿给A施工单位； (0.5分)
③"6万元"不应补偿给A施工单位； (0.5分)
④"12万元"应当补偿给A施工单位； (0.5分)
⑤"5.6万元"不应补偿给A施工单位； (0.5分)
⑥"3.5万元"应补偿给A施工单位。 (0.5分)
（2）监理机构应批准的补偿金额：26+12+3.5=41.5（万元）。 (1.0分)
4.（本小题8.0分）
（1）违规事项：
① 收到中标通知书50天后接到建设单位签订合同的通知； (1.0分)
② B施工单位以采暖期临近为由，要求C公司即刻进场施工； (1.0分)
③ 要求在90天内完成该项工程。 (1.0分)
（2）变更程序："评整审批谈变更"：
① 费用评估：评估变更实施方案对质量、安全费用和进度等的影响； (1.0分)
② 调整方案：根据评估意见调整或完善实施方案； (1.0分)
③ 审查审批：报项目经理审查，并按总包合同管理程序审批； (1.0分)
④ 沟通谈判：进行沟通谈判，签订分包变更合同或协议； (1.0分)
⑤ 变更实施：监督变更合同或协议的实施。 (1.0分)

案 例 三

1.（本小题11.0分）
（1）还包括：
① 应遵循的原则； (1.0分)
② 缔约过失责任； (1.0分)

③ 合同无效； (1.0分)
④ 免责问题； (1.0分)
⑤ 合同风险处理； (1.0分)
⑥ 违约责任处理。 (1.0分)

（2）不妥之处：

① 不妥之一：本工程采用总价合同形式。 (0.5分)
改正：边设计、边施工的工程，工程量无法准确计算，应采用单价合同。 (0.5分)
② 不妥之二：质量标准达到承包商最优的工程质量。 (0.5分)
改正：质量标准应达到现行国家验收标准。 (0.5分)
③ 不妥之三：质量保修条款。 (0.5分)
改正：根据《建设工程质量管理条例》中的规定，约定各部位保修期限及责任，以及工程保修的除外责任。 (0.5分)
④ 不妥之四：在工程基本竣工时，支付全部合同价款。 (0.5分)
改正：应明确基本竣工的具体条件以及质量保证金扣留比例和扣留时间。 (0.5分)
⑤ 不妥之五：乙方不得因甲方资金暂不到位而停工。 (0.5分)
改正：应在合同中约定甲方资金暂不到位的时间和应承担的责任。 (0.5分)

2. （本小题10.0分）

（1）不妥之处：

① 不妥之一：不允许分包，只可以转包。 (0.5分)
改正：工程不得转包，可以依法分包。 (1.0分)
② 不妥之二：甲方不负责工程地质和管线网资料。 (0.5分)
改正：甲方应负责向施工总包单位提供工程地质、管线资料，并对提供资料的真实、准确性负责。 (1.0分)
③ 不妥之三：乙方按项目经理批准的施工组织设计组织施工。 (0.5分)
改正：施工组织设计应由项目经理组织编制，经施工单位技术负责人及总监理工程师审批后方可实施。 (1.0分)
④ 不妥之四：涉及质量标准的变更由甲方自行解决。 (0.5分)
改正：涉及质量标准的变更应明确约定变更程序和变更价款的确定原则。 (1.0分)

（2）包括：

① 招标准备； (0.5分)
② 招标； (0.5分)
③ 评标； (0.5分)
④ 合同谈判； (0.5分)
⑤ 合同订立； (0.5分)
⑥ 合同履行； (0.5分)
⑦ 变更索赔； (0.5分)
⑧ 争议处理。 (0.5分)

3. （本小题3.0分）

（1）该工程合同工期为223天。 (0.5分)

（2）属于合同变更。 (0.5 分)

（3）合同变更程序：【口诀：申请审签后实施】
① 提出合同变更申请； (0.5 分)
② 报项目经理审查批准，重大合同变更，报企业负责人签认； (0.5 分)
③ 经业主签认，形成书面文件； (0.5 分)
④ 组织实施。 (0.5 分)

4. （本小题 6.0 分）
（1）成立。 (0.5 分)

理由：

合同中约定：现场协调由业主完成，并为施工单位创造可利用条件和垂直运输机械；垂直运输导致工期延误，是业主应承担的责任事件。 (1.0 分)

（2）施工索赔的起因包括：
① 合同对方违约； (0.5 分)
② 合同条款错误； (0.5 分)
③ 合同发生变更； (0.5 分)
④ 工程环境变化； (0.5 分)
⑤ 不可抗力因素。 (0.5 分)

（3）索赔证据：真实性、全面性、法律证明效力和及时性。 (2.0 分)

附录 C 预测模拟试卷（三）

考试范围	第四章：工程造价及成本管理
考试题型	主观题（案例实操） 案例一、案例二：30 分/题；案例三、案例四：20 分/题
卷面总分	100 分
考试时长	180 分钟
难度系数	★★★★☆
合理分值	80 分
合格分值	60 分

案 例 一

某政府投资项目，建设单位依法进行了招标，A 投标人依据工程量清单计价规范、政府部门计价办法和计价定额等编的投标报价，被确定为中标人。双方根据投标报价确定了签约合同价为 25000 万元，并对工程量清单的计价方式等规范性规定进行了确认。

其中含规税的暂列金额为 3800 万元，合同工期 24 个月，预付款支付比例为签约合同价（扣除暂列金额）的 20%。自施工单位实际完成产值达 4000 万元后的次月开始分 5 个月等额扣回。工程进度款按月结算，项目监理机构按施工单位每月应得进度款的 90% 签认，企业管理费率 12%，利润率 7%，措施费按分部分项工程费的 5% 计，规费费率 8%，增值税 9%。施工单位前 8 个月的计划完成产值见表 1。

表 1

时间/月	1	2	3	4	5	6	7	8
计划完成产值/万元	350	400	650	800	900	1000	1200	900

工程实施过程中发生如下事件：

事件一： 在前 4 个月工程按计划产值完成，施工至第 5 个月时，建设单位要求施工单位搭设慰问演出舞台，经监理单位确认，按计日工项目消耗人工 80 工日（人工综合单价 200 元/工日），消耗材料 150m^2（材料综合单价 100 元/m^2）。

事件二： 工程施工至第 6 个月，建设单位提出设计变更，经确认，该变更导致施工单位增加人工费、材料费、施工机具使用费共计 18.5 万元。

事件三： 工程施工至第 7 个月，专业监理工程师发现混凝土工程出现质量事故，施工单位于次月返工处理合格，该返工部位对应的分部分项工程费为 28 万元。

问题：

1. 投标人的投标报价编制依据还包括哪些？双方在工程量清单计价管理中应遵守的规范性规定还包括哪些？

2. 投标过程中，（分部分项工程费中的）哪些项目应当与招标人提供的一致？本工程预付款是多少万元？按计划完成产值考虑，预付款应在开工后第几个月起扣？

3. 针对事件一至事件三，若施工单位各月均按计划完成施工产值，项目监理机构在第 4~7 个月应签认的进度款各是多少万元？

4. 第 6 个月的分部分项及措施项目变更工程单价分别如何确定？

（计算结果保留两位小数）

案 例 二

某实施监理的工程，建设单位与施工单位按照《建设工程施工合同（示范文本）》签订的施工合同约定：工程合同价为 200 万元；工期 6 个月；预付款为合同价的 15%；工程进度款按月结算；保留金总额为合同价的 3%，按每月进度款（含工程变更和索赔费用）的 10% 扣留，扣完为止；预付款在工程的最后三个月等额扣回。施工过程中发生设计变更时，增加的工程量采用综合单价计价，管理费费率 8%，利润率 5%，增值税为 9%；人员窝工费 50 元/工日，施工设备闲置费 1000 元/台班。工程实施过程中发生下列事件：

事件一：招投标阶段，投标人编制投标文件时，对暂估价材料采用了与招标控制价中相同材料的单价计入了综合单价。业主拟分包的专业工程暂估价为 18 万元，承包人认为与实际结算价有较大偏差，随即按照调查研究收集的资料重新计算专业工程价。

事件二：项目部按照包括统一管理、资金集中等内容的资金管理原则编制年、季、月度资金收支计划，认真做好项目资金管理工作，并在进场前编制了资金预算表。

事件三：基础工程施工中，遇勘探中未探明的地下障碍物。施工单位处理该障碍物导致人材机费用合计增加 12 万元，人员窝工 60 工日，施工设备闲置 3 台班，影响工期 3 天。

主体结构工程施工时，施工单位为了保证质量，采取了相应的技术措施，为此增加了工程费用 2 万元；项目监理机构收到施工单位主体结构工程验收申请后，及时组织了验收，验收结论合格。

事件四：经项目监理机构审定的各月实际进度款（含工程变更和索赔费用）见表 2。

表 2

时间/月	1	2	3	4	5	6
实际进度款/万元	40	50	40	35	30	25

问题：

1. 事件一中，投标人的做法是否妥当？并说明理由。

2. 事件二中，项目经理部对于项目资金的管理职责主要有哪些？项目资金预算表主要内容包括什么？

3. 事件三中，施工单位应得到费用补偿多少万元？说明理由。

4. 事件四中，该工程保留金总额为多少？依据表 2，该工程每个月应扣保留金多少？总监理工程师每个月应签发的实际付款金额是多少？

（计算结果均保留两位小数）

案 例 三

某工程，建设单位与施工单位按照《建设工程施工合同（示范文本）》签订了合同，工程价款8000万元；工期12个月；预付款为签约合同价的15%。专用条款约定，预付款自工程开工后的第2个月起在每月应支付的工程进度款中扣回200万元，扣完为止；当实际工程量的增加值超过工程量清单项目招标工程量的15%时，超过15%以上部分的结算综合单价的调整系数为0.9；当实际工程量减少超过工程量清单项目招标工程量的15%时，实际工程量结算综合单价的调整系数为1.1；工程质量保证金每月按进度款的3%扣留。施工过程中发生如下事件：

事件一：设计单位修改图纸使局部工程量发生变化，造价增加28万元。施工单位按批准后的修改图纸完成工程施工后的第30天，经项目监理机构向建设单位提交增加合同价款28万元的申请报告。

事件二：为降低工程造价，总监理工程师按建设单位要求向施工单位发出变更通知，加大外墙涂料装饰范围，使外墙涂料装饰的工程量由招标时的4200m^2增加到5400m^2；相应的干挂石材幕墙由招标时的2800m^2减少到1600m^2。外墙涂料装饰项目投标综合单价为200元/m^2，干挂石材幕墙项目投标综合单价为620元/m^2。

事件三：经招标，施工单位以412万元的总价采购了原工程量清单中暂估价为350万元的设备，花费1万元的招标采购费用。招标结果经建设单位批准后，施工单位于第7个月完成了设备安装施工，要求建设单位当月支付的工程进度款中增加63万元。

施工单位前7个月计划完成的工程量价款见表3。

表 3

时间/月	1	2	3	4	5	6	7
工程量价款/万元	120	360	650	700	800	860	900

问题：

1. 事件一中，项目监理机构是否应同意增加28万元合同价款？说明理由。
2. 事件二中，外墙涂料装饰、干挂石材幕墙项目合同价款调整额分别是多少？调整外墙装饰后可降低工程造价多少万元？
3. 事件三中，项目监理机构是否应同意施工单位增加63万元工程进度款的支付要求？说明理由。
4. 该工程预付款总额是多少？分几个月扣回？根据表3计算项目监理机构在第2个月和第7个月可签发的应付工程款。

（计算结果均保留两位小数）

案 例 四

某施工单位承揽了一个住宅小区，该小区共6幢楼，地下1层，地上10层，现浇钢筋混凝土剪力墙结构。工期为12个月。其中：项目成本目标为4160万元。施工单位开工前根据施工方案、工程量编制了施工成本计划，依据材料需求编制了材料采购计划。

事件一：承包方根据项目材料采购计划和现场仓储条件，确定水泥采购总量为22800t。物资部门提出三个采购方案：

方案1：每1个月交货一次，水泥单价（含运费）为480元/t。

方案 2：每 2 个月交货一次，水泥单价（含运费）为 470 元/t。
方案 3：每 3 个月交货一次，水泥单价（含运费）为 460 元/t。
根据经验，每次催货费用为 4000 元；年仓库保管费率为储存材料费的 5%。

事件二：2#楼开始前，承包商向监理工程师提交了单位工程施工进度计划，并说明计划中各项工作均按最早开始时间安排作业。图 1 中箭线下方数据为持续时间（单位：周）；箭线上方括号外的字母为工作名称，括号内数据为预算费用（单位：万元）。

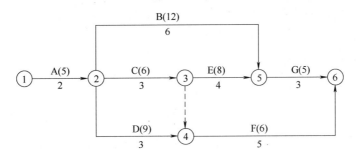

图 1　单位工程施工进度计划网络图

在工程施工到第 5 周末检查进度结果为：工作 A 全部完成；工作 B 完成了 4 周的工程量；工作 C 完成了 2 周的工程量；工作 D 完成了 1 周的工程量。

工程结束后，施工企业对项目经理及项目部的成本控制情况进行了考核。结果显示项目经理部超预期完成目标，企业按照目标责任书中的约定，兑现了考核奖励。

问题：
1. 项目经理部制定项目成本计划的编制依据有哪些？简述成本计划的制定程序。
2. 通过计算，优选事件一中费用最低的采购方案。
3. 请计算第 5 周末的计划完成工作预算成本（BCWS）、已完成工作预算成本（BCWP）。
4. 如果该工程施工到第 5 周末的实际成本支出（ACWP）为 24.5 万元，请计算该工程的成本偏差（CV）和进度偏差（SV），并说明费用和进度状况。
5. 施工成本考核还包括哪些内容？

【参考答案】

案　例　一

1．（本小题 9.0 分）
（1）还包括："四价设施招标点"。
① 市场价格或造价部门的造价信息；　　　　　　　　　　　　　　　　　　　　（1.0 分）
② 设计文件及相关资料；　　　　　　　　　　　　　　　　　　　　　　　　　（1.0 分）
③ 施工组织设计或施工方案；　　　　　　　　　　　　　　　　　　　　　　　（1.0 分）
④ 招标文件、工量清单及答疑纪要；　　　　　　　　　　　　　　　　　　　　（1.0 分）
⑤ 标准规范、技术资料；　　　　　　　　　　　　　　　　　　　　　　　　　（1.0 分）
⑥ 工程特点、现场情况。　　　　　　　　　　　　　　　　　　　　　　　　　（1.0 分）
（2）规范性："四价一量一风险"。
① 计价表格；　　　　　　　　　　　　　　　　　　　　　　　　　　　　　　（0.5 分）

② 计价风险； (0.5分)
③ 招标控制价编制与复核； (0.5分)
④ 投标报价编制与复核； (0.5分)
⑤ 合同价款调整； (0.5分)
⑥ 工程量清单编制。 (0.5分)

2. (本小题4.0分)
(1) 与招标人提供一致：
① 项目编码； (0.5分)
② 项目名称； (0.5分)
③ 项目特征； (0.5分)
④ 计量单位； (0.5分)
⑤ 工程数量。 (0.5分)
(2) 工程预付款 $(25000-3800) \times 20\% = 4240$(万元)。 (0.5分)
(3) 第6个月末计划完成产值累计：
$350+400+650+800+900+1000 = 4100$(万元) > 4000万元； (0.5分)
所以，预付款应从开工后第7个月起扣。 (0.5分)

3. (本小题7.0分)
(1) 4月：
$800 \times 90\% = 720$(万元)。 (1.0分)
(2) 5月：
$[900+(80 \times 200+150 \times 100)/10000 \times 1.08 \times 1.09] \times 90\% = 813.28$(万元)。 (1.0分)
(3) 6月：
$(1000+18.5 \times 1.12 \times 1.07 \times 1.08 \times 1.09) \times 90\% = 923.49$(万元)。 (1.0分)
(4) 第7月应签认：
① 进度款1200万元； (1.0分)
② 扣回返工款 $28 \times 1.05 \times 1.08 \times 1.09 = 34.61$(万元)； (1.0分)
③ 扣回预付款 $4240/5 = 848$(万元)。 (1.0分)
$(1200-34.61) \times 90\% - 848 = 200.85$(万元)。 (1.0分)

4. (本小题10.0分)
(1) 分部分项工程费及单价措施项目费：
① 已标价工程量清单有相同项目的，按照相同项目单价认定； (2.0分)
② 已标价工程量清单无相同项目，但有类似项目的，参照类似项目的单价认定变更工程价款； (2.0分)
③ 既无相同也无类似，或变更导致实际完成的工程量变化幅度超过15%的，按照合理成本加利润构成的原则，由合同当事人协商确定变更工程的单价。 (2.0分)
(2) 总价措施项目费：
① 已有总价措施项目，按实际变化调整费用，考虑施工单位报价浮动率； (2.0分)
② 安全文明施工费，按实际变化调整费用，不考虑施工单位报价浮动率。 (2.0分)

案 例 二

1. （本小题 4.0 分）
（1）"采用与招标控制价中相同材料单价计入综合单价"做法不妥。 (0.5 分)
理由：投标人应按招标工程量清单中给定的材料暂估价填写综合单价。 (1.5 分)
（2）"按照调查研究收集的资料重新计算专业工程价"做法不妥。 (0.5 分)
理由：应采用招标工程量清单中列出的金额填写。 (1.5 分)

2. （本小题 9.0 分）
（1）主要职责："预算收支两编报"。
① 定细则：制定本项目资金预算管理细则； (1.0 分)
② 落实：组织落实资金收支管理，确保合理支出、及时收回； (1.0 分)
③ 编报：编制、上报和执行项目资金预算； (1.0 分)
④ 月报：编制项目预算执行情况月报。 (1.0 分)
（2）主要内容："出入结余现金流"。
① 现金支出合计； (1.0 分)
② 现金收入合计； (1.0 分)
③ 期初资金结余； (1.0 分)
④ 当月净现金流； (1.0 分)
⑤ 累计净现金流。 (1.0 分)

3. （本小题 4.0 分）
费用补偿：$[(12 \times 1.08 \times 1.05) + (60 \times 50 + 3 \times 1000)/10000] \times 1.09 = 15.49$（万元）。 (2.0 分)

理由：勘探中未探明的地下障碍物是施工单位不能合理预见的，处理障碍物增加的费用、人员窝工费用和机械闲置费用均应由建设单位承担。 (2.0 分)

4. （本小题 13.0 分）
（1）保留金总额：$200 \times 3\% = 6.00$（万元）。 (1.0 分)
（2）各月扣留：
① 第一个月扣留：$40 \times 10\% = 4.00$（万元）。 (1.0 分)
还需再扣：$6 - 4 = 2$（万元）。 (1.0 分)
② 第二个月扣留：$50 \times 10\% = 5$（万元）> 2 万元。 (1.0 分)
所以，第二个月扣留 2.00 万元。 (1.0 分)
（3）应签发：
预付款：$200 \times 15\% = 30.00$（万元）。 (1.0 分)
4、5、6 月扣 $30/3 = 10$（万元/月）。 (1.0 分)
① 第 1 个月：$40 - 4 = 36.00$（万元）； (1.0 分)
② 第 2 个月：$50 - 2 = 48.00$（万元）； (1.0 分)
③ 第 3 个月：40 万元； (1.0 分)
④ 第 4 个月：$35 - 10 = 25.00$（万元）； (1.0 分)
⑤ 第 5 个月：$30 - 10 = 20.00$（万元）； (1.0 分)
⑥ 第 6 个月：$25 - 10 = 15.00$（万元）。 (1.0 分)

案 例 三

1. (本小题 4.0 分)

不应同意。 (1.0 分)

理由：施工单位收到变更指令后的 14 天内，未向监理机构提交合同价款调增报告的，视为施工单位对该事项不存在调整价款请求。 (3.0 分)

2. (本小题 9.0 分)

(1) 外墙涂料：

① 工程量增加 $5400-4200=1200(m^2)$，$1200/4200=28.57\%>15\%$； (1.0 分)

② 超出 15% 以上的工程量执行新价 $200\times0.9=180(元/m^2)$； (1.0 分)

③ 原价量：$4200\times15\%=630(m^2)$； (1.0 分)

④ 新价量：$1200-630=570(m^2)$。 (1.0 分)

工程款增加额：$630\times200+570\times180=228600(元)=22.86$ 万元。 (1.0 分)

(2) 干挂石材：

① 工程量减少：$2800-1600=1200(m^2)$，$1200/2800=42.86\%>15\%$； (1.0 分)

② 全部工程量执行新价 $620\times1.1=682(元/m^2)$。 (1.0 分)

工程款减少额：$2800\times620-1600\times682=644800(元)=64.48$ 万元。 (1.0 分)

(3) 降低工程造价：$644800-228600=416200(元)=41.62$ 万元。 (1.0 分)

3. (本小题 3.0 分)

不应同意。 (0.5 分)

理由：已标价工程量清单中给定暂估价的专业工程进行招标时，如果施工单位不参加投标，则应由施工单位作为招标人，与组织招标工作有关的费用已经包括签约合同价中，不应再支付招标采购费用 1 万元，只支付 62 万元的设备采购增加额。 (2.5 分)

4. (本小题 4.0 分)

(1) 工程预付款总额：$8000\times15\%=1200.00(万元)$。 (1.0 分)

(2) 分月扣回时间：$1200/200=6$ 月，分 6 个月扣回。 (1.0 分)

(3) 第 2 个月签发：$360\times(1-3\%)-200=149.20(万元)$。 (1.0 分)

(4) 第 7 个月签发：$962\times(1-3\%)-200=733.14(万元)$。 (1.0 分)

案 例 四

1. (本小题 4.5 分)

(1) 编制依据：【口诀：量价标书合定案】

① 图纸工程量； (0.5 分)

② "人材机" 价格； (0.5 分)

③ 成本控制指标； (0.5 分)

④ 目标责任书； (0.5 分)

⑤ 施工方案。 (0.5 分)

(2) 程序：

① 搜集整理各类有关资料； (0.5 分)

② 分解目标成本; (0.5分)
③ 编制成本计划草案; (0.5分)
④ 编制正式成本计划。 (0.5分)

2. (本小题6.5分)
(1) 方案1:
① 采购次数为12/1 = 12(次); (0.5分)
② 每次采购数量为22800/12 = 1900(t); (0.5分)
③ 保管费 + 采购费 = 1900×480/2×0.05 + 12×4000 = 22800 + 48000 = 70800(元)。
(0.5分)

(2) 方案2:
① 采购次数为12/2 = 6(次); (0.5分)
② 每次采购数量为22800/6 = 3800(t); (0.5分)
③ 保管费 + 采购费 = 3800×470/2×0.05 + 6×4000 = 44650 + 24000 = 68650(元)。
(0.5分)

(3) 方案3:
① 采购次数为12/3 = 4(次); (0.5分)
② 每次采购数量为22800/4 = 5700(t); (0.5分)
③ 保管费 + 采购费 = 5700×460/2×0.05 + 4×4000 = 65550 + 16000 = 81550(元)。
(0.5分)

(4) 分析三个方案的总费用:
① 方案1:70800 + 22800×480 = 11014800(元); (0.5分)
② 方案2:68650 + 22800×470 = 10784650(元); (0.5分)
③ 方案3:81550 + 22800×460 = 10569550(元); (0.5分)
结论:采用方案3,即每3个月采购一次。 (0.5分)

3. (本小题2.0分)
(1) BCWS:5 + 6 + 6 + 9 = 26(万元)。 (1.0分)
(2) BCWP:5 + 8 + 4 + 3 = 20(万元)。 (1.0分)

4. (本小题2.0分)
(1) CV:20 - 24.5 = -4.5(万元);成本超支4.5万元。 (1.0分)
(2) SV:20 - 26 = -6(万元);进度拖后6万元。 (1.0分)

5. (本小题5.0分)
施工成本考核还包括:
(1) 项目目标成本和阶段性成本完成情况。 (1.0分)
(2) 项目经理成本责任制的落实情况。 (1.0分)
(3) 对各部门、岗位责任成本的检查、考核。 (1.0分)
(4) 成本计划的编制落实、情况。 (1.0分)
(5) 施工成本核算的真实性、符合性。 (1.0分)

附录 D 预测模拟试卷（四）

考试范围	第一章：质量管理；第二章：安全管理
考试题型	主观题（案例实操）3 题×30 分/题
卷面总分	90 分
考试时长	180 分钟
难度系数	★★★★☆
合理分值	65 分
合格分值	54 分

案 例 一

一新建住宅工程，钢筋混凝土剪力墙结构。地下 2 层，地上 20 层，高度为 70m，建筑面积 40000m²，标准层平面为 40m×40m。施工单位项目部在施工前，由项目经理组织相关人员依据法律法规、标准规范、操作规程等编制了项目质量计划，经企业相关管理部门审批后得到发包人和监理人认可。

工程开工前，承包方根据合同约定采购一批价值 180 万元的材料。通过市场调研和对生产经营厂商的考察，总包单位选择了甲厂商作为材料供应商。

施工过程中，项目部技术负责人组织编写了项目检测试验计划，内容包括试验项目名称、计划试验时间等，报项目经理审批同意后实施。施工过程中，由于设计变更，施工单位对原检测试验计划进行了调整，并再度报监理工程师审批通过。

主体结构封顶后、二次结构施工前，项目部向监理机构报送了主体结构质量控制资料及验收申请表。监理工程师审核时发现，有关分项工程的质量控制资料不完整，随即指令施工单位补充完善后重新报审。

问题：

1. 质量计划的编制依据包括哪些？
2. 写出项目质量管理应遵循的工作方法及工作程序。质量计划的过程控制体现在哪些方面。
3. 施工单位在选择材料供应商的过程中，应选择什么样的供货商？
4. 指出项目检测试验计划管理中的不妥之处，说明理由。主要材料检测试验计划的主要内容还包括哪些？材料检验试验应遵循何种实施流程？除设计变更外，还有哪些情况下，需要对材料检验试验计划进行调整？
5. 本工程主体结构分部工程验收资料应包含哪些分项？混凝土分项工程可按哪些标准划分检验批？

案 例 二

某结构形式完全一致的三栋办公楼，其人防工程为混凝土剪力墙结构，施工过程由土方开挖、基础施工、地上结构、二次砌筑、装饰装修等分部分项工程组成。地下1层,地上12层,建筑面积24000m²。该工程在进行设计时就充分考虑"平战结合,综合使用"的原则。平时用作停车库,人员通过电梯或楼梯通道上到地面。工程竣工验收时,相关部门对主体结构、建筑电气、通风空调、装饰装修等分部工程进行现场抽查。

1#楼满足单位工程竣工验收条件后,建设单位项目负责人对工程组织竣工验收,施工单位分别填写了《单位工程质量竣工验收记录表》中的"验收记录""验收结论""综合验收结论"。"综合验收结论"为"合格"。参加验收单位人员分别进行了签字。政府质量监督部门认为一些做法不妥,要求改正。

2#楼工程完工后,甲施工单位在自查自评的基础上填写了工程竣工报验单,连同全部竣工资料报送监理单位,申请竣工验收。总监理工程师认为施工过程均按要求进行了验收,便签署了竣工报验单,并向建设单位提交了工程竣工报告和质量评估报告,建设单位收到该报告后,即将工程投入使用。

问题:

1. 根据上述背景描述,本工程验收时还应包含哪些分部工程?
2. 地基基础、主体结构工程分别包括哪些子分部工程。
3. 钢筋混凝土结构和砌体结构分别包括哪些分项工程?除钢筋最小保护层厚度外,结构实体检验还应包括哪些检测项目?
4. 轻质隔墙、幕墙工程子分部分别包括哪些分项工程。
5. 除所含分部工程验收均合格外,工程竣工验收合格的标准还有哪些要求?《单位工程质量竣工验收记录表》中"验收记录""验收结论""综合验收结论"应该由哪些单位填写?"综合验收结论"应该包含哪些内容?
6. 指出2#楼总监理工程师、建设单位做法的不妥之处,写出正确作法。

案 例 三

某市重点工程项目开工前,市有关主管部门现场检查项目部编制的重大危险源控制系统文件,发现仅包含有重大危险源的辨识、重大危险源的管理、工厂选址和土地使用规划等内容,有关部门要求补充完善。

项目部制定了项目风险管理制度和应对负面风险的措施,规范了包括风险识别、风险应对等风险管理程序的管理流程。采用工作任务分析法进行了风险识别,对已识别的风险的概率和后果进行评估,同时制定了向保险公司投保的风险转移等措施,编制了项目应急准备及响应预案。

钢结构施工中,现场使用的高强螺栓未经报验,存在严重的安全隐患。监理人向承包商下达停工令,承包人未予理睬,监理人即向有关主管部门报告。报告当天,发生了因高强螺栓不符合质量标准,导致的钢梁高空坠落事故,造成3人死亡、1人重伤。事故发生10分钟后,项目经理向单位负责人报告了事故情况,单位负责人于24h内向当地有关主管部门报告。

问题:

1. 重大危险源控制系统还应有哪些组成部分?
2. 常见的危险源包括哪几种?项目部还可采用哪些识别方法?建筑工程施工常见的事

故类型有哪些？

3. 除危险事件发生的概率及后果，重大危险源的风险评价内容还包括哪些？

4. 应对负面风险的措施还有哪些？

5. 指出事故发生后，施工单位做法的不妥之处。针对现场伤亡事故，项目经理应采取哪些应急措施？

【参考答案】

案 例 一

1. （本小题4.0分）

编制依据："法定约定看现场"

（1）承包合同。 (1.0分)

（2）设计图纸。 (1.0分)

（3）企业质量管理体系文件。 (1.0分)

（4）施工组织设计、专项施工方案。 (1.0分)

2. （本小题7.0分）

（1）工作方法：P—计划；D—实施；C—检查；A—处理。 (1.0分)

（2）程序：

① P：制定质量计划； (1.0分)

② D：实施质量计划； (1.0分)

③ C：对质量计划的实施过程进行检查； (1.0分)

④ A：搜集、分析、反馈质量信息，并制定预防和改进措施。 (1.0分)

（3）体现从检验批、分项工程、分部工程到单位工程的过程控制。 (2.0分)

3. （本小题4.0分）

选择满足"价格信誉稳定力"的供货商：

（1）供货质量稳定。 (1.0分)

（2）履约能力强。 (1.0分)

（3）信誉较高。 (1.0分)

（4）价格有竞争力。 (1.0分)

4. （本小题8.5分）

（1）不妥之处：

① 不妥之一：施工中，组织编写了项目检测试验计划。 (0.5分)

理由：应当在施工前由项目技术负责人组织有关人员编制。 (0.5分)

② 不妥之二：报项目经理审批同意后实施。 (0.5分)

理由：项目检测试验计划，应报送监理单位进行审查批准。 (0.5分)

（2）还包括：

① 检测试验参数； (0.5分)

② 试样规格； (0.5分)

③ 代表批量； (0.5分)

④ 施工部位。 (0.5分)

(3) 实施流程：【口诀：定制台账送检报】
① 计划：制定计划； (0.5分)
② 取样：制取试样； (0.5分)
③ 登记：登记台账； (0.5分)
④ 送检：送检； (0.5分)
⑤ 检测：检测试验； (0.5分)
⑥ 报告：报告管理。 (0.5分)
(4) 计划调整：【口诀：材艺进计调计划】【联想：才艺竞技调计划】
① 工艺改变； (0.5分)
② 进度调整； (0.5分)
③ 材料、设备的规格、型号或数量变化。 (0.5分)
5. (本小题6.5分)
(1) 包括：钢筋、模板、混凝土、现浇结构、填充墙砌体。 (2.5分)
(2) 划分条件：
① 进场批次； (1.0分)
② 工作班； (1.0分)
③ 楼层； (1.0分)
④ 结构缝或施工段。 (1.0分)

案　例　二

1. (本小题3.0分)
(1) 地基基础工程。 (0.5分)
(2) 屋面工程。 (0.5分)
(3) 电梯安装工程。 (0.5分)
(4) 给排水工程。 (0.5分)
(5) 智能建筑。 (0.5分)
(6) 建筑节能工程。 (0.5分)
2. (本小题7.0分)
(1) 地基基础：【口诀：三基两水土方边】
① 地基； (0.5分)
② 基础； (0.5分)
③ 基坑支护； (0.5分)
④ 地下水控制； (0.5分)
⑤ 地下防水； (0.5分)
⑥ 土方； (0.5分)
⑦ 边坡。 (0.5分)
(2) 主体结构工程子分部：【口诀：四钢木砌铝合金】
① 钢筋混凝土结构； (0.5分)
② 钢结构； (0.5分)

③ 型钢混凝土结构； (0.5 分)
④ 钢管混凝土结构； (0.5 分)
⑤ 木结构； (0.5 分)
⑥ 铝合金结构； (0.5 分)
⑦ 砌体结构。 (0.5 分)

3. （本小题 7.0 分）
（1）钢筋混凝土结构：
① 模板； (0.5 分)
② 钢筋； (0.5 分)
③ 混凝土； (0.5 分)
④ 装配式结构； (0.5 分)
⑤ 现浇结构； (0.5 分)
⑥ 预应力。 (0.5 分)
（2）砌体结构：
① 砖砌体； (0.5 分)
② 混凝土小型空心砌块砌体； (0.5 分)
③ 石砌体； (0.5 分)
④ 配筋砌体； (0.5 分)
⑤ 填充墙砌体。 (0.5 分)
（3）还包括：
① 混凝土强度； (0.5 分)
② 结构位置及尺寸偏差； (0.5 分)
③ 合同约定项目。 (0.5 分)

4. （本小题 4.0 分）
（1）轻质隔墙：
① 活动隔墙； (0.5 分)
② 板材隔墙； (0.5 分)
③ 骨架隔墙； (0.5 分)
④ 玻璃隔墙。 (0.5 分)
（2）幕墙：
① 玻璃幕墙； (0.5 分)
② 人造石材幕墙； (0.5 分)
③ 石材幕墙； (0.5 分)
④ 金属幕墙。 (0.5 分)

5. （本小题 4.5 分）
（1）合格标准：
① 相关《质量控制资料》完整； (0.5 分)
② 分部工程有关安全、功能、节能、环保抽检资料完整； (0.5 分)
③ 主要使用功能的联动抽查结果符合规定； (0.5 分)

④ 观感质量符合要求。 (0.5 分)
（2）填写主体：
① 验收记录应由施工方填写； (0.5 分)
② 验收结论由监理单位填写； (0.5 分)
③ 综合验收结论由建设单位填写。 (0.5 分)
（3）综合验收结论的内容：
① 工程质量是否符合设计文件及相关标准的规定； (0.5 分)
② 对总体质量水平做出评价。 (0.5 分)

【解析】
《建筑工程施工质量验收统一标准》附录 H H.0.1 表 H.0.1-1 单位工程质量竣工验收记录。其中，验收记录由施工单位填写，验收结论由监理单位填写。综合验收结论经参加验收各方共同商定，由建设单位填写，应对工程质量是否符合设计文件和相关标准的规定及总体质量水平做出评价。

6. （本小题 4.5 分）
（1）总监理工程师的不妥之处：
① 不妥之一：签署了竣工报验单。 (0.5 分)
正确做法：总监理工程师应在收到报验单后按规定组织竣工预验收，验收通过，方可签署竣工报验单；发现问题的，要求施工单位整改并自检合格后重新报验。 (1.0 分)
② 不妥之二：向建设单位提交了工程竣工报告。 (0.5 分)
正确做法：总包单位于竣工预验收通过后，向建设单位提交工程竣工报告。 (0.5 分)
③ 不妥之三：向建设单位提交质量评估报告。 (0.5 分)
正确做法：质量评估报告还应经总监理工程师及企业技术负责人签字。 (0.5 分)
（2）建设单位不妥之处：收到该报告后，即将工程投入使用。 (0.5 分)
正确做法：建设单位应按规定组织工程竣工验收，通过后方可投入使用。 (0.5 分)

案 例 三

1. （本小题 4.0 分）
（1）重大危险源的评价。 (1.0 分)
（2）事故应急救援预案。 (1.0 分)
（3）重大危险源的监察。 (1.0 分)
（4）重大危险源的安全报告。 (1.0 分)
2. （本小题 13.0 分）
（1）危险源类别：
① 机械类； (1.0 分)
② 电器类； (1.0 分)
③ 辐射类； (1.0 分)
④ 物质类； (1.0 分)
⑤ 高坠类； (1.0 分)
⑥ 火灾类； (1.0 分)

⑦ 爆炸类。 (1.0分)

【评分准则：写出5条，即得5.0分】

（2）识别方法：【口诀：现场专家德尔菲，研究分析安全表，头脑风暴上了树】
① 现场调查法； (1.0分)
② 专家调查法； (1.0分)
③ 德尔菲法； (1.0分)
④ 危险与可操作性研究法； (1.0分)
⑤ 头脑风暴法； (1.0分)
⑥ 事件树分析法； (1.0分)
⑦ 故障树分析法。 (1.0分)

【评分准则：写出5条，即得5.0分】

（3）常见事故：
① 高处坠落； (1.0分)
② 物体打击； (1.0分)
③ 机械伤害； (1.0分)
④ 触电； (1.0分)
⑤ 坍塌。 (1.0分)

【评分准则：写出3条，即得3.0分】

3.（本小题3.0分）
（1）辨识各类危险因素及其原因与机制。 (1.0分)
（2）评价危险事件发生概率和发生后果的联合作用。 (1.0分)
（3）进行风险控制，检查风险值是否可接受，或降低危险水平。 (1.0分)

4.（本小题3.0分）
应对负面风险的措施还有：
（1）风险规避。 (1.0分)
（2）风险减轻。 (1.0分)
（3）风险自留。 (1.0分)

5.（本小题7.0分）
（1）不妥之处：
① 事故发生10分钟后，项目经理向单位负责人报告了事故情况； (1.0分)
② 单位负责人于24h内向当地有关主管部门报告。 (1.0分)
（2）应急措施：
① 立即启动应急救援预案； (1.0分)
② 立即组织人员抢救重伤人员； (1.0分)
③ 立即向本单位负责人报告事故情况； (1.0分)
④ 要求相关人员保护现场； (1.0分)
⑤ 需要移动现场证物的，应做好标示和记录。 (1.0分)

附录 E 预测模拟试卷（五）

考试范围	第三章：现场管理
考试题型	主观题（案例实操）2 题×30 分/题
卷面总分	60 分
考试时长	90 分钟
难度系数	★★★★
合理分值	30 分
合格分值	36 分

案 例 一

某施工单位承接了两栋住宅楼工程，总建筑面积 65000m²，基础均为筏板基础，地下 2 层，地上 30 层，地下结构连通，上部为两个独立单体一字设置，设计形式一致，地下室外墙南北向的距离 40m，东西向的距离 120m。该工程位于市区核心地段。

工程施工前，项目部在编制的"项目环境管理规划"中，提出了包括现场文化建设、保障职工安全等文明施工的工作内容；并针对本工程具体情况制定了《×××工程绿色施工方案》，对"四节一环保"提出了具体技术措施。并提出如下要求：

（1）工程开工后，向当地环卫部门申报登记。

（2）施工现场道路必须硬化；土方应分散堆放；砂浆搅拌场所应采取封闭、降尘措施。

（3）夜间施工时，应办理《夜间施工许可证》；夜间施工应加设灯罩，电焊作业应采取隔离措施。

（4）向环保部门领取《污水排放许可证》后，便可将泥浆、污水排入雨水管网。

（5）固体废弃物向相关"环保部门"申报登记，分类存放。

（6）现场建筑、生活垃圾以及有毒有害废弃物运送到垃圾消纳中心消纳。

（7）严禁焚烧各类废弃物，禁止将有毒有害废弃物土方回填。

工程所在地住建管理部门对该项目现场文明施工管理进行监督检查。个别宿舍内床铺为 2 层，住有 18 人，设有生活用品专用柜，窗户为封闭式，通道宽度为 0.8m。

工程验收竣工投入使用一年后，相关部门对该工程进行绿色建筑评价，按照评价体系各类指标评价结果为：各类指标的控制项均满足要求，工程绿色建筑评价总得分 70 分，评定为二星级。

问题：

1. 现场文明施工还应包含哪些工作内容？加强安全文明施工宣传，除了五牌一图，施工现场还应设置哪些同类型标牌。

2. 指出绿色施工方案的不妥之处。

3. 在绿色施工评价指标中，资源节约和健康舒适的评分项分别包括哪些？

4. 在现场文明施工管理监督检查中有哪些不妥之处？如何改正。

5. 绿色建筑运行评价指标体系中的指标共有几类，分别是什么？绿色建筑评价各等级的评价总得分标准是多少分？

案 例 二

某高层钢结构工程，建筑面积 28000m²，地下 1 层，地上 20 层。施工高峰期现场同时使用机械设备达到 8 台。项目经理安排土建技术人员编制了《安全用电和电气防火措施》，并报送监理工程师。监理工程师认为存在多处不妥，要求整改。后经相关部门审核、项目技术负责人批准、总监理工程师签认，并组织施工等单位的相关部门和人员共同验收后投入使用。

施工现场采用专用变压器和 TN-S 供电保护系统、三相五线制接线，其构造如图 1 所示。

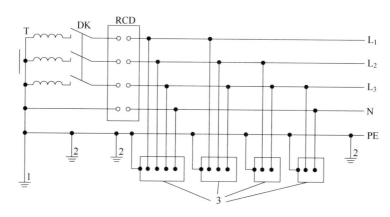

图 1 专用变压器供电时 TN-S 接零保护系统示意

施工单位安全管理机构进行专项安全检查时发现，现场配电系统采用三级配电方式。总配电箱设置在场外；高度 1.2m 的固定式分配电箱设置在场内，距离开关箱约 50m 处的某一偏僻角落；钢筋加工机械和木工机械共用一个移动式开关箱，开关箱放置在距离两台机械约 10m 的干燥地面。为便于底板混凝土浇筑施工，基坑周围未设临边防护。由于现场架设灯具照明不够，工人从配电箱中接出 220V 电源，使用行灯照明进行施工。

问题：

1. 指出《安全用电和电气防火措施》编制和审批的不妥之处，分别写出正确做法。临时用电投入使用前，施工单位的哪些部门应参加验收？

2. 写出图 1 中各编号所对应的内容。

3. 指出专项安全检查过程中发现的不妥之处，写出正确做法。

【参考答案】

案 例 一

1.（本小题 7.0 分）

（1）还应包括：

① 规范场容，保持作业环境整洁卫生； (1.0 分)

② 创造文明有序的安全生产条件； (1.0分)
③ 减少对居民和环境的不利影响。 (1.0分)
（2）还应设置：
① 宣传栏； (1.0分)
② 报刊栏； (1.0分)
③ 悬挂安全标语； (1.0分)
④ 安全警示标志牌。 (1.0分)

2.（本小题3.5分）
不妥之一：工程开工后，向当地环卫部门申报登记。 (0.5分)
不妥之二：土方应分散堆放。 (0.5分)
不妥之三：夜间施工时，应办理《夜间施工许可证》。 (0.5分)
不妥之四：向环保部门领取《污水排放许可证》。 (0.5分)
不妥之五：可将泥浆、污水直接排入雨水管网。 (0.5分)
不妥之六：固体废弃物向相关"环保部门"申报登记。 (0.5分)
不妥之七：现场建筑、生活垃圾及有毒有害废弃物运送到垃圾消纳中心消纳。 (0.5分)

3.（本小题8.0分）【口诀：低耗高效可重复，方便持久保温好】
（1）资源节约：
① 节地与土地利用； (1.0分)
② 节能与能源利用； (1.0分)
③ 节水与水资源利用； (1.0分)
④ 节材与绿色建材。 (1.0分)
（2）健康舒适：
① 室内空气品质； (1.0分)
② 水质； (1.0分)
③ 声环境与光环境； (1.0分)
④ 室内热湿环境。 (1.0分)

4.（本小题3.0分）
不妥之处：
（1）个别宿舍住有18人。 (0.5分)
改正：每间宿舍居住人员不得超过16人。 (0.5分)
（2）通道宽度0.8m。 (0.5分)
改正：通道宽度不得小于0.9m。 (0.5分)
（3）窗户为封闭式窗户。 (0.5分)
改正：现场宿舍必须设置可开启式窗户。 (0.5分)

5.（本小题8.5分）
（1）共有5类指标： (1.0分)
安全耐久、健康舒适、生活便利、资源节约、环境宜居。 (2.5分)
（2）各等级及评价标准：
① 绿色建筑划分应为基本级、一星级、二星级、三星级4个等级； (2.0分)

② 当满足全部控制项要求时，绿色建筑等级应为基本级； (1.0 分)
③ 60 分一星级；70 分二星级；85 分三星级。 (2.0 分)

案 例 二

1. （本小题 9.0 分）
（1）不妥之处及正确做法。
不妥之一：土建技术人员编制了《安全用电和电气防火措施》。 (1.0 分)
正确做法：应由电气工程技术人员编制《现场施工用电组织设计》。 (1.0 分)
不妥之二：项目技术负责人批准《现场施工用电组织设计》。 (1.0 分)
正确做法：应由企业的技术负责人批准。 (1.0 分)
不妥之三：编制后，报送监理工程师。 (1.0 分)
正确做法：用电组织设计经施工单位技术负责人审批后，报送监理工程师。 (1.0 分)
（2）施工单位的编制、审核、批准部门和使用单位。 (3.0 分)

2. （本小题 9.0 分）
"T" 变压器。 (1.0 分)
"DK" 总电源隔离开关。 (1.0 分)
"RCD" 总漏电保护器。 (1.0 分)
"L_1、L_2、L_3" 三根相线。 (1.0 分)
"N" 工作零线。 (1.0 分)
"PE" 保护零线。 (1.0 分)
"1" 工作接地。 (1.0 分)
"2" PE 线重复接地。 (1.0 分)
"3" 电气设备金属外壳。 (1.0 分)

3. （本小题 12.0 分）
（1）不妥之一：总配电箱设置在场外。 (1.0 分)
正确做法：总配电箱应设置在靠近进场电源的区域。 (1.0 分)
（2）不妥之二：固定式分配电箱高度仅 1.2m。 (1.0 分)
正确做法：固定式分配电箱、开关箱中心点距地面垂直距离为 1.4~1.6m。 (1.0 分)
（3）不妥之三：分配电箱设在场内距离开关箱约 50m 处。 (1.0 分)
正确做法：应设在用电设备或负荷集中处，距离开关箱不超过 30m。 (1.0 分)
（4）不妥之四：钢筋加工机械和木工机械共用一个移动式开关箱。 (1.0 分)
正确做法：一台设备只能配一个开关箱，严禁同一个开关箱直接控制两台及以上的用电设备。 (1.0 分)
（5）不妥之五：开关箱放置在距离两台机械约 10m 的干燥地面。 (1.0 分)
正确做法：开关箱距离用电设备不宜超过 3m，且应设置在稳固的支架上。 (1.0 分)
（6）不妥之六：工人从配电箱中接出 220V 电源，使用行灯照明。 (1.0 分)
正确做法：由电工从开关箱中接电；使用行灯照明，电压不得超过 36V。 (1.0 分)

附录 F 预测模拟试卷（六）

考试版块	专业技术
考试范围	第一章：工程材料；第二章：工程设计；第三章：地基基础
考试题型	单项选择题：20 题×1 分/题 多项选择题：10 题×2 分/题 主观题（案例实操）：2 题×30 分/题
卷面总分	100 分
考试时长	120 分钟
难度系数	★★★★
合理分值	80 分
合格分值	60 分

一、单项选择题（共 20 题，每题 1 分，每题的备选项中，只有 1 个最符合题意）

1. 下列建筑物中，属于工业建筑的是（　　）。
   A. 科研、文教建筑　　　　　　　B. 仓储建筑
   C. 畜禽饲料场　　　　　　　　　D. 农机修理站

2. 碳素结构钢牌号由（　　）4 部分按顺序组成。
   A. 质量等级符号→脱氧方法符号→屈服强度字母（Q）→屈服强度数值
   B. 屈服强度数值→屈服强度字母（Q）→脱氧方法符号→质量等级符号
   C. 屈服强度字母（Q）→屈服强度数值→脱氧方法符号→质量等级符号
   D. 屈服强度字母（Q）→屈服强度数值→质量等级符号→脱氧方法符号

3. 建筑物的组成体系中，能够保证使用人群的安全性和私密性的是（　　）。
   A. 设备体系　　　　　　　　　　B. 结构体系
   C. 门窗体系　　　　　　　　　　D. 围护体系

4. 混凝土构件最小截面尺寸的具体要求，下列错误的是（　　）。
   A. 现浇混凝土空心顶板、底板厚度不应小于 50mm，实心楼板不应小于 80mm
   B. 预制实心叠合板底板及后浇混凝土厚度不应小于 50mm
   C. 多层建筑剪力墙截面厚度不应小于 140mm，高层建筑不应小于 160mm
   D. 矩形梁截面宽度不应小于 200mm，矩形和圆形截面框架柱不应小于 300mm

5. 关于普通硅酸盐水泥主要特性的说法，正确的是（　　）。
   A. 水化热较小　　　　　　　　　B. 抗冻性较差
   C. 耐热性较差　　　　　　　　　D. 干缩性较大

6. 有关石子强度和坚固性的说法错误的是（　　）。
   A. 碎石或卵石的强度指标包括"岩石抗压强度和压碎指标"

B. 当混凝土强度等级为 C50 及以上时，应进行岩石抗压强度检验
C. 对经常性的生产质量控制，则可用压碎指标值来检验
D. 用于制作粗骨料的岩石的抗压强度与混凝土强度等级之比应≥1.5

7. 抗压强度高、耐久性好，多用于基础和勒脚部位的砌体材料是（　　）。
   A. 蒸压砖　　　　　　　　　　B. 砌块
   C. 石材　　　　　　　　　　　D. 混凝土砖

8. 湿法纤维板根据产品密度一般分为硬质纤维板、中密度纤维板和软质纤维板，其中（　　）是装饰工程中广泛应用的纤维板品种。
   A. 硬质纤维板　　　　　　　　B. 低密度纤维板
   C. 超低密度纤维板　　　　　　D. 中密度纤维板

9. 有关真空玻璃下列说法正确的是（　　）。
   A. 真空玻璃按保温性能（K 值）分为 1 类、2 类、3 类、4 类
   B. Ⅰ类：$K \leq 1.0$；Ⅱ类：$1.0 < K \leq 2.0$；Ⅲ类：$2.0 < K \leq 3.0$
   C. 中空玻璃有比真空玻璃更好的保温、隔热、隔声性能
   D. 真空玻璃之间的间隙仅为 $0.1 \sim 0.2$mm

10. 当混凝土砌体采用强度等级为 MU10 的砌块时，其灌孔混凝土最低强度等级为（　　）。
    A. Cb15　　　　　　　　　　　B. Cb20
    C. Cb25　　　　　　　　　　　D. Cb30

11. 有关保温材料性能说法错误的是（　　）。
    A. 保温材料的保温性能的好坏由导热系数大小决定的，导热系数越小，保温性能越好
    B. 导热系数小于 0.23W/(m·K) 的材料称为绝热材料
    C. 导热系数小于 0.19W/(m·K) 的材料称为保温材料
    D. 通常导热系数不大于 0.05W/(m·K) 的材料称为高效保温材料

12. 有关砌体结构及基础圈梁构造的说法错误的是（　　）。
    A. 结构层数为 $3 \sim 4$ 层时，应在底层和檐口标高处各设置一道圈梁
    B. 层数超过 4 层时，除底层和檐口处各设置一道外，还应在所有纵、横墙上隔层设置
    C. 结构圈梁宽度不小于 190mm，高度不小于 120mm，配筋不少于 4φ10，箍筋间距不大于 200mm
    D. 基础圈梁设置，当设计无要求时，高度不小于 180mm，配筋不少于 4φ12

13. 防火卷帘的耐火极限下列说法错误的是（　　）。
    A. 钢制普通型防火卷帘（单层）耐火极限为 $1.5 \sim 3.0$h
    B. 钢制复合型防火卷帘（双层）耐火极限为 $2.0 \sim 4.0$h
    C. 无机复合防火卷帘耐火极限为 $3.0 \sim 4.0$h
    D. 无机复合轻质防火卷帘耐火极限为 5.0h

14. 有关门窗构造，下列说法错误的是（　　）。
    A. 门窗与墙体结构连接的接缝处，应采用弹性接触
    B. 门窗安装严禁用射钉固定
    C. 与室外接触的金属窗框和玻璃结合处做断桥处理
    D. 隔声窗一般采用双层或三层玻璃

15. 预制钢筋混凝土板跨度大于（　　）m并与外墙平行时，靠外墙的预制板侧边应与墙或圈梁拉结。
   A. 2.0 B. 3.0
   C. 4.0 D. 4.8

16. 国家标准《钢的成品化学成分允许偏差》GB/T 222—2006 规定，碳当量的允许偏差为（　　）。
   A. +0.01% B. +0.02%
   C. +0.03% D. +0.04%

17. 沉降观测基准点和位移观测基准点，在特等、一等沉降观测时，基准点数量均不应少于（　　）个。
   A. 2 B. 3
   C. 4 D. 5

18. 通常用来控制土的夯实标准的岩土物理力学性能指标是（　　）。
   A. 黏聚力 B. 密实度
   C. 干密度 D. 可松性

19. 泥浆护壁钻孔灌注桩施工前应进行工艺性成孔，数量不少于（　　）根。
   A. 1 B. 2
   C. 3 D. 4

20. 关于地下连续墙水下灌注混凝土的说法，正确的是（　　）。
   A. 水下混凝土应采用导管法间歇式浇筑
   B. 导管水平布置距离不应大于3m，距槽段端部不应大于1.5m，导管下端应伸入槽底200～500mm
   C. 混凝土浇筑面高出设计标高300～500mm
   D. 地下连续墙混凝土强度等级应满足设计强度要求

二、多项选择题（共10题，每题2分，每题的备选项中有2个或2个以上符合题意，至少有1个错项。错选，本题不得分；少选，所选的每个选项得0.5分）

21. 混凝土结构体系应确定其设计使用年限、结构安全等级、抗震设防类别。结构上的作用和作用组合，并满足（　　）的要求。
   A. 结构体系应满足承载能力、刚度、延性性能要求
   B. 不可以采用混凝土结构构件与砌体结构构件混合承重体系
   C. 房屋建筑结构应采用双向抗侧力结构体系
   D. 抗震烈度9度的高层，可以采用带转换层、加强层、错层、连体结构
   E. 房屋建筑的混凝土楼盖应满足楼盖竖向振动舒适度要求

22. 根据《建筑防火设计规范》规定，下列空间可不计入建筑高度的有（　　）。
   A. 屋面局部突出的辅助用房，占屋面面积不超过1/4
   B. 住宅建筑，室外高差或室内顶板高出室外地面高度不超过1.5m的部分
   C. 室外高差或室内顶板高出室外地面高度不超过1.2m的部分
   D. 设在底部且高度不超过2.0m的自行车库、储藏室、敞开空间

E. 住宅建筑，设在底部且高度不超过2.2m的自行车库、储藏室、敞开空间

23. 基坑验槽条件中，必须具备哪些资料方可进行验槽（　　）。
A. 岩土工程勘察报告
B. 轻型动力触探记录
C. 施工方案
D. 地基基础设计文件
E. 地基处理或深基础施工质量检测报告

24. 防水堵漏灌浆材料按主要成分不同可分为（　　）。
A. 丙烯酸胺类
B. 甲基丙烯酸酯类
C. 环氧树脂类
D. 聚氨酯类
E. 复合类

25. 混凝土构件最小截面尺寸应满足（　　）要求。
A. 结构承载力极限状态
B. 正常使用极限状态
C. 耐久性、防火、防水
D. 配筋构造及混凝土浇筑
E. 经济实用性

26. 基坑（槽）回填土施工过程中，应查验的项目有（　　）。
A. 垃圾、树根等杂物清除情况
B. 排水系统
C. 标高及压实系数检验
D. 回填土有机质含量及含水量
E. 压实系数

27. 关于硅酸盐、普通硅酸盐水泥说法正确的是（　　）。
A. 硅酸盐水泥水化热大、耐蚀性和耐热性差
B. 硅酸盐水泥的早期强度高、凝结硬化快、抗冻性好
C. 普通水泥水化热较大、耐蚀性和耐热性较差
D. 普通水泥的早期强度高、凝结硬化快、抗冻性好
E. 普通硅酸盐水泥和硅酸盐水泥的干缩性都较大

28. 调节混凝土凝结时间、硬化性能的外加剂（　　）。
A. 减水剂
B. 早强剂
C. 速凝剂
D. 缓凝剂
E. 防锈剂

29. 有关素土、灰土地基的换填施工要求下列说法正确的是（　　）。
A. 可采用粉质黏土或砂质黏土
B. 不宜用块状黏土和砂质粉土，不得含有松软杂质
C. 采用新鲜消石灰，粒径不大于15mm，选用2∶8或3∶7灰土
D. 粉质黏土或砂质黏土的粒径不大于5mm
E. 灰土分层夯实厚度为300~500mm

30. 关于结构混凝土结构构件最低强度等级的说法，下列正确的是（　　）。
A. 素混凝土结构构件不应低于C30
B. 钢筋混凝土结构构件不应低于C25
C. 500MPa及以上等级的混凝土结构构件不应低于C30
D. 钢-混凝土组合、承受重复荷载作、抗震等级不低于二级的混凝土结构构件不应低于C30
E. 预应力楼板不应低于C40，其他预应力构件不应低于C30

三、实务操作和案例分析题（共2题，案例一30分，案例二30分）

案 例 一

某公司兴建一幢国贸大楼，建筑面积48000m²，框架-剪力墙结构，地下2层，地上28层，本地基基础设计等级为甲级，设计基础底标高为-9.0m，地下水位于基坑底以上6.5m。土方开挖区域内为粉土，支护形式采用截水帷幕-预应力锚杆复合土钉墙（图1），截水帷幕采用水泥土搅拌桩墙。基础形式为灌注桩筏板基础，钢筋混凝土框剪结构。基础桩设计桩径800mm、长度35~42m，混凝土强度等级C30，共计900根。

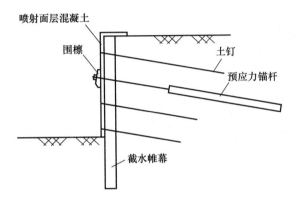

图1 截水帷幕-预应力锚杆复合土钉墙

施工单位在编制的基坑支护及降水工程专项方案中，要求截水帷幕采用高压旋喷工艺成桩，相邻水泥土桩有效咬合宽度为100mm。监理人审查专项方案时认为水泥土桩咬合宽度不足，要求施工单位调整施工方案后重新报审。

本工程土方施工采用盆式开挖，施工期间正值雨期，施工单位在基坑内临时道路上铺渣土或级配砂石，保证雨后通行不陷。开挖过程中，项目部多次对基坑平面位置、水平标高、边坡坡率等项目进行了现场检查。

施工单位采用泥浆护壁成孔灌注摩擦型桩，导管法水下灌注法施工；灌注时桩顶混凝土面超过设计标高1000mm。6号桩孔施工过程中，发生桩孔坍塌，项目部立即启动了应急预案，并组织人员进行治理。成桩后，采用声波透射法按总桩数的10%进行桩身完整性检验；随后又抽检3根桩，采用静载荷试验法进行地基承载力检验。

问题：

1. 简述截水帷幕-预应力锚杆复合土钉墙中"面层、锚杆、截水帷幕"基本构造要求。

2. 除水泥土搅拌桩外，截水帷幕还有哪些类型？监理人的要求是否妥当，说明理由。

3. 雨期基坑开挖，施工单位还应采取哪些防雨措施。基坑开挖过程中，项目部还应对哪些项目进行检查。

4. 本工程泥浆护壁灌注桩孔壁坍落可能原因。分析施工单位对于桩身完整性和地基承载力的抽检数量是否满足要求。

案 例 二

某建筑工程建筑面积65000m², 现浇混凝土结构, 筏板式基础, 地下3层, 地上26层, 基坑开挖深度15.5m, 地下水位于基坑底以上7.5m, 该工程位于繁华市区, 基坑南侧距基坑边26m处有一栋36层住宅楼。基坑开挖前, 施工单位提出了基坑支护及降水采用"内撑式排桩支护+单排水泥土桩截水+喷射井点降水+井点回灌"方案。其中, 搅拌桩500根, 支护桩350根, 支护结构采用"桩墙合一"的方式施工, 排桩及冠梁的混凝土设计强度均为C30。截水帷幕采用高压旋喷工艺成桩, 桩径为800mm。

《基坑支护及地下水控制方案》中, 关于喷射井点降水构造如图2所示:

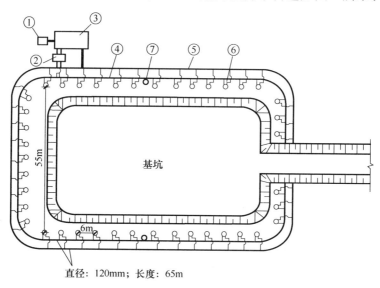

图 2 喷射井点降水施工构造图

截水帷幕施工完成后, 在其外侧0.5m的位置, 采用间隔成桩的顺序施工灌注式排桩（排桩的桩径为600mm）, 已浇筑混凝土的桩与邻桩的间距为2m。支护桩顶部冠梁宽度600mm, 高度300mm。支护桩混凝土强度应满足设计要求, 且灌注桩顶的泛浆高度不低于1000mm。

灌注桩完工后, 施工单位采用低应变法对灌注桩的桩身完整性进行了抽检, 抽检数量为70根。

土方开挖时, 由于边坡顶部堆放了大量的临近建筑施工中使用的模板、脚手架、施工机具……监测过程中发现, 基坑支护结构发生墙背土体沉陷。监测单位立即上报相关单位, 施工单位随即对该现象展开应急处理。

问题：

1. 喷射井点降水适用范围以及降水特点。本工程地下水控制方案为何采用回灌措施？
2. 指出喷射井点降水布置图中的不妥之处, 并予以纠正。
3. 基坑支护及截水方案中, 存在哪些不妥之处？
4. 施工单位对灌注桩桩身完整性的抽检数量是否符合规范要求？说明理由。若采用超声波透射法，检测数量为多少？

5. 对于基坑支护结构发生墙背土体沉陷，施工单位可采取哪些应急措施？

【参考答案】

一、单项选择题

题号	1	2	3	4	5	6	7	8	9	10
答案	B	D	D	D	C	B	C	D	D	B
题号	11	12	13	14	15	16	17	18	19	20
答案	C	C	D	B	D	C	C	C	B	C

二、多项选择题

题号	21	22	23	24	25	26	27	28	29	30
答案	ABCE	ABE	ADE	ABCD	ABCD	BDE	ABC	BCD	AB	BCD

三、实务操作和案例分析题

案 例 一

1. （本小题12.0分）

（1）面层：

① 钢筋网：钢筋直径宜为6～10mm，钢筋间距宜为150～250mm； (1.0分)

② 搭接：坡面上下段钢筋网搭接长度应大于300mm； (1.0分)

③ 连接：设置承压板或通长加强钢筋，使面层与土钉可靠连接； (1.0分)

④ 混凝土：强度等级不宜低于C20，面层厚度不宜小于80mm； (1.0分)

⑤ 泄水孔：坡面按设计和规范的构造要求设置泄水孔。 (1.0分)

（2）锚杆：

① 锚杆自由段长度不小于5m，并超过潜在滑裂面进入稳定土层不小于1.5m； (1.0分)

② 土层锚杆锚固段长度不宜小于6m； (1.0分)

③ 锚杆上下排垂直间距不宜小于2.0m，水平间距不宜小于1.5m； (1.0分)

④ 锚杆锚固体上覆土层厚度不宜小于4.0m； (1.0分)

⑤ 锚杆倾角宜为15°～25°。 (1.0分)

（3）截水帷幕：

① 桩伸入坑底的长度宜大于2倍的桩径，并大于1m； (1.0分)

② 桩身28d无侧限抗压强度不宜小于1MPa。 (1.0分)

2. （本小题3.0分）

（1）还可采用：

① 高压喷射注浆； (0.5分)

② 地下连续墙； (0.5分)

③ 小齿口钢板桩； (0.5分)

④ 咬合式排桩。 (0.5分)

251

（2）妥当。 (0.5分)
理由：基坑开挖深度不大于10m时，单排桩搭接不应小于150mm。 (0.5分)

3.（本小题6.0分）

（1）还应采取下列措施：

① 基坑坡顶做1.5m宽散水、挡水墙，四周做混凝土路面； (1.0分)
② 坑内沿四周挖砌排水沟、设集水井，用排水泵抽至市政排水系统； (1.0分)
③ 自然坡面防止雨水直接冲刷，遇大雨时覆盖塑料布。 (1.0分)

（2）还应检查：

① 排水系统； (0.5分)
② 地下水控制系统； (0.5分)
③ 预留土墩； (0.5分)
④ 分层开挖厚度； (0.5分)
⑤ 支护结构的变形； (0.5分)
⑥ 周围环境变化。 (0.5分)

4.（本小题9.0分）

（1）原因：

① 泥浆比重不足，难以起到护壁作用； (1.0分)
② 护筒埋设太浅，导致下端塌孔； (1.0分)
③ 松散沙层中转速、进尺过快，或空转时间太长； (1.0分)
④ 夯击沉渣时，冲击锥、捣渣筒倾倒，撞击孔壁； (1.0分)
⑤ 孔内有承压水，降低静水压力； (1.0分)
⑥ 处理孤石、探头石时，炸药用量过大。 (1.0分)

（2）分析：

① 本工程桩身完整性抽检错误。 (0.5分)

理由：工程桩应进行桩身完整性检验。抽检数量不应少于总桩数的20%，且不应少于10根。每根柱子承台下的桩抽检数量不应少于1根。 (1.0分)

② 本工程地基承载力抽检错误。 (0.5分)

本工程地基基础设计等级为甲级，地基承载力检测桩数不应小于总数的1%，且不少于3根。本工程灌注桩共900根，应至少检测9根桩的桩身承载力试验。 (1.0分)

案 例 二

1.（本小题8.0分）

（1）适用范围：

① 砂土、粉土、黏性土； (1.0分)
② 土的渗透系数为0.005~20m/d； (1.0分)
③ 上层滞水或水量不大的潜水； (1.0分)
④ 降水深度8~20m。 (1.0分)

（2）降水特点：

①降水设备较简单；②排水深度大；③比多级轻型井点降水设备少；④土方开挖量少，

施工快，费用低。 (2.0分)

（3）原因：阻止回灌井点外侧的建筑物下的地下水流失，使地下水位基本保持不变，土层压力仍处于原始平衡状态，从而可有效地防止降水对周围建（构）筑物、地下管线等的影响。 (2.0分)

2. （本小题10.0分）

（1）不妥之一：喷射井点水平间距宜为6m。 (1.0分)

纠正：喷射井点水平间距宜为2~4m。 (1.0分)

（2）不妥之二：喷射井点管排距为55m。 (1.0分)

纠正：喷射井点管排距不宜大于40m。 (1.0分)

（3）不妥之三：喷射井点总管直径为120mm，长度为65m。 (1.0分)

纠正：喷射井点总管直径不宜小于150mm，长度不宜大于60m。 (1.0分)

（4）不妥之四：水位观测井设置在基坑两侧边中间处。 (1.0分)

纠正：水位观测孔应布置在控制区域中央和周边拐角处。 (1.0分)

（5）不妥之五：机组井点管数量为41根。 (1.0分)

纠正：喷射井点降水，每套机组的井点数不宜大于30根。 (1.0分)

3. （本小题5.0分）

（1）不妥之一：截水帷幕完工后，施工灌注式排桩。 (1.0分)

（2）不妥之二：截水帷幕距离排桩0.5m。 (1.0分)

（3）不妥之三：已浇筑混凝土的桩与邻桩的间距为2m。 (1.0分)

（4）不妥之四：冠梁高度300mm。 (1.0分)

（5）不妥之五：混凝土强度应满足设计要求。 (1.0分)

4. （本小题2.0分）

（1）不满足规范要求。

理由：采用低应变法检测桩身完整性，检测桩数不少于总桩数的20%，且不少于5根。采用桩墙合一时，全部灌注桩均应检测。 (1.0分)

（2）采用超声波透射法，排桩数量不应低于总桩数的10%，且不应少于3根。即检测数量不少于35根。 (1.0分)

5. （本小题5.0分）

（1）增设坑外回灌井。 (1.0分)

（2）进行坑底加固。 (1.0分)

（3）垫层随挖随浇。 (1.0分)

（4）加厚垫层或采用配筋垫层。 (1.0分)

（5）设置坑底支撑。 (1.0分)

附录 G 预测模拟试卷（七）

考试范围	《建筑工程管理与实务》全章节	
考试题型	单项选择题：20 题 ×1 分/题 多项选择题：10 题 ×2 分/题 主观题（案例实操）：案例一、二、三，20 分/题；案例四、五，30 分/题	
卷面总分	160 分	
考试时长	240 分钟	
难度系数	★★★★☆	
合理分值	126 分	
合格分值	120 分	
自测说明	130～140 分	非常厉害！得益于强大的学习能力，存量考点已尽收囊中，又能理解并较好地掌握部分存量性考点，保持这种学习状态到考前，必定高分通过
	120～130 分	恭喜！部分核心考点已悉数掌握，并能在没有讲到的领域拿到少许分值，实属不易
	120 分以下	加油！建议"边听边记边总结，三遍成活！"搞透逻辑体系的同时，适当运用答题技巧，提高自己的答题效率。最后两个月，一定要放开了拼，豁出去学

一、**单项选择题**（共 20 题，每题 1 分，每题的备选项中，只有 1 个最符合题意）

1. 有关建筑物分类的说法正确的是（　　）。
   A. 建筑物按用途分为民用建筑、工业建筑；公共建筑包括仓储、文教、科研、医疗、商业等建筑；居住建筑是指住宅、宿舍、公寓等建筑
   B. 高度 38m 的医疗建筑，高度 60m 的公共建筑，藏书 100 万册的图书馆属于一类高层公共建筑
   C. 屋顶建筑，檐口高度应按室外设计地坪至坡屋面最高点的高度计算；同一建筑有多种屋面形式，或多个室外设计地坪时，应分别计算建筑高度后取其中最小值
   D. 地下室、局部夹层、公共走道、建筑避难区、架空层等有人员正常活动的场所最低处室内净高不应小于 2.0m

2. 关于楼梯及墙体构造要求，下列说法正确的是（　　）。
   A. 供日常交通用的公共楼梯的梯段最小净宽按人流股数和每股人流宽度 0.55m 确定，并不应少 2 股人流宽度
   B. 公共楼梯正对（向上、向下）梯段设置的楼梯间门距踏步边缘的距离不应小于 0.50m
   C. 休息平台上部及下部过道处的净高不应小于 2.20m，每个梯段的踏步不应少于 3 级；至少于单侧设置扶手，梯段净宽达 3 股人流的宽度时应两侧设扶手

D. 有防水、防潮要求的室内墙面背水面应设防水、防潮层

3. 下列关于屋面、天窗建筑构造要求的说法，正确的是（　　）。

A. 屋面应设置坡度，且坡度不应小于2%，装配式屋面应进行抗风揭设计

B. 种植屋面应满足种植荷载及耐根穿刺的构造要求，且应采取防冰雪融坠措施

C. 天窗采用玻璃时，应使用钢化玻璃和钢化夹层玻璃

D. 坡度>45°的瓦屋面、强风多发地区屋面、坡屋面应采取防止瓦材滑落、风揭措施

4. 下列关于混凝土结构中普通钢筋、预应力钢筋保护层厚度的规定，说法正确的是（　　）。

A. 应满足普通钢筋、有黏结预应力筋与混凝土共同工作性能要求，满足混凝土构件的耐久性能、防火性能要求

B. 大截面混凝土墩柱加大保护层厚度时，其强度等级可适当降低，但降幅不得超过2个强度等级，且使用年限为100年和50年的构件强度等级不应低于C30和C25

C. 当设计混凝土强度等级比《混凝土结构耐久性设计标准》规定的低1~2个等级时，混凝土保护层厚度分别应增加5mm和15mm

D. 处于流动水中或同时受水中泥沙冲刷的构件，其保护层厚度宜增加20~30mm

5. 下列关于结构安全等级说法，正确的是（　　）。

A. 结构部件的安全等级不得低于二级

B. 结构部件与结构的安全等级不一致或与设计工作年限不一致的，应在设计文件中标明

C. 安全等级为一级的结构，破坏后果表现为"不严重"

D. 安全等级为三级的结构，破坏后果表现为"很严重"

6. 正常使用极限能力状态的是（　　）。

A. 影响结构使用功能的局部破坏

B. 结构因局部破坏而发生连续倒塌

C. 影响外观、耐久性或结构使用功能的局部损坏

D. 结构转变为机动体系

7. 结构应按设计规定的用途使用，不得出现（　　）等影响结构使用安全的行为。

A. 改变结构用途和使用环境，损坏地基基础

B. 损坏或擅自变动结构体系及抗震措施；影响毗邻结构使用安全的结构改造与施工

C. 存放爆炸性、毒害性、放射性、腐蚀性等危险物品

D. 增加结构荷载

8. 下列有关水泥的说法正确的是（　　）。

A. 常用水泥代号：硅酸盐水泥P·Ⅰ或P·Ⅱ，普通水泥P·C，复合水泥P·O；常用水泥技术指标包括凝结时间、安定性、和易性

B. 水泥初凝时间是从加水拌合至水泥浆开始失去可塑性所需的时间；水泥初凝时间均不超过45min；除硅酸盐外，其他水泥的终凝时间不超过10h

C. 水泥的安定性一般是指水泥在凝结硬化过程中体积变化的均匀性，测试方法包括试饼法和雷氏法，水泥安定性不良会造成混凝土收缩性裂缝

D. 矿渣水泥耐热性好，火山灰水泥抗渗性好，但两者干缩性较大，粉煤灰水泥干缩性

较小、抗裂性较高

9. 有关混凝土外加剂的说法，下列错误的是（　　）。
A. 调节混凝土凝结时间、硬化性能的外加剂包括缓凝剂、早强剂、减水剂、阻锈剂；引气剂可改善混凝土的和易性，减少混凝土泌水离析，提高混凝土抗渗性、抗冻性及抗裂性
B. 早强剂可加速混凝土硬化、缩短养护周期、加快施工进度，多用于冬期施工和紧急抢修工程
C. 缓凝剂用于高温季节、滑模施工、大体积混凝土以及泵送、远距离运输商品混凝土
D. 使用减水剂时，只掺入减水剂不减少用水量，能显著提高拌合物的流动性；减水而不减水泥，可提高混凝土强度；减水的同时适当减少水泥用量，则可节约水泥

10. 有关保温材料性能说法正确的是（　　）。
A. 保温材料保温性能的好坏由导热系数大小决定，导热系数越小，保温性能越差
B. 导热系数小于 0.23W/(m·K) 的材料称为绝热材料，小于 0.14W/(m·K) 的材料称为保温材料，不大于 0.08W/(m·K) 的材料称为高效保温材料
C. 影响保温材料导热系数的因素有：材料的性质、表观密度与孔隙特征、温度、湿度、热流方向
D. 材料的导热系数随温度的升高而增大，温度在 0～50℃时尤为显著

11. 结构设计应对起控制作用的极限状态进行计算或验算。不能确定起控制作用的极限状态时，应（　　）。
A. 按承载力极限状态确定
B. 按正常使用极限状态确定
C. 根据设计经验估算确定
D. 对不同极限状态分别进行计算或验算

12. 关于基坑验槽，下列说法错误的是（　　）。
A. 验槽应在基坑或基槽开挖至设计标高后进行，验槽时，应具备岩土工程勘察报告、轻型动力触探记录、地基基础设计文件、地基处理或深基础施工质量检测报告
B. 对于留置保护土层，其厚度不应超过100mm，槽底应为无扰动的原状土；验槽主要采用观察法，验槽时应重点观察柱基、墙角、承重墙下
C. 采用轻型动力触探验槽时，应检查持力层的强度及均匀性，浅埋的软弱下卧层和突出硬层，可能影响基础稳定性和地基承载力的古井、墓穴、空洞
D. 基础持力层为均匀、密实砂层时，可不对其进行轻型动力触探；对于特殊土地基，应检查处理后地基的湿陷性、地震液化、冻土保温、膨胀土隔水等方面的资料

13. 单一地基处理方法中，关于强夯法处理的说法，下列错误的是（　　）。
A. 强夯处理范围应大于建筑物基础范围，每边超出基础外缘的宽度宜为基底下设计处理深度的 1/2～2/3，并不应小于 3m
B. 强夯或强夯置换施工前，应先选取一个或几个试验区进行试夯，试夯区的面积不宜小于 20m×20m
C. 强夯地基夯锤质量宜为 10～60t，强夯法有效加固深度一般为 10m 以上
D. 地表土软弱或地下水位较高时，宜采用人工降水或铺填一定厚度的砂石材料，使地下水位低于坑底面以下 2m

14. 关于钢筋连接的说法，下列正确的是（　　）。

A. 直接承受动力荷载的结构构件中，纵向钢筋不得采用焊接连接

B. 目前最常见、采用最多的机械连接方式是钢筋剥肋滚压直螺纹套筒连接

C. 受压钢筋＞φ25、受拉钢筋＞φ28时，不宜采用绑扎搭接接头

D. 同一纵向受力钢筋，不宜设置两个或两个以上的接头，接头末端至钢筋弯起点的距离不应小于钢筋直径的5倍

15. 下列关于混凝土施工的说法，正确的是（　　）。

A. 混凝土的入泵坍落度不宜小于70mm，水胶比不宜小于0.6，胶凝材料总量不宜小于300kg/m³，引气型外加剂的含气量不大于4%

B. 投料时，粉煤灰、水泥及外加剂应同时投放；粗骨料粒径＜25mm时，自高处倾落高度不得超过3m；粗骨料粒径＞25mm时，自高处倾落高度不得超过6m

C. 浇筑竖向结构前，应先在底部填≤30mm厚与混凝土同成分的水泥砂浆；浇筑与柱和墙连成整体的梁和板时，应在柱和墙浇筑完毕后停歇1~1.5h，再继续浇筑

D. 后浇带通常在主体结构至少保留28d后，采用微膨胀混凝土浇筑，强度等级比原结构强度提高一级，并保持至少14d的湿润养护；接缝处按施工缝的要求处理

16. 关于室内防水，下列说法正确的是（　　）。

A. 防水混凝土出现离析，必须进行二次搅拌后使用；当坍落度损失后不能满足施工要求时，可以直接加水

B. 防水混凝土应采用高频机械分层振捣10~30s；施工缝宜留置在受剪力较小、便于施工的部位，防水混凝土终凝后的养护时间应≥14d

C. 涂膜防水施工，溶剂型涂料宜为0~35℃，水乳型涂料宜为5~35℃；防水层多遍成活，前后两遍涂刷方向相互平行，并先涂刷平面，后涂刷立面

D. 室内防水卷材最小搭接宽度应满足：改性沥青防水卷材在常规环境下不小于100mm，在长期浸水环境下不小于80mm；防水卷材施工宜先铺立面，后铺平面

17. 关于建筑幕墙防火、防雷构造技术要求的说法，正确的有（　　）。

A. 防火层承托应采用厚度不小于1.5mm的铝板，防火密封胶应有法定检测机构的防火检验报告

B. 兼有防雷功能的幕墙压顶板宜采用厚度不小于3mm的铝合金板制造，与主体结构屋顶的防雷系统应有效连通

C. 在有镀膜层的构件上进行防雷连接不应破坏镀膜层，幕墙的金属框架应与主体结构的防雷体系可靠连接

D. 幕墙与各层楼板、隔墙外沿间的缝隙，应采用不燃材料封堵；填充材料可采用岩棉或矿棉，其厚度不应小于80mm

18. 关于屋面工程保温层施工，下列说法正确的是（　　）。

A. 水泥砂浆粘贴的块状保温材料不宜低于5℃，喷涂硬泡聚氨酯施工环境温度宜为15~35℃，空气相对湿度＜85%，风速宜＜6级

B. 现浇泡沫混凝土：5~35℃，雨天、雪天、6级风以上时应停止施工

C. 现浇泡沫混凝土，浇注出口离基层的高度不宜超过3m，泵送时应采取高压泵送；一次浇筑厚度不宜超过200mm，保湿养护时间不少于14天

D. 倒置式屋面保温层板材施工，坡度≤3%的不上人屋面可干铺，上人屋面宜粘接；坡

度>3%的屋面应采用粘接法，并采用固定防滑措施

19. 超过一定危险性的分部分项工程组织专家论证时，参加专家论证会的成员包括（   ）。
   A. 建设单位项目技术负责人　　　　　　B. 勘察、设计单位项目负责人
   C. 施工单位质量部门负责人　　　　　　D. 施工单位技术负责人、方案编制人

20. 关于地面工程板块面层铺设，下列说法错误的是（   ）。
   A. 铺设板块面层时，其水泥类基层的抗压强度不得小于1.2MPa；板块类踢脚线施工，不得采用混合砂浆打底
   B. 砖面层、大理石、花岗石面层、预制板块面层、料石面层所用板块进入施工现场时，应有放射性限量合格的检测报告
   C. 地毯面层采用的材料进入施工现场时，应有地毯、衬垫、胶黏剂中的挥发性有机化合物（VOC）和甲醛限量合格的检测报告
   D. 地面面层结合层和填缝材料采用水泥砂浆时，面层铺设后，表面养护不应少于14d

二、多项选择题（共10题，每题2分，每题的备选项中有2个或2个以上符合题意，至少有1个错项。错选，本题不得分；少选，所选的每个选项得0.5分）

21. 关于墙体建筑装修构造，下列说法正确的是（   ）。
   A. 外墙饰面砖接缝的宽度不应小于5mm，缝深不宜大于3mm，也可为平缝
   B. 外墙饰面砖粘贴应设置伸缩缝；伸缩缝间距不宜大于6m，宽度宜为20mm；伸缩缝应采用耐候密封胶嵌缝
   C. 墙体裱糊基层，混凝土或抹灰基层含水率≤8%；木材基层含水率≤10%
   D. 新墙面涂饰前刷抗碱封闭底漆，旧墙则应清除旧装饰层，并刷界面剂；混凝土、抹灰基层刷溶剂型涂料时含水率≤8%，刷乳液型涂料时含水率≤10%，木材基层含水率≤12%
   E. 水性涂料涂饰工程施工的环境温度应为5~35℃

22. 根据《砌体结构通用规范》（GB 55007—2021），关于砌体结构工程设计构造，下列说法正确的是（   ）。
   A. 混凝土砌体采用强度等级为MU10的砌块时，其灌孔混凝土最低强度等级为Cb20
   B. 轻骨料混凝土小型空心砌块或加气混凝土砌块墙不得用于建筑物防潮层以上墙体
   C. 预制钢筋混凝土板跨度>4m并与外墙平行时，靠外墙的预制板侧边应与墙或圈梁拉结
   D. 结构层数为3~4层时，应在底层和檐口标高处各设置一道圈梁。层数>4层时，除底层和檐口各设置一道圈梁外，还应在所有纵、横墙上隔层设置
   E. 结构圈梁宽度≥190mm，高度≥120mm，配筋≥4φ12，箍筋间距≥200mm；基础圈梁高度不小于120mm，配筋不少于4φ12

23. 关于建筑防水材料的说法，下列正确的是（   ）。
   A. 改性沥青防水卷材按照改性材料的不同分为：弹性体（SBS）、塑性体（APP）和其他；高聚物防水卷材按基料种类分为：橡胶类、树脂类和橡塑共混
   B. 改性沥青卷材主要有：SBS、APP、沥青复合胎柔性、自粘橡胶、改性沥青聚乙烯

胎、道桥用改性沥青防水卷材等
C. 防水涂料按成膜物质分为：丙烯酸、聚氨酯、有机硅、改性沥青和其他类防水涂料；按照成型类别分为：挥发型、反应型和反应挥发型
D. 防水涂料是指常温下为液体，干燥后能形成防水目的的刚性涂膜材料；定型密封材料包括止水带、止水条、密封条，非定型密封材料包括密封膏、密封胶、密封剂
E. 卷材柔韧性包括：柔度、柔性、脆性温度；温度稳定性包括：耐热度、耐热性、低温弯折性

24. 关于板材隔墙施工工艺的说法，正确的是（　　）。
A. 隔墙板、门窗框及管线安装7d后，检查所有缝隙是否粘接良好，有无裂缝；加气混凝土隔板填缝材料采用石膏或膨胀水泥
B. GRC空心混凝土墙板之间贴玻纤网条，第一层宽60m，第二层宽150mm；贴缝胶黏剂应与板之间拼装的胶黏剂相同
C. 轻质陶粒混凝土隔墙板缝、阴阳转角和门窗框边缝用水泥胶黏剂粘贴玻纤布条；板缝玻纤布条宽50~60mm，阴阳转角宽100mm
D. 增强水泥条板隔墙板缝、阴阳转角和门窗框边缝用水泥胶黏剂粘贴玻纤布条；板缝用玻纤布条宽50~60mm，阴阳转角宽200mm，石膏腻子分2遍刮平，总厚度3mm以内
E. 胶黏剂要随配随用，并应在30min内用完；隔墙板安装应从门洞口处向两端依次进行；无门洞墙体，自一端向另一端依次安装

25. 下列关于深基坑支护类型、构造及要求，说法正确的有（　　）。
A. 地下连续墙可与顺作法、逆作法、半逆作法结合使用
B. 排桩适用于侧壁安全等级为一级、二级、三级的基坑，以及可采取降水或止水帷幕的基坑
C. 灌注桩排桩应采取间隔成桩的施工顺序，已施工完成的桩与邻桩间距应大于2倍桩径，或间隔施工时间>24h
D. 灌注桩顶应充分泛浆，高度不应小于500mm；水下灌注混凝土时，混凝土强度应比设计桩身强度提高一个强度等级
E. 灌注桩外截水帷幕与桩间的净距不宜小于200mm；采用高压旋喷桩时，应先施工灌注桩，再施工高压旋喷截水帷幕

26. 关于土方开挖的顺序、方法，下列说法正确的是（　　）。
A. 基坑开挖宽度较大且局部无法放坡时，应采取措施加固坡脚
B. 基底标高不同时，宜先深后浅、分层分段开挖；采用土钉墙支护时，可以一次开挖至基底标高
C. 深基坑支护结构挖土方案包括放坡挖土、盆式挖土、中心岛挖土、逆作法挖土等；放坡挖土是唯一没有支护结构的开挖方式，大面积开挖采用盆式挖土
D. 浅基坑土方开挖，基坑边缘堆置土方和建筑材料，最大堆置高度不应超过2.5m
E. 人工挖土，应预留150~300mm不挖，待下道工序开始再挖至设计标高；机械开挖，应在基底标高以上预留200~300mm厚土层人工挖除

27. 关于装配式混凝土预制构件质量验收的说法，下列正确的是（　　）。

A. 允许有裂缝的构件，进行承载力、挠度和裂缝宽度检验；不许有裂缝的构件，进行承载力、挠度、抗裂检验；大型及有可靠应用经验的构件，只检测裂缝宽度、抗裂和挠度

B. 使用数量较少的构件和单独使用的叠合预制底板，可不进行结构性能检验

C. 外墙接缝防水检测，每1000m² 外墙划分一个检验批；每个检验批至少抽查1处，抽查相邻两层四块墙板形成的水平、竖向十字接缝区域，面积应≥10m²

D. 外围护系统应在验收前完成抗压性能、层间变形性能、耐撞击性能、耐火极限、饰面砖（板）的粘接强度等性能试验

E. 外围护部品隐蔽项目包括：预埋件，与主体结构的连接节点、封堵构造节点、防雷装置和防火构造，现场传热系数测试

28. 轻质隔墙中，板材隔墙大多为（ ）。
 A. 石膏板   B. 加气混凝土条板
 C. 增强石膏空心条板   D. GRC 板
 E. 胶合板

29. 复合保温板等墙体节能定型产品，进场复验的内容有（ ）。
 A. 传热系数或热阻   B. 单位面积质量
 C. 拉伸粘接强度   D. 燃烧性能
 E. 吸水率

30. 关于施工组织设计，下列说法正确的是（ ）。
 A. 施工组织设计应由项目负责人主持编制，分阶段编制的施工组织设计必须整体审批
 B. 施工组织总设计由施工单位技术负责人审批；施工方案应由项目技术负责人审批
 C. 专业承包单位施工的专项工程的施工方案，由专业承包单位技术负责人或其授权的技术人员审批；有总承包单位时，应由总承包单位项目技术负责人核准备案
 D. 单位工程施工组织设计主要包括：施工总体部署、施工总进度计划、施工准备与资源配置计划、主要施工方案、施工现场平面布置
 E. 施工方案包括：工程概况、施工安排、施工进度计划、施工准备与资源配置计划、施工方法及工艺要求

三、实务操作和案例分析题（共5题，案例一、二、三各20分，案例四、五各30分）

案 例 一

某钢筋混凝土筒体结构工程，地下2层，地上28层，位于市中心区域。基于板整体性好、抗震性强、无拼缝等优点，本工程墙体、屋面等面型构件采用工具式大模板施工。

施工前，施工单位项目技术负责人组织编制了作业式脚手架专项施工方案，明确了工程概况和编制依据，脚手架类型、所用材料、构配件类型及规格、结构与构造设计施工图、结构设计计算书、应急预案等内容。

工程施工至8层时，该地区发生了持续4h的暴雨，并伴有短时六、七级大风。风雨结束后，项目负责人组织有关人员对脚手架的搭设场地、支撑构件的固定进行验收，排除隐患

后恢复了施工生产。

工程施工至12层时,项目经理每隔一周组织一次脚手架定期安全检查。检查过程中发现,支撑式脚手架实际搭设情况如图1所示;其可调支托构造如图2所示。作业式脚手架附墙连接采用2根直径为4mm的钢丝拧成一股的拉筋与顶撑配合使用,连墙件垂直间距为4m,且有2处被施工人员拆除。

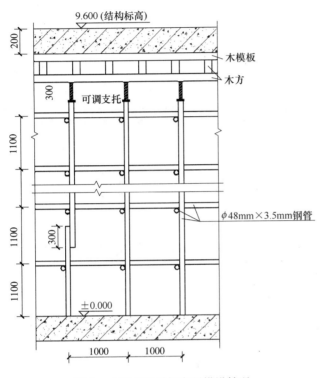

图1 支撑式脚手架实际搭设情况　　图2 可调支托构造

问题:

1. 工具式大模板由哪些部分组成?大模板的尺寸依据有哪些?除了整体性好、抗震性强、无拼缝等优点,大模板还有哪些缺点?

2. 搭设脚手架之前,其脚手架地基应满足哪些基本要求?专项施工方案的内容还包括哪些?哪些阶段应对脚手架进行检查验收?

3. 指出图1中存在的不妥之处。支撑式脚手架可调底座和可调托撑调节螺杆的构造要求具体有哪些?

4. 写出图2所示数字对应的项目。指出项目经理定期安全检查中发现的不妥之处。

案 例 二

某公司开发建设一幢办公楼,总建筑面积21000m²。钢筋混凝土核心筒,外框采用钢结构。工程开工后,施工单位编制了施工进度计划网络图(单位:天)(见图3)并经总监理工程师和建设单位批准。施工过程中,C分部工程因工程变更,持续时间增加16天。

项目部盘点工作内容,结合该住宅楼3个单元相同的特点,依据原有施工进度计划和包括进度综合描述、实际施工进度等内容的阶段进度报告调整施工部署,针对C分部工程制定流水节拍（见表1）。施工过程Ⅰ～Ⅲ组织3个施工班组流水施工。

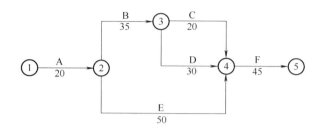

图3 施工进度计划网络图

表1 某分部工程流水节拍

施工过程编号	施工过程	流水节拍/天
①	Ⅰ	2
②	Ⅱ	4
③	Ⅲ	4

注：各施工过程因工艺要求需待前一个施工过程完成后3天方可进行。

钢结构构件进行螺栓连接施工前，监理工程师抽检了紧固件和连接钢材的品种、规格、型号，对母材螺栓孔加工的精度、直径等项目进行了验收，并对施拧顺序进行确认（见图4）。合格后，施工单位随即展开施工。

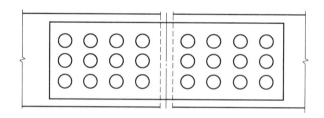

图4 高强度螺栓一般接头施拧顺序

项目部在钢结构安装前进行了充分的准备，部分施工方案描述摘录如下：
（1）钢柱采用旋转法吊装。
（2）个别复杂节点高强度螺栓和焊接并用，采用先焊接再螺栓紧固。
（3）结构隐蔽部位涂刷膨胀型防火涂料且包覆防火板，防火板用木龙骨固定。

问题：

1. 写出施工进度计划网络图中C工作的总时差和自由时差。

2. C分部工程延迟后是否影响总工期？说明理由，并写出C分部工程延迟后的总工期。

3. 经调整后，C分部工程的持续时间是多少天？此时的总工期为多少天？项目阶段进度报告还包括哪些内容？

4. 请将图4右侧母板所示高强螺栓连接图绘制在答题卡上，用数字"1～12"表示其施拧顺序。钢结构紧固件连接工程还应检查哪些内容？螺栓孔加工质量检查项目还有哪些？

5. 指出施工方案中的不妥之处。钢柱间摩擦连接节点的摩擦面处理方法包括哪些？

6. 除包覆防火板外，建筑钢结构还有哪些防火措施？

案 例 三

某商业综合体工程，建筑面积225000m²，共包含12栋单体建筑，1#～6#楼为现浇结构，地下1层，地上6层；7#～12#楼为装配式混凝土结构，地下2层，地上20层，地下防水采用改性沥青防水卷材外防外贴法施工（见图5）。

监理人员进行2#楼地下防水工程质量检查验收时，对地下防水工工艺、防水混凝土强度和细部节点构造等内容进行了检查。

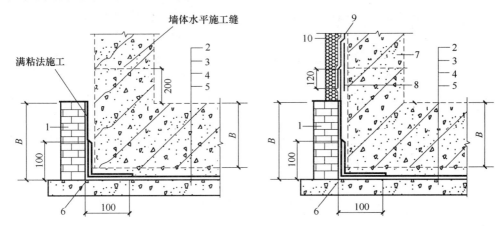

图5 外防外贴法卷材防水层构造
1—永久保护墙 2—细石混凝土保护层 3、9—卷材防水层 4—水泥砂浆找平层
5—混凝土垫层 6、8—卷材加强层 7—结构墙体 10—卷材保护层

监理人员现场对4#楼独立（台阶式）混凝土基础进行旁站时发现，基础混凝土浇筑过程中出现"吊脚"现象。随即向施工单位签发了整改通知单，要求施工单位整改。

5#楼筏板混凝土浇筑时正值严冬，混凝土型号为C40/P8，为保障工程施工质量，采用综合蓄热法养护，项目部编制了冬期施工质量保证措施一览表，责任到人，见表2。

表2 混凝土冬期施工质量保证措施

材料控制：收料员		技术指标：技术员		温度测量：混凝土工长	
宜选用水泥型号	①	受冻临界强度	≥③MPa	环境温度每昼夜	≥⑤次
混凝土入模温度	≥②℃	保温养护时间	≥④天	入模温度每工作班	≥⑥次

6#楼二次结构施工，填充墙砌筑用水泥砂浆，设计强度为M10。项目部按要求留取了16组砂浆试块，前15组的统计情况如下：抗压强度平均值为11.8MPa，其中最低的一组为8.8MPa；最后一组3个试块的试验结果为10.8MPa、12.6MPa、10.2MPa。

9#楼预制构件进场前，建设单位组织施工单位、监理单位清点了进场构件的数量，并对其外观质量和相关证明资料进行了查验。在对预制梁与板连接核心区、预制梁和预制叠合板现浇层的混凝土强度，以及构配件的型号、规格、数量等内容核对无误后，施工单位开始后浇混凝土施工。

围护系统施工完成后，施工单位按照《建筑节能工程施工质量验收标准》的要求，对外墙节能构造采用"钻芯法"进行实体检验,第一次检验不满足标准要求,建设单位委托第三方检测机构对外墙节能进行了二次抽检,结果仍不满足标准要求。

二层多功能厅设计为GRC空心混凝土板材隔墙,GRC空心混凝土墙板之间贴玻璃纤维网格条。装饰装修公司在施工前编制了装饰装修施工方案,明确了板材组装顺序和板缝处理措施。

问题:

1. 指出图5中存在的错误之处。防水混凝土验收时,需要检查哪些部位的设置和构造做法?

2. 台阶式单独基础施工,出现"吊脚"现象的原因是什么?为防止再次发生此类问题,施工单位应采取哪些技术性的预防措施?

3. 分别指出表2中①②③④⑤⑥对应的名称或数字。简述进入和解除冬期施工的条件。冬期施工,混凝土养护期间,其温度测量应满足哪些要求?

4. 后浇混凝土的施工应满足哪些要求?采用钢筋套筒灌浆连接的预制构件就位前,应检查哪些项目?

5. 根据《外墙节能构造钻芯检验方法》要求,外墙实体检验项目包括哪些?实体检验二次抽检仍不满足要求的,应如何处理?

案 例 四

项目一

某工程由A、B、C三个子项工程组成,采用工程量清单计价,工程量清单中A、B子项工程的工程量分别为2000m²、1500m²。C子项工程暂估价90万元,暂列金额100万元,中标施工单位投标文件中A、B子项工程的综合单价分别为1000元/m²、3000元/m²,措施项目费40万元。建设单位与施工单位依据《建设工程施工合同(示范文本)》签订了施工合同,空调机组由建设单位采购,由施工单位选择专业分包单位安装。

合同工期4个月,合同中约定如下:

①预付款为签约合同价(扣除暂列金额)的10%,在第2~3个月等额扣回;②开工前预付款和措施项目价款一并支付;③工程进度款按月结算;④质量保证金为工程价款结算总额的3%,在工程进度款支付时逐次扣留,计算基数不包括预付款支付或扣回的金额;⑤子项工程累计实际完成工程量超过计划完成工程量的15%时,超出部分工程量综合单价调整系数为0.9;⑥计日工单价为人工150元/工日,施工机械2000元/台班。规费费率8%(以分部分项工程费、措施项目费、其他项目费之和为基数),增值税率9%。

C子项工程工程量为1000m²,经双方协商的综合单价为850元/m²。子项工程计划完成工程量见表3。

表3 子项工程计划完成工程量 (单位:m²)

子项工程	1	2	3	4
A	2000	—	—	—
B	—	750	750	—
C	—	—	500	500

施工单位为清除未探明的地下障碍物,增加100工日、施工机械10个台班。第3个月,由于设计变更导致B子项工程工程量增加150m²。

项目二

工程进展至12月,所在地陆续发生新冠疫情,波及范围迅速扩大,该工程被迫停工。停工期间,工地现场留有看护人员2名,平均日工资为150元(春节7天法定假期为正常日工资的2倍);承包人自有的甲、乙、丙三台施工机械发生闲置。

尽管承包人采取了合理的材料保管措施,但由于工程停工时间过长,运进现场用于分项工程H(施工持续时间为30天)的5t材料M有3t主要性能指标达不到设计要求,只能作废料处理,处理费用3000元,材料采购单价为5000元/t。发承包双方通过协商,确定缺少的3t材料M由承包人负责尽快采购。由于疫情期间的防疫管控,材料M当地短缺,需要异地购买,采购单价为4800元/t,但需要增加300元/t的包装与运输费用,且材料M在分项工程H开始作业10天后才运进现场。

自2020年1月24日至6月15日,承包人陆续向发包人提出了阶段性工程索赔通知,并于2020年6月30日提交了累计索赔报告。索赔计算书主要内容如下:

1. 工期索赔计算:①疫情影响的工期顺延,2020年1月24日至2020年3月31日,共68天;②疫情原因导致分项工程H需要的材料M进场延误10天。

2. 费用索赔计算:①停工期间看护人员工资,春节期间工资4200元,非春节期间工资18300元;②停工期间机械设备闲置费用89760元;③材料M损失及处理费用18000元;④两次采购材料M及包装运输增加费用15300元。

空调机组安装过程中,发生了工程变更,专业分包单位报项目经理审查,并按总包合同管理程序进行了审批。施工总承包单位项目部在合同管理过程中,严格执行公司对项目部的授权管理,对实施过程中的合同变更进行了书面签认,并按规定程序进行了合同的争议处理。

问题:(单位:万元,计算结果保留两位小数)

1. 分别计算项目一的签约合同价、开工前建设单位预付款和措施项目工程款。设计变更导致B子项工程增加工程量,其综合单价是否调整?说明理由。

2. 分别计算项目一1~3月建设单位应支付的工程进度款、竣工结算价款总额和实际应支付的竣工结算款金额。

3. 分别指出项目二承包人的工期、费用索赔计算不妥之处,并简单说明理由。

4. 项目二中,分包合同应遵循的变更程序还有哪些?项目部进行合同争议处理的程序有哪些?承包人向发包人提供索赔证据的基本要求包括哪些?

案 例 五

某新建办公楼工程,钢筋混凝土核心筒,外框采用钢结构。

项目部在施工前,由项目技术负责人组织相关人员依据法律法规、标准规范、操作规程等编制了项目质量计划,并要求满足人员管理、技术管理等方面的要求,对施工过程重要环节和部位设置质量控点,报请施工单位质量管理部门审批后实施。

土方开挖到接近基坑设计标高时,基坑四周地表出现裂缝,并不断扩张。施工单位随即停止施工,并撤离现场施工人员,不久基坑发生严重坍塌。经事故调查组调查,造成坍塌事故的主要原因是地质勘察资料中未标明地下存在古河道，基坑支护设计中未能考虑这一因素。

基础工程结束施工后，施工单位组织相关人员进行质量检查，并在自检合格后向项目监理机构提交了岩土工程勘察报告、地基基础设计文件、图纸会审记录和技术交底记录、工程定位放线记录、施工组织设计及专项施工方案等验收资料，申请基础工程验收。

主体结构完成后，项目部认为达到了验收条件，向监理单位申请组织结构验收。监理人审查施工单位质量控制质量资料通过后，组织相关人员进行了现场实体验收，参建各方对质量验收结果做出了是否通过的一致性意见。

在一次塔式起重机起吊荷载达到其额定起重量95%的起吊作业中，安全人员让操作人员先将重物吊起离地面25cm，然后对重物的平稳性、设备和绑扎等各项内容进行了检查，确认安全后同意其继续起吊作业。

钢结构安装焊接作业动火前，项目技术负责人组织编制了《高层钢结构焊割作业防火安全技术措施》，并填写动火申请表，报项目安全管理部门审查批准。

问题：

1. 除"周围地表出现裂缝，并不断扩张"外，基坑坍塌前，还可能出现哪些迹象？本工程基坑工程安全控制的主要内容包括哪些？

2. 项目质量计划中还应体现哪些方面的质量要求？哪些环节和部位应设置质量控制点？

3. 地基基础工程质量验收资料还包括哪些？主体结构现场实体验收的结论还应满足哪些要求？

4. 塔式起重机按固定方式和架设方式分为哪几类？现场布置塔式起重机时，应考虑哪些方面的问题？

5. 有哪些情况属于一级动火？施工现场根据防火要求应明确划分为哪些区？手提式灭火器有哪些放置方法？手提式灭火器设置在顶部、底部离地高度分别是多少，目的是什么？

【参考答案】

一、单项选择题

题号	1	2	3	4	5	6	7	8	9	10
答案	D	A	A	A	B	C	B	D	A	C
题号	11	12	13	14	15	16	17	18	19	20
答案	D	D	C	B	C	B	B	D	D	D

二、多项选择题

题号	21	22	23	24	25	26	27	28	29	30
答案	ABDE	AD	ABC	ABDE	ABD	ACE	AC	BC	ABC	CE

【选择题考点及解析】

1. 【考点】建筑设计——建筑物类别

【解析】

A 错误，建筑物按用途分为民用建筑、工业建筑、农业建筑。公共建筑不包括仓储建筑

（属于工业建筑）。

B错误，藏书100万册的图书馆不属于一类高层公共建筑（>100万册才属于）。

C错误，坡屋顶建筑应分别计算檐口及屋脊高度。

- 檐口高度应按室外设计地坪至屋面檐口或坡屋面"最低点"的高度计算。
- 屋脊高度应按室外设计地坪至屋脊的高度计算。

2.【考点】建筑设计构造要求——楼梯

【解析】

根据《民用建筑通用规范》要求：

B错误，公共楼梯正对（向上、向下）梯段设置的楼梯间门距踏步边缘的距离不应小于0.60m。

C错误，公共楼梯休息平台上部及下部过道处的净高不应小于2.00m，梯段净高不应小于2.20m。每个梯段的踏步不应少于2级。

D错误，有防水、防潮要求的室内墙面迎水面应设防水、防潮层。

3.【考点】建筑设计构造要求——屋面

【解析】

根据《民用建筑通用规范》6.1.2，屋面应符合下列规定：

（1）屋面应设置坡度，且坡度不应小于2%。

（2）屋面设计应进行排水计算，天沟、檐沟断面及雨水立管管径、数量通过计算合理确定。

（3）装配式屋面应进行抗风揭设计，各构造层均应采取相应的固定措施。

（4）严寒和寒冷地区的屋面应采取防止冰雪融坠的安全措施。

（5）坡度大于45°瓦屋面，以及强风多发或抗震设防烈度为7度及以上地区的瓦屋面，应采取防止瓦材滑落、风揭的措施。

（6）种植屋面应满足种植荷载及耐根穿刺的构造要求。

（7）上人屋面应满足人员活动荷载，临空处应设置安全防护设施。

（8）屋面应方便维修、检修，大型公共建筑的屋面应设置检修口或检修通道。

4.【考点】结构可靠性——耐久性

【解析】

B错误，根据《混凝土结构耐久性设计标准》4.3.4，大截面混凝土墩柱在加大钢筋的混凝土保护层厚度的前提下，其混凝土强度等级可低于本标准表4.3.1中的要求，但降低幅度不应超过两个强度等级，且设计使用年限为100年和50年的构件，其强度等级不应低于C25和C20。

C错误，当设计混凝土强度等级比《混凝土结构耐久性设计标准》规定的低1~2个等级时，混凝土保护层厚度分别应增加5mm和10mm。

D错误，处于流动水中或同时受水中泥沙冲刷的构件，其保护层厚度宜增加10~20mm。

5.【考点】结构等级——安全等级划分

【解析】

安全等级的划分见下表。

安全等级	破坏后果
一级	很严重
二级	严重
三级	不严重

注：1. 结构设计时，应根据结构破坏可能产生后果的严重性，采用不同的安全等级。
2. 结构安全等级的划分应符合表1A412011-1的规定。结构部件的安全等级不得低于三级。
3. 结构部件与结构的安全等级不一致或设计工作年限不一致的，应在设计文件中明确标明。

6. 【考点】结构设计要求——极限状态
【解析】
结构或结构构件出现下列状态之一时，应认为超过了正常使用极限状态：
（1）影响外观、使用舒适性或结构使用功能的变形。
（2）造成人员不舒适或者结构使用功能受限的振动。
（3）影响外观、耐久性或结构使用功能的局部损坏。

7. 【考点】施工生产禁止性行为
【解析】
施工生产禁止性行为见下表。

总则	结构应按设计规定的用途使用，并应定期检查结构状况，进行必要的维护和维修。禁止出现下列行为：
细则	（1）未经技术鉴定或设计认可，擅自改变结构用途和使用环境 （2）损坏或者擅自变动结构体系及抗震措施 （3）擅自增加结构使用荷载 （4）损坏地基基础 （5）违章存放爆炸性、毒害性、放射性、腐蚀性等危险物品 （6）影响毗邻结构使用安全的结构改造与施工

8. 【考点】水泥性能及应用——概述
【解析】
A错误，常用水泥技术指标包括凝结时间、安定性、强度及强度等级。
B错误，六大常用硅酸盐水泥初凝时间均不短于45min。
C错误，水泥安定性不良会造成混凝土膨胀性裂缝。

9. 【考点】混凝土构成——外加剂
【解析】
减水剂主要调解混凝土的流动（变）性，引气剂改善混凝土的耐久性。

10. 【考点】保温材料——性能
【解析】
A错误，保温材料保温性能的好坏由导热系数大小决定，导热系数越小，保温性能越好。

B 错误，导热系数不大于 0.05W/(m·K) 的为高效保温材料。保温材料最核心的功能性指标是"导热系数"。导热系数越小，意味着热量越不容易传递和流失，继而保温性能越好。

D 错误，材料的导热系数随温度的升高而增大，但温度在 0~50℃时并不显著。

11. 【考点】工程结构设计要求
【解析】
结构设计应对起控制作用的极限状态进行计算或验算。不能确定起控制作用的极限状态时，应对不同极限状态分别进行计算或验算。

12. 【考点】基坑验槽——程序及方法
【解析】
（1）轻型动力触探进行基槽检验时，应检查：【强度均匀两浅埋】
① 持力层的强度、均匀性；
② 浅埋软弱下卧层或浅埋突出硬层；
③ 浅埋且影响地基承载力和稳定的古井、墓穴和空洞等。
（2）可不进行轻型动力触探的情形：【冒水涌砂没必要】
① 触探可能造成冒水涌砂时；
② 基底以下砾石、卵石层厚度＞1m 时；
③ 基底以下的砂层均匀密实，且厚度＞1.5m 时。

13. 【考点】地基处理——夯实地基
【解析】
C 错误，强夯或强夯置换法一般有效加固深度为 3~10m。

14. 【考点】钢筋工程——钢筋连接

15. 【考点】混凝土工程——配合比
【解析】
A 错误，泵送混凝土入泵坍落度不小于 100mm，高温施工不小于 70mm。

B 错误，说反了。浇筑柱、墙混凝土，粗骨料料径＞25mm 时，不宜超过 3m；粒径＜25mm 时，不宜超过 6m。当不能满足时，应加设串筒、溜管、溜槽等装置。

D 错误，后浇带是在现浇钢筋混凝土结构施工过程中，为克服由于温度、收缩等原因导致有害裂缝而设置的临时施工缝。后浇带通常根据设计要求留设，并在主体结构保留一段时间（设计无要求，则至少保留 14d）后再浇筑，将结构连成整体。

16. 【考点】室内防水——施工要求
【解析】
A 错误，防水混凝土出现离析，必须进行二次搅拌后使用。当坍落度损失后不能满足施工要求时，应加入原水胶比的水泥浆或二次掺加减水剂进行搅拌，严禁直接加水。

C 错误，涂膜防水施工，溶剂型涂料为 0~35℃，水乳型涂料为 5~35℃。防水层多遍成活，后一遍待前一遍涂层干燥后进行，前后两遍涂刷方向相互垂直，先涂刷立面，后涂刷平面。

D 错误，说反了。

室内防水卷材最小搭接宽度/mm			
卷材种类		使用环境	
		常规	长期浸水
改性沥青防水卷材		80	100
自粘聚合物改性沥青防水卷材	胶面-覆膜搭接	80	100
	混合搭接	60，其中胶面-胶面搭接不小于30	80，其中胶面-胶面搭接不小于40
合成高分子防水卷材	胶黏剂	80	100
	胶粘带	50	60
	单缝焊	60，有效焊接宽度不小于25	
	双缝焊	80，有效焊接宽度10×2+空腔宽	
	水泥基胶黏剂	100	

17. 【考点】幕墙防火、防雷——施工要求

【解析】

A 错误，楼层间形成水平防火烟带。防火层应采用厚度不小于1.5mm的镀锌钢板承托，不得采用铝板。

C 错误，在有镀膜层的构件上进行防雷连接，应除去其镀膜层。

D 错误，幕墙与各层楼板、隔墙外沿间的缝隙，应采用不燃材料封堵。填充材料可采用岩棉或矿棉，其厚度不应小于100mm。

18. 【考点】屋面施工——环境要求

【解析】

A、B 错误，只要涉及施工质量，全部是5级风及以上（3级是例外），涉及施工安全的，均为6级风及以上。

C 错误，现浇泡沫混凝土，浇注出口离基层的高度不宜超过1m，应采取低压泵送。一次浇筑厚度宜≤200mm，保湿养护时间不少于7天。

19. 【考点】危大工程——管理范围

【解析】

专家论证会的参会人员：

（1）专家组成员。

（2）建设单位项目负责人。

（3）监理单位总监理工程师及专业监理工程师。

（4）总承包单位和分包单位技术负责人或授权委派的专业技术人员、项目负责人、项目技术负责人、专项施工方案编制人员、项目专职安全生产管理人员及相关人员。

20. 【考点】饰面板、砖——进场检查

【解析】

A 正确，根据《建筑地面工程施工质量验收规范》6.1.7，板块类踢脚线施工时，不得采用混合砂浆打底。这是为了防止板块类踢脚线的空鼓。

D 错误，地面面层结合层和填缝材料采用水泥砂浆时，面层铺设后，表面养护应≥7d。

21. 【考点】建筑装修构造要求——墙面

【解析】

C 错误，墙体裱糊基层，混凝土或抹灰基层含水率≤8%；木材基层含水率≤12%。

22.【考点】结构构造——砌体结构

【解析】

A 正确，根据《砌体结构通用规范》3.3.2，混凝土砌块砌体的灌孔混凝土强度等级不应低于 Cb20，且不应低于 1.5 倍的块体强度等级。

B 错误，轻骨料混凝土小型空心砌块或加气混凝土砌块墙，不得用于"大湿大蚀高振动"：
①建（构）筑物防潮层以下墙体；②长期浸水或化学侵蚀环境；③砌体表面温度高于 80℃的部位；④长期处于有振动源环境的墙体。

C 错误，预制钢筋混凝土板跨度大于 4.8m 并与外墙平行时，靠外墙的预制板侧边应与墙或圈梁拉结。

D 正确，结构层数为 3~4 层时，应在底层和檐口标高处各设置一道圈梁。层数超过 4 层时，除底层和檐口处各设置一道圈梁外，还应在所有纵、横墙上隔层设置。

E 错误，基础圈梁设置，当设计无要求时，高度不小于 180mm，配筋不少于 4ϕ12。

23.【考点】功能材料——防水材料

【解析】

D 错误，防水涂料是"柔性"涂膜材料。

E 错误，卷材柔韧性包括：柔度、柔性、低温弯折性；温度稳定性包括：耐热度、耐热性、脆性温度。

24.【考点】板材隔墙——施工工艺

【解析】

C 错误，应该采用宽 50~60mm 的纤维网格布条，转角处用宽 200mm 的布条。这是板缝抗裂处理的重要手段。

25.【考点】深基坑支护

【解析】

C 错误，灌注桩排桩应采用间隔成桩的施工顺序，已完成浇筑混凝土的桩与邻桩间距应大于 4 倍桩径，或间隔施工时间大于 36h。

E 错误，截水帷幕与灌注桩排桩间的净距宜小于 200mm。

26.【考点】土方开挖——原则

【解析】

B 错误，采用土钉墙支护时，应分层分段开挖。

D 错误，基坑边缘堆置土方和建筑材料，最大堆置高度不应超过 1.5m。

27.【考点】装配式混凝土——质量检测

【解析】

B 错误，使用数量较少的构件，当"能提供可靠依据"时，可不进行结构性能检验；"不可单独使用"的叠合板预制底板，可不进行结构性能检验。

D 错误，饰面砖（板）的粘接强度，不属于外围护系统的性能试验。

E 错误，现场传热系数测试不属于外围护部品的隐蔽工程。

28. 【考点】轻质隔墙
【解析】
轻质隔墙主要有骨架隔墙、板材隔墙。
（1）骨架隔墙：
① 大多为轻钢龙骨或木龙骨；
② 饰面板有石膏板、埃特板、GRC板、PC板、胶合板等。
（2）板材隔墙：
大多为①加气混凝土条板；②增强石膏空心条板等。

29. 【考点】节能材料复验——复合保温墙体
【解析】
燃烧性能未必复验，当燃烧性能为A级不燃材料时，可以不复验燃烧性能。
对复合保温板等墙体节能定型产品，不复验吸水率。

30. 【考点】施工组织设计
【解析】
A错误，施工组织设计由项目负责人主持编制，可根据项目实际需要分阶段编制和审批。
B错误，施工组织总设计由总承包单位技术负责人审批；单位工程施工组织设计由施工单位技术负责人或授权的技术人员审批；施工方案应由项目技术负责人审批。
D错误，单位工程施工组织设计主要包括：工程概况、施工部署、施工进度计划、施工准备与资源配置计划、主要施工方案、施工现场平面布置等几个方面。带"总"的均为施工组织总设计。

三、实务操作和案例分析题

案 例 一

1. （本小题4.5分）
（1）组成：板面结构、支撑系统、操作平台、附件。　　　　　　　　　　　　（2.0分）
（2）以建筑物的开间、进深、层高为大模板尺寸。　　　　　　　　　　　　　（1.5分）
（3）缺点是模板质量大，移动安装需起重机械吊运。　　　　　　　　　　　　（1.0分）

2. （本小题6.0分）
（1）地基应满足：【口诀：水冻力】
① 应平整坚实，满足承载力和变形要求；　　　　　　　　　　　　　　　　　（0.5分）
② 应设置排水设施，搭设场地不应积水；　　　　　　　　　　　　　　　　　（0.5分）
③ 冬期施工应采取防冻胀措施。　　　　　　　　　　　　　　　　　　　　　（0.5分）
（2）还包括：【口诀：案图型算措技划】
搭设、拆除计划；搭设、拆除技术要求；质量控制措施；安全控制措施；　　　（1.5分）
（3）验收阶段：【口诀：前后三脚手】
① 基础完工后及脚手架搭设前；　　　　　　　　　　　　　　　　　　　　　（1.0分）
② 首层水平杆搭设后；　　　　　　　　　　　　　　　　　　　　　　　　　（1.0分）
③ 作业脚手架每搭设一个楼层高度；　　　　　　　　　　　　　　　　　　　（1.0分）

④ 悬挑脚手架悬挑结构搭设固定后； (1.0分)
⑤ 搭设支撑脚手架，高度为每 2~4 步或不大于 6m。 (1.0分)
【评分准则：写出 3 条，即得 3 分】

3. （本小题 6.0 分）
(1) 不妥之处：
不妥之一：立杆底部直接落在混凝土底板上。 (0.5分)
【解析】
立杆底部应设置垫板或底座。
不妥之二：立杆底部没有设置纵横扫地杆。 (0.5分)
【解析】
立杆底部应按要求设置纵横扫地杆。
不妥之三：没有设置剪刀撑。 (0.5分)
【解析】
应按规定设置剪刀撑。
不妥之四：立杆搭接长度不满足要求。 (0.5分)
【解析】
立杆搭接长度不应小于 1m，应采用不少于 2 个旋转扣件固定，端部扣件盖板的边缘至杆端距离不应小于 100mm。
(2) 调节螺杆：
① 调节螺杆插入脚手架立杆内的长度不应小于 150mm； (1.0分)
② 当插入的立杆钢管直径为 48.3mm 及以上时，螺杆伸出长度不应大于 500mm；
 (1.0分)
③ 当插入的立杆钢管直径为 42mm 时，螺杆伸出长度不应大于 200mm； (1.0分)
④ 调节螺杆插入脚手架立杆钢管内的间隙不应大于 2.5mm。 (1.0分)

4. （本小题 3.5 分）
(1) 答案：
1—可调托座；2—螺杆；3—调节螺母；4—钢管支架立杆；5—钢管支架水平杆
 (2.0分)

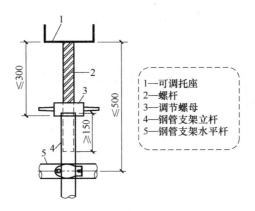

(2) 不妥之处：

不妥之一：连墙件采用 2 根直径为 4mm 的钢丝拧成一股的拉筋与顶撑配合使用。

(0.5 分)

不妥之二：双排脚手架连墙件被施工人员拆除了 2 处。 (0.5 分)

不妥之三：连墙件垂直间距为 4m。 (0.5 分)

案 例 二

1. （本小题 1.0 分）

C 工作：

(1) 总时差：130 - 120 = 10（天）。 (0.5 分)

(2) 自由时差：85 - 75 = 10（天）。 (0.5 分)

2. （本小题 2.0 分）

(1) 影响总工期 6 天。 (0.5 分)

理由：C 工作的总时差 10 天，持续时间增加 16 天，工期延长 16 - 10 = 6（天）。

(1.0 分)

(2) C 工作延迟后的总工期为 136 天。 (0.5 分)

3. （本小题 6.0 分）

(1) 持续时间。

$$
\begin{array}{r}
2 \quad 4 \quad 6 \\
-)6 \quad 12 \quad 18 \\
\hline
2 \; -2 \; -6 \; -10
\end{array}
$$
，取 $K_{\mathrm{I、II}} = 2$。 (0.5 分)

$$
\begin{array}{r}
4 \quad 8 \quad 12 \\
-)4 \quad 8 \quad 12 \\
\hline
4 \quad 4 \quad 4 \; -12
\end{array}
$$
，取 $K_{\mathrm{I、II}} = 4$。 (0.5 分)

C 工作持续时间 = (2 + 4) + 3 × 4 + (3 + 3) = 24（天）。 (1.0 分)

(2) 此时的总工期为 130 天。 (1.0 分)

(3) 还包括：

① 资源供应进度； (0.5 分)

② 工程变更、价格调整、索赔及工程款收支情况； (1.0 分)

③ 进度偏差状况及导致偏差的原因分析； (0.5 分)

④ 解决问题的措施； (0.5 分)

⑤ 计划调整意见。 (0.5 分)

4. （本小题5.0分）

(1) (2.0分)

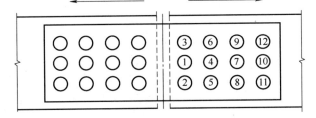

(2) 还应检查：级别、尺寸、外观及匹配情况。 (1.5分)

(3) 栓孔质量：圆度、垂直度、孔距、孔边距。 (1.5分)

5. （本小题4.0分）

(1) 不妥之处：

不妥之一：高强度螺栓和焊接并用，采用先焊接再螺栓紧固。 (0.5分)

【解析】

高强度螺栓和焊接并用的连接节点，宜按先螺栓紧固后焊接。

不妥之二：隐蔽构件防火涂料选用有误。 (0.5分)

【解析】

宜选用非膨胀型防火涂料。

不妥之三：防火板用木龙骨固定。 (0.5分)

【解析】

固定防火板的龙骨及黏结剂应为不燃材料。

(2) 包括：喷砂（丸）法、酸洗法、砂轮打磨法、钢丝刷人工除锈法。 (2.5分)

6. （本小题2.0分）

防火保护措施还包括：

① 喷涂防火涂料； (0.5分)

② 包覆柔性毡状隔热材料； (0.5分)

③ 外包混凝土、金属网抹砂浆； (0.5分)

④ 砌筑砌体。 (0.5分)

案 例 三

1. （本小题5.5分）

(1) 错误之处：

错误之一：未设置临时性保护墙，卷材顶端未用临时性保护墙固定。 (1.0分)

错误之二：底面折向立面、与永久性保护墙的接触部位，应采用空铺法施工。 (1.0分)

错误之三：阴角处卷材加强层的宽度应为500mm，且加强层应该设置成圆弧形。

(1.0分)

错误之四：采用高聚物改性沥青防水卷材时，卷材接槎的搭接长度应为150mm。

(1.0分)

错误之五：墙体水平施工缝，应留在高出底板表面不小于300mm的墙体上。 (1.0分)
【评分准则：写出3项，即得3分】
（2）检查的部位：
① 变形缝；
② 施工缝；
③ 后浇带；
④ 穿墙管道；
⑤ 埋设件。 (2.5分)

2. （本小题2.0分）
（1）原因：漏振或振捣不密实。 (0.5分)
（2）采取的措施：
① 浇筑完第一级混凝土并振捣密实后，暂停0.5~1h，继续浇筑第二级； (0.5分)
② 先用铁锹沿第二级模板底圈做成内外坡，然后再分层浇筑； (0.5分)
③ 待第二级混凝土浇筑后，再将第一级混凝土齐模板顶边拍实抹平。 (0.5分)

3. （本小题5.5分）
（1）表中名称：
①—硅酸盐水泥或普通硅酸盐水泥；②—5；③—20；④—14；⑤—4；⑥—4。
(2.5分)
（2）冬期施工条件：
① 当室外日平均气温连续5d低于5℃即进入冬期施工； (0.5分)
② 当室外日平均气温连续5d高于5℃即解除冬期施工。 (0.5分)
（3）测温要求：
① 蓄热法或综合蓄热法养护，达到受冻临界强度前，每4~6h测量一次； (1.0分)
② 负温法养护：达到受冻临界强度前，每2h测量一次； (1.0分)
③ 加热法养护：升温和降温阶段应每1h测量一次，恒温阶段每2h测量一次；
(1.0分)
④ 混凝土在达到受冻临界强度后，可停止测温。 (1.0分)
【评分准则：写出2项，即得2分】

4. （本小题4.0分）
（1）后浇混凝土应满足：
① 预制构件结合面疏松部分的混凝土应剔除并清理干净； (1.0分)
② 模板安装尺寸及位置应正确，并应防止漏浆； (1.0分)
③ 在浇筑混凝土前应洒水湿润，结合面混凝土应振捣密实； (1.0分)
④ 构件连接部位后浇混凝土与灌浆料强度达到设计要求，方可撤除临时措施。
(1.0分)
【评分准则：写出2项，即得2分】
（2）应检查：
① 套筒、预留孔的规格位置、数量和深度； (1.0分)
② 被连接钢筋的规格、数量、位置和长度。 (1.0分)

5. (本小题 3.0 分)
(1) 检查项目包括:
① 墙体保温材料的种类是否符合设计要求; (0.5 分)
② 保温层厚度是否符合设计要求; (0.5 分)
③ 保温层构造做法是否符合设计和施工方案要求。 (0.5 分)
(2) 见证取样:
① 给出"不符合设计要求"的结论; (0.5 分)
② 查找原因,对造成的节能效果影响程度进行评估; (0.5 分)
③ 采取措施消除缺陷后,重新检验,合格后方可通过验收。 (0.5 分)

案 例 四

1. (本小题 5.0 分)
(1) 各类价款。
合同价:$[(2000×1000+1500×3000)/10000+40+190]×1.08×1.09=1035.94(万元)$。
(1.0 分)
预付款:$(1035.94-100×1.08×1.09)×10\%=91.82(万元)$。 (1.0 分)
措施款:$40×1.08×1.09=47.09(万元)$。
$47.09×97\%=45.68(万元)$。 (1.0 分)
(2) 综合单价不予调整。 (1.0 分)
理由:B 子项目工程量增加 $150m^2$,$150/1500=10\%<15\%$。 (1.0 分)

2. (本小题 7.0 分)
(1) 进度款。
1 月份的进度款:
$(2000×1000+100×150+10×2000)/10000×1.08×1.09×97\%=232.37(万元)$。
(1.0 分)
2 月份的进度款:
$750×3000/10000×1.08×1.09×97\%=256.92(万元)$; (0.5 分)
$256.92-91.82/2=211.01(万元)$。 (0.5 分)
3 月份的进度款:
$(900×3000+500×850)/10000×1.08×1.09×97\%=356.84(万元)$; (0.5 分)
$356.84-91.82/2=310.93(万元)$。 (0.5 分)
(2) 竣工结算款总额:
$47.09+239.56+264.87+367.88+500×850×1.08×1.09/10000=969.43(万元)$。
(2.0 分)
(3) 实际应付竣工结算款。
方法一:
实际应付竣工结算款 $=500×850×1.08×1.09×0.97=48.53(万元)$。 (2.0 分)

方法二：

实际应付竣工结算款 = [969.43 − (47.09 + 239.56 + 264.87 + 367.88)] × 0.97 = 48.53(万元)。

3. （本小题6.0分）

（1）工期索赔：

不妥之一：7天春节法定假日提出索赔。 (0.5分)

理由：7天春节法定假日已计入签约合同工期中。 (0.5分)

不妥之二：H分项工程需要的材料M进场延误10天的索赔。 (0.5分)

理由：分项工程H施工持续时间为30天，共需5t材料，有2t合格材料，能够满足分项工程H开始作业10天内正常使用需要。 (1.5分)

（2）费用索赔：

不妥之一：春节期间看护人员的工资索赔不合理。 (0.5分)

理由：该费用已包含在合同价中。 (0.5分)

不妥之二：停工期间机械设备闲置费用索赔不合理。 (0.5分)

理由：新冠疫情暴发属于不可抗力，机械闲置费用由承包人自己承担。 (0.5分)

不妥之三：材料M损失费用索赔不合理。 (0.5分)

理由：5t材料的采购费用已含在合同价内，另行采购的3t可以索赔。 (0.5分)

4. （本小题12.0分）

（1）变更程序：

① 评估变更实施方案对质量、安全费用和进度等的影响； (1.0分)

② 根据评估意见调整或完善实施方案； (1.0分)

③ 进行沟通谈判，签订分包变更合同或协议； (1.0分)

④ 监督变更合同或协议的实施。 (1.0分)

（2）合同争议处理的程序：

① 准备并提供合同争议事件的证据和详细报告； (1.0分)

② 通过"和解"或"调解"达成协议，解决争端； (1.0分)

③ 当"和解"或"调解"无效时，报请企业负责人同意后，按合同约定提交仲裁或诉讼处理； (1.0分)

④ 当事人应接受并执行最终裁定或判决的结果。 (1.0分)

（3）索赔证据：真实性、全面性、法律证明效力和及时性。 (4.0分)

案 例 五

1. （本小题5.0分）

（1）还可能出现：【口诀：裂响位移失水脱】

① 支撑系统发出挤压等异常响声； (0.5分)

② 支护结构水平位移较大，并持续发展； (0.5分)

③ 支护系统局部出现失稳； (0.5分)

④ 大量水土不断涌入基坑； (0.5分)

⑤ 大量锚杆螺母松动，甚至槽钢松脱。 (0.5分)

(2) 包括：【口诀：两水机械支护桩】
① 降水设施与临时用电安全； (0.5分)
② 防水施工时，防火、防毒安全； (0.5分)
③ 挖土机械施工安全； (0.5分)
④ 边坡与基坑支护安全； (0.5分)
⑤ 桩基施工安全防范。 (0.5分)

2. （本小题6.5分）
(1) 还应体现在：
材料管理、分包管理、施工管理、资料管理、验收管理等方面。 (2.5分)
(2) 质量控制点：【口诀：关关验四新】
①【关键】影响施工质量的关键部位、关键环节； (1.0分)
②【关键】影响结构安全和使用功能的关键部位、关键环节； (1.0分)
③【四新】采用新技术、新工艺、新材料、新设备的部位和环节； (1.0分)
④【验收】隐蔽工程验收。 (1.0分)

3. （本小题6.0分）
(1) 还包括：
① 施工记录及单位自查评定报告； (0.5分)
② 隐蔽工程验收资料； (0.5分)
③ 检测与检验报告； (0.5分)
④ 监测资料； (0.5分)
⑤ 竣工图。 (0.5分)
(2) 还应满足以下要求：
① 由主体工程验收小组组长主持验收会议； (0.5分)
② 参建各方分别书面汇报合同履约状况和强制性标准执行情况； (0.5分)
③ 验收小组人员应分别签字，形成验收意见； (0.5分)
④ 各方签署的主体结构质量验收记录，由监理人员报送质监站存档； (1.0分)
⑤ 各方意见不一致时，协商提出解决方法，待意见一致后重新组织验收。 (1.0分)

4. （本小题5.0分）
(1) 按固定方式：【口诀：内轨定墙（内鬼钉墙）】
固定式、轨道式、附墙式、内爬式。 (1.0分)
(2) 按架设方式：【口诀：分体快升】
自升、分段架设、整体架设、快速拆装。 (1.0分)
(3) 应考虑：【口诀：下上左右看前后】
① 基础设置； (1.0分)
② 附墙杆件的位置、距离； (1.0分)
③ 周边环境； (1.0分)
④ 覆盖范围； (1.0分)
⑤ 构件重量及运输和堆放； (1.0分)
⑥ 使用后的拆除和运输。 (1.0分)

【评分准则：写出3条，即得3分】

5.（本小题7.5分）

（1）一级动火还包括：【口诀：**量大高危禁火油**】

① 禁火区域内； (0.5分)

② 油罐、油箱、油槽车和储存过可燃气体、易燃液体容器及辅助设备； (0.5分)

③ 比较密封的室内、容器内、地下室等场所； (0.5分)

④ 现场堆有大量可燃和易燃物质的场所。 (0.5分)

（2）应明确划分：

① 作业区；

② 生活区；

③ 材料堆场；

④ 材料仓库；

⑤ 易燃废品集中站。 (2.0分)

（3）放置方法：

① 消防专用托架上； (0.5分)

② 消防箱内； (0.5分)

③ 环境干燥的场所，可直接放置在地面上。 (0.5分)

（4）顶部离地高度应小于1.50m，底部离地面高度不宜小于0.15m。 (0.5分)

目的：

① 便于人们对灭火器进行保管和维护； (0.5分)

② 方便扑救人员安全、方便取用； (0.5分)

③ 防止潮湿的地面对灭火器性能的影响和便于平时卫生清理。 (0.5分)

附录 H 预测模拟试卷（八）

考试范围		《建筑工程管理与实务》全章节
考试题型		单项选择题：20题×1分/题 多项选择题：10题×2分/题 主观题（案例实操）：案例一、二、三，20分/题；案例四、五，30分/题
卷面总分		160分
考试时长		240分钟
难度系数		★★★★☆
合理分值		126分
合格分值		120分
自测说明	130～140分	非常厉害！得益于强大的学习能力，存量考点已尽收囊中，又能理解并较好地掌握部分存量性考点，保持这种学习状态到考前，必定高分通过
	120～130分	恭喜！部分核心考点已悉数掌握，并能在没有讲到的领域拿到少许分值，实属不易！截至考前要定期高效复盘，确保不忘
	120分以下	加油！建议"边听边记边总结，三遍成活！"搞透逻辑体系的同时，适当运用答题技巧，提高自己的答题效率。最后两个月，一定要放开了拼，豁出去学

一、单项选择题（共20题，每题1分，每题的备选项中，只有1个最符合题意）

1. 关于疏散走道上设置防火卷帘的说法，正确的是（　　）。
A. 在防火卷帘的一侧设置启闭装置；钢制普通型防火帘（单层）耐火极限为1.5～2.0h
B. 在防火卷帘的两侧设置启闭装置；钢制复合型防火帘（双层）耐火极限为3.0～4.0h
C. 具有自动、手动、机械控制功能；无机复合防火卷帘耐火极限为2.0～4.0h
D. 无机复合轻质防火卷帘耐火极限为4.0h

2. 根据《砌体结构通用规范》（GB 55007—2021），关于砌体结构工程设计构造，下列说法正确的是（　　）。
A. 混凝土砌体采用强度等级为MU10的砌块时，其灌孔混凝土最低强度等级为Cb20 轻骨料混凝土小型空心砌块或加气混凝土砌块墙不得用于建筑物防潮层以上墙体
B. 预制钢筋混凝土板跨>4m并与外墙平行时，靠外墙预制板侧边应与墙或圈梁拉结
C. 结构层数为3～4层时，应在底层和檐口标高处各设置一道圈梁，层数>4层时，除底层和檐口各设置一道圈梁外，还应在所有纵、横墙上隔层设置
D. 结构圈梁宽度≥190mm，高度≥120mm，配筋≥4Φ12，箍筋间距≥200mm；基础圈梁高度不小于120mm，配筋不少于4Φ12

3. 下列关于屋面及室内地面构造要求的说法，正确的是（　　）。
A. 屋面应设置坡度，且坡度不应小于2%；其中卷材防水、刚性防水平屋面、种植土

屋面坡度为2%，压型钢板屋面坡度为5%

B. 楼地面应满足平整、耐磨、不起尘、防滑、易于清洁和经济性好的原则；幼儿园乳儿室、活动室、寝室及音体活动室宜为暖性、弹性地面

C. 幼儿园经常出入的通道应为防爆地面，卫生间要求防滑、防渗、易清洗

D. 防爆面层，砂的含泥量不应大于3%，有机物含量不应大于0.5%，水泥应采用普通硅酸盐水泥，其强度等级不应小于42.5级；面层分格的嵌条可采用金属嵌条

4. 关于装配式混凝土设计的说法，错误的是（　　）。

A. 装配式混凝土结构是"建筑工业化"的重要方式

B. 与传统建筑相比，装配式混凝土建筑降低人力成本、提高生产率、保证工程质量，降低安全隐患、节能环保、减少污染、模数化设计、延长建筑寿命

C. 全预制装配式结构通常采用柔性连接

D. 全预制装配式结构施工速度快、生产率高、构件质量好、受季节性影响小，相比装配整体式其整体性更好

5. 关于下列装修材料的说法，正确的是（　　）。

A. 洗面器分为壁挂式、立柱式、台式、柜式，民用住宅装饰多采用壁挂式

B. 湿法纤维板根据产品密度一般分为硬质纤维板、中密度纤维板、软质纤维板；其中软质纤维板是装饰工程中广泛应用的纤维板品种

C. 干缩会使木材翘曲、开裂、接榫松动、拼缝不严，湿胀可造成表面鼓凸

D. 装修石材按放射性限量分A、B、C三类，A类应用不受限制，B类产品不可用于Ⅰ类民用建筑内外饰面，C类产品仅可用于一切建筑的外饰面

6. 根据《钢结构通用规范》，钢结构设计应满足的要求包括（　　）。

A. 能承受在施工和使用期间可能出现任何一种作用及作用组合

B. 正常使用和维护下达到设计工作年限的耐久性能

C. 在火灾条件下，仍然可以正常发挥功能

D. 发生爆炸、撞击和其他偶然事件时，结构仍然能够保持稳固性，不出现结构破坏

7. 关于混凝土构件最小截面尺寸的具体要求，下列错误的是（　　）。

A. 现浇混凝土空心顶板、底板厚度不应小于50mm，实心楼板不应小于80mm

B. 预制实心叠合板底板及后浇混凝土厚度不应小于50mm

C. 高层建筑剪力墙截面厚度不应小于140mm，多层建筑不应小于160mm

D. 矩形梁截面宽度不应小于200mm，矩形截面框架柱不应小于300mm，圆形截面框架柱的直径不应小于350mm

8. 关于砌体结构砌筑用砂浆的说法，正确的是（　　）。

A. 砌筑砂浆分为水泥砂浆、混合砂浆

B. 水泥砂浆强度高、耐久性好，流动性、保水性稍差；用于房屋防潮层以上的砌体

C. 水泥石灰砂浆是应用最广的混合砂浆，具有一定的强度和耐久性

D. 专用砂浆可直接替代水泥砂浆和水泥混合砂浆用于各类砌体结构的砌筑

9. 下列关于钢筋混凝土结构钢材性能及外加剂的说法，正确的是（　　）。

A. 钢筋的力学性能包括拉伸、冲击、疲劳；工艺性能是钢材最重要的使用性能，包括焊接和弯曲性能

B. 钢材的拉伸性能指标包括屈服强度、抗拉强度、弯曲性能
C. 强屈比是评价钢材可靠性的参数，即标准抗拉强度与标准屈服强度之比
D. 含亚硝酸盐、碳酸盐的防冻剂严禁用于预应力结构；含六价铬盐、亚硝酸盐的防冻剂，严禁用于饮水及与食品工程；含硝铵、尿素的防冻剂，严禁用于办公、居住工程

10. 42.5R 级普通硅酸盐水泥 3d 和 28d 抗压强度（MPa）分别应满足（　　）。
   A. ≥17.0，≥42.5　　　　　　　　B. ≥22.0，≥42.5
   C. ≥15.0，≥42.5　　　　　　　　D. ≥19.0，≥42.5

11. 有关梁、板钢筋的绑扎要求，规范的做法是（　　）。
   A. 连续梁、板上部钢筋接头设在梁端 1/3 范围内，下部接头设在跨中 1/3 范围内
   B. 板、次梁与主梁交叉处，板钢筋在上，次梁居中，主梁钢筋在下；有梁垫时，主梁钢筋在上；节点处钢筋十分稠密时，梁顶面主筋间要有 20mm 的净距
   C. 双向板混凝土板中间部分交叉点可隔点扎牢，四周两行钢筋交叉点应每点扎牢
   D. 箍筋弯钩弯折角度：一般结构≥90°，有抗震要求的结构≥135°；有抗震等要求的结构，箍筋弯折后平直长度应不小于箍筋直径的 10 倍

12. 关于咬合桩的施工要求，下列说法正确的是（　　）。
   A. 咬合桩仅适用于基坑侧壁安全等级为二级、三级的基坑支护
   B. 咬合桩可以用作截水帷幕
   C. 采用软切割工艺的桩，应在Ⅰ序桩初凝前应完成Ⅱ序桩的施工
   D. Ⅱ序桩应采用超缓凝混凝土，缓凝时间不超过 60h；混凝土 3d 强度不小于 3MPa

13. 关于混凝土养护施工的说法，下列正确的是（　　）。
   A. 浇筑完的防水混凝土应在其终凝前养护
   B. 混凝土的养护方法有自然养护和加热养护两类，现场施工一般为加热养护
   C. 自然养护即浇水覆盖养护
   D. 混凝土养护用水应与拌制用水相同，浇水次数应能保持混凝土处于润湿状态

14. 关于混凝土浇筑的说法，正确的是（　　）。
   A. 混凝土粗骨料粒径 >25mm 时，浇筑高度≤6m，粒径 <25mm 时，浇筑高度≤3m；浇筑高度不能满足上述要求时，应加设串筒、溜管、溜槽
   B. 梁和板宜同时浇筑；单向板宜沿着板的长边方向浇筑；有主次梁的楼板宜顺着主梁方向浇筑
   C. 浇筑竖向构件时，先在底部填以不大于 30mm 厚与混凝土同成分的水泥砂浆；浇筑与柱、墙连成整体的梁、板时，应在柱、墙浇完后停 1~1.5h，再继续浇筑
   D. 已浇筑混凝土强度达到 1.0MPa 以前，不得在其上踩踏或安装模板及支架

15. 下列有关地下工程防水材料选用及施工的说法，正确的是（　　）。
   A. 宜选用硅酸盐、普通硅酸盐和矿渣水泥，选用石子最大粒径不宜大于 40mm，砂子含泥量不宜大于 3%，泥块含量不宜大于 1%
   B. 墙体水平施工缝：留在高出底板表面≥300mm 的墙体上，板墙结合处，宜留在板墙接缝线以下 150~300mm 处，墙体预留洞时，施工缝距孔洞边缘应≥300mm
   C. 垂直施工缝应避开变形缝和裂隙水较多的地段，防水混凝土养护时间不得少于 7d

D. 双层卷材铺贴时，上下两层卷材接缝应垂直铺贴

16. 关于人工挖孔桩施工安全控制要点，下列说法正确的是（   ）。
A. 桩孔内必须设置应急软爬梯供人员上下井
B. 桩孔开挖深度超过8m时，应配置专门向井下送风的设备
C. 挖孔桩各孔内用电严禁一闸多用，孔上电缆必须架空2.0m以上，必要时也可拖地或埋压土中
D. 照明应采用安全矿灯或24V以下的安全电压

17. 根据《建筑节能工程施工质量验收标准》，关于外墙节能工程实体检验的说法，下列说法错误的是（   ）。
A. 围护系统工程施工完成后，应对外墙节能构造进行实体检验，包括墙体保温材料种类、保温层厚度、保温构造做法
B. 外墙节能构造钻芯检验应由监理人见证，且必须由发包人委托法定检测机构实施
C. 外墙节能构造不满足设计标准，应双倍取样，对不合格项目进行二次检验。二次抽检还不合格，给出"不符合设计要求"的结论
D. 二次抽检不合格的，施工单位应：①查找原因；②对节能效果影响程度进行评估；③采取措施消除缺陷后，重新检验；④合格后方可通过验收

18. 下列关于砌体基础施工，说法错误的是（   ）。
A. 宜采用铺浆法砌筑，且可以采用石灰砂浆
B. 构造柱可不单独设置基础，但应伸入室外地面下500mm或锚入浅于500mm的基础圈梁内
C. 多孔砖砌体宜一顺一丁或梅花丁，应上下错缝、内外搭砌；砖柱不得采用包心砌法；采用铺浆法砌筑时，铺浆长度不得超过500mm；其水平、竖向灰缝宽度可为8~12mm
D. 有防水要求的空心小砌块墙下应设置高200mm的混凝土带；底层室内地面（防潮层）以下，应用Cb20混凝土灌实砌体孔洞

19. 关于抹灰工程施工工艺，下列说法正确的有（   ）。
A. 当抹灰总厚度≥25mm时，应采取加强措施；采用加强网时，加强网与各基体的搭接宽度不应小于100mm
B. 灰饼宜用M5水泥砂浆抹成50mm圆形，一般标筋宽度为50mm
C. 滴水线应内高外低，滴水槽的宽度和深度均不应小于5mm
D. 墙面高度≤3.5m时宜做立筋，两筋间距不大于1.5m；墙面高度＞3.5m时宜做横筋，做横向冲筋时灰饼的间距不宜大于2m

20. 关于檐沟和天沟防水构造的说法，下列错误的是（   ）。
A. 檐沟和天沟的防水层下应增设附加层，附加层伸入屋面的宽度不应小于250mm
B. 檐沟防水层和附加层应由沟底翻上至外侧顶部
C. 卷材收头用金属压条钉压，并用密封材料封严，涂膜收头应用防水涂料多遍涂刷
D. 卷材收头用金属压条钉压，并用密封材料封严，涂膜收头应用防水涂料一遍涂刷

二、多项选择题（共 10 题，每题 2 分，每题的备选项中有 2 个或 2 个以上符合题意，至少有 1 个错项。错选，本题不得分；少选，所选的每个选项得 0.5 分）

21. 有关筒体结构说法，下列正确的是（　　）。
A. 筒体结构是抵抗水平荷载最有效的结构体系，也是应用高度最高的结构体系
B. 筒体结构可分为框架-核心筒结构、筒中筒结构、多筒结构
C. 内筒一般由电梯间、楼梯间组成
D. 内筒与外筒由楼盖连接成整体，共同抵抗水平荷载
E. 筒体结构体系适用于高度不超过 300m 的建筑

22. 关于作用于结构上各类作用的说法，下列正确的是（　　）。
A. 结构自重标准值按结构构件的设计尺寸与材料密度计算确定
B. 自重变异较大的材料和构件，对结构不利时自重的标准值取下限值，有利时取上限值
C. 预加应力应考虑时间效应影响，采用有效预应力
D. 建筑楼面和屋面堆放物较多或较重的区域，应按实际情况考虑其荷载
E. 当以偶然作用作为结构设计的主导作用时，应考虑偶然作用发生时和发生后两种工况

23. 防水堵漏灌浆材料按主要成分不同可分为（　　）。
A. 丙烯酸胺类
B. 甲基丙烯酸酯类
C. 环氧树脂类
D. 聚氨酯类
E. 复合类

24. 有关石材幕墙用主要材料的说法，下列正确是（　　）。
A. 同一石材幕墙工程应采用同一品牌的硅酮密封胶，不得混用
B. 幕墙分格缝密封胶应进行污染性复验
C. 石材与金属挂件之间的粘接应用环氧胶黏剂，不得采用"云石胶"
D. 石材与金属挂件之间的粘接应用云石胶，不得采用"环氧胶黏剂"
E. 同一石材幕墙工程采用不同品牌的硅酮密封胶时，可以混用

25. 关于土方开挖、回填的现场检查项目，下列正确的是（　　）。
A. 土方开挖前，检查支护结构变形、定位放线、排水和地下水控制系统、周边及地下管线的保护
B. 土方开挖中，检查平面位置、水平标高、边坡坡度、压实度、排水系统、地下水系统、预留土墩、分层开挖厚度、支护结构质量
C. 土方回填前，检查基底垃圾等杂物清除，基底标高、边坡坡率，基础外墙防水层和保护层
D. 回填过程中，检查排水系统、每层填筑厚度、辗迹重叠程度、含水量控制、回填土有机质含量，无须检查压实系数
E. 回填结束后，检查标高、压实系数

26. 关于灌注桩桩身完整性检测的说法，下列正确的是（　　）。
A. 灌注桩排桩应采用高应变法检测桩身完整性

B. 采用低应变法时，检测桩数不宜少于总桩数的 20%，且不得少于 2 根

C. "桩墙合一"时，采用声波透射法检测的灌注桩排桩数量不应低于总桩数的 10%，且不应少于 3 根

D. 桩身完整性为Ⅲ类、Ⅳ类时，应采用钻芯法进行验证

E. 钻芯法目的是判定桩端持力层岩土性状，检测桩底沉渣厚度，检测灌注桩桩长、桩身混凝土强度，判定桩身完整性类别

27. 关于高层钢结构安装，下列正确的是（　　　）。

A. 屋盖系统安装通常采用"节间综合法"吊装，即吊车一次安装完一个节间的全部屋盖构件后，再安装下一个节间的屋盖构件

B. 钢柱的刚性较好，吊装时通常一点起吊，常用的吊装方法有旋转法、滑行法和递送法，重型钢柱也可采用双机抬吊

C. 高层建筑的钢柱通常以 2~4 层为一节，钢柱安装到位、对准轴线、校正垂直度、临时固定牢固后才能松开吊钩

D. 每节钢柱的定位轴线可从地面控制轴线直接引上，也可从下层柱的轴线引上

E. 同一节柱、同一跨范围内的钢梁，宜从上向下安装

28. 混凝土工程按（　　　）可划分为若干检验批。

A. 工作班　　　　　　　　　　　　B. 楼层
C. 结构缝　　　　　　　　　　　　D. 施工段
E. 材料种类

29. 关于混凝土工程主要材料、构件安装质量检查项目，说法正确的是（　　　）。

A. 现场混凝土试块：制作、数量、养护、强度试验

B. 混凝土浇筑工艺及方法：预铺砂浆质量、浇筑顺序和方向、分层浇筑高度、施工缝的留置、振捣方法、对模板和其支架的观察

C. 构件的合格证：生产单位、构件型号、生产日期、质量验收标志

D. 构件标志标识：位置、标高、构件中心线位置、吊点

E. 构件外观质量：构件上的预埋件

30. 单元式玻璃幕墙的特点是（　　　）。

A. 工厂化程度高　　　　　　　　　B. 工期短
C. 施工技术要求较高　　　　　　　D. 单方材料消耗量大、造价高
E. 建筑立面造型单一

三、实务操作和案例分析题（共 5 题，案例一、二、三各 20 分，案例四、五各 30 分）

案　例　一

某建筑工程，建筑面积 35000m²；地下 2 层，片筏基础；地上 25 层，钢筋混凝土框架剪力墙结构。移动式操作平台施工前，施工单位组织编制了《移动式操作平台专项施工方案》并绘制了《移动式操作平台示意图》（见图 1）。

安全监理工程师王某在落地时操作平台进行验收，发现超限超载警示标志被挪至平台角

落处，随即下发了《监理通知单》，要求相关人员立即整改。项目经理立即组织了对操作平台的定期安全检查和验收。

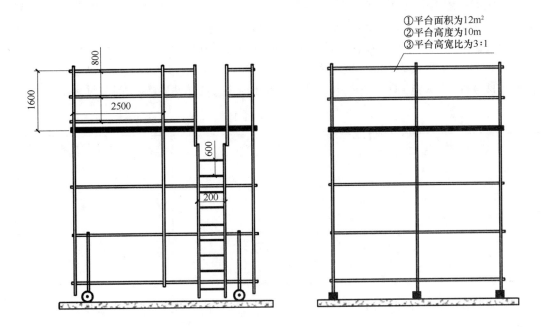

图1　移动式操作平台示意

在一次塔吊式起重机吊荷载达到其额定起重量95%的起吊作业中，安全人员让操作人员先将重物吊起离地面25cm，然后对重物的平稳性、设备和绑扎等各项内容进行了检查，确认安全后同意其继续起吊作业。

外立面装饰装修工程施工，施工单位组织多个楼层平行施工，并在2层及每隔4层设一道固定的安全防护网，同时设一道随施工高度提升的安全防护网。监理工程师要求补充交叉作业专项安全措施。

因通道和楼层自然采光不足，瓦工陈某不慎从9层未设栅门的管道井坠落至地下1层混凝土底板上，当场死亡。当地人民政府接到事故报告后，按照《生产安全事故报告和调查处理条例》组织安全生产监督管理部门、公安机关等相关部门指派的人员和2名专家组成事故调查组。

问题：

1. 指出事件一《移动式操作平台示意图》中的错误之处。落地时操作平台的检查验收应符合哪些规定？

2. 在安全检查的内容中，设备设施的安全检查环节包括哪些？对于安全装置的要求包括哪些？

3. 外立面装饰装修工程施工，安全防护网的搭设还应满足哪些要求？

4. 从安全技术措施方面分析，导致这起事故发生的主要原因是什么？电梯井竖向洞口应采取哪些措施加以防护？事故调查组还应有哪些单位或部门指派人员参加？

案 例 二

某地区商业综合体工程，包括商业零售、商务办公、酒店餐饮、公寓住宅、综合娱乐、人行天桥、商业休闲街等。地基基础设计等级为甲级，建筑面积26.8万 m^2。

人行天桥采用人工挖孔桩筏板基础，①~④号桩桩径为1200mm，桩长为2100mm；⑤~⑫号桩桩径为1000mm，桩长为18m，桩距为2.2m，分两个专业队同时进行。Ⅰ队施工②、④、⑥、⑧、⑩、⑫号桩，Ⅱ队施工①、③、⑤、⑦、⑨、⑪号桩。其单根桩施工时间见表1。

表 1 单根桩施工时间

专业队	人工挖孔桩	单桩施工天数/天
Ⅰ队	②④	9
	⑥⑧	7.5
	⑩⑫	7.5
Ⅱ队	①③	9
	⑤⑦	7.5
	⑨⑪	7.5

为加快工程进度，项目部决定将⑨、⑩、⑪、⑫号桩安排第三个施工队进场施工，三队同时作业。

商业休闲街区正东西走向，合同工期150天。合同要求施工期间维持半幅交通。项目部编制的施工网络计划如图2所示（单位：天）。

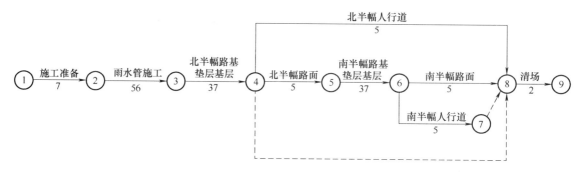

图 2 施工网络计划图

进场后，施工单位按照合同约定成立了试验室，建立、健全了主要材料检测试验管理制度。随后，项目技术负责人组织编写了项目检测试验计划，内容包括试验项目名称、计划试验时间等，并拟定了检测计划的实施流程。施工期间，由于设计变更，施工单位对原检测试验计划进行了调整；并再度报监理工程师审核通过。

基础工程结束施工后，施工单位组织相关人员进行质量检查，并在自检合格后向项目监理机构提交了岩土工程勘察报告、地基基础设计文件、图纸会审记录和技术交底记录、工程定位放线记录、施工组织设计及专项施工方案等验收资料，申请基础工程验收。

外墙采用现浇夹心复合保温墙板。主体结构施工完成后，由施工单位项目负责人主持并组织总监理工程师、建设单位项目负责人、相关专业质检员和施工员参与主体结构质量验收。

施工单位对幕墙与各层楼板间的缝隙防火隔离处理进行了检查；对幕墙的抗风压性能、气密性、水密性等有关安全和功能检测项目进行了见证取样和抽样检测。

问题：

1. 分别画出组织两个工作队、三个工作队同时作业的横道图，计算所需的施工天数。将本工程网络计划绘制成横道计划。
2. 进度管理应遵循哪些程序？进度控制前，施工单位需要做好哪些工作？
3. 施工质量计划的"过程控制"体现在哪些方面？项目质量计划应用时，应事先对施工过程中的哪些内容进行确认？
4. 地基基础的子分部包括哪些？地基基础工程验收所需的条件包括什么？
5. 主体结构包含哪些子分部工程？建筑节能验收合格的标准包括哪些？幕墙工程中有关安全和功能的检测项目还有哪些？

分项工程	持续时间/天		时间标尺/旬												
	北半幅	南半幅	1	2	3	4	5	6	7	8	9	10	11	12	13	14
施工准备	7															
雨水管	56	—														
路基垫层基层	37	37														
路面	5	5														
人行道	5	5														
清场		2														

案 例 三

某住宅小区项目，包括10幢商品房住宅楼，主体结构为现浇混凝土剪力墙结构，1#～5#楼地上26层，地下2层；6#～10#楼地上12层，地下1层，筏板基础。

2#楼6层梁受拉区外侧为2根25mm、中间设2根22mm的热轧带肋三级钢，钢筋接头采用焊接形式（见图3）。6#楼4层梁受拉区外侧为2根20mm、中间设2根18mm的热轧带肋三级钢，钢筋接头采用绑扎搭接形式（见图4）。

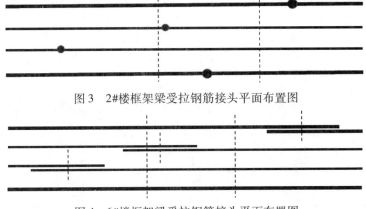

图3 2#楼框架梁受拉钢筋接头平面布置图

图4 6#楼框架梁受拉钢筋接头平面布置图

在地下室结构混凝土施工完成后,第三方检测人员根据《混凝土结构工程施工质量验收规范》(GB 50204—2015)对墙、板进行实体检验。在对某个混凝土板的板顶选取3个测区进行回弹检测及回弹值计算时,检测人员对最小2个测区各钻取一个芯样,芯样直径为80mm。钻芯检测的试样强度分别为28.5MPa、31MPa、32MPa。

问题:

1. 连续梁受压区和受拉区钢筋接头,分别应当如何设置?
2. 如图3所示,钢筋焊接接头的同一连接区段长度应为多少?说明理由。
3. 图4中,同一连接区段内纵向受拉钢筋接头面积百分比是多少?是否满足要求?说明理由。
4. 指出检测人员在回弹-取芯检测过程中的不妥之处,并说明正确做法。该钻芯检验部位C35混凝土实体检验结论是什么?并说明理由。

案 例 四

某实施监理的工程,建设单位与施工单位按照《建设工程施工合同(示范文本)》签订的施工合同约定:工程合同价为200万元,工期6个月;预付款为合同价的15%;工程进度款按月结算;保留金总额为合同价的3%,按每月进度款(含工程变更和索赔费用)的10%扣留,扣完为止;预付款在工程的最后三个月等额扣回。施工过程中发生设计变更时,增加的工程量采用综合单价计价,管理费费率为8%,利润率为5%,增值税为9%;人员窝工费50元/工日,施工设备闲置费1000元/台班。工程实施过程中发生下列事件:

事件一: 项目部按照包括统一管理、资金集中等内容的资金管理原则编制年、季、月度资金收支计划,认真做好项目资金管理工作,并在进场前编制了资金预算表。

事件二: 经项目监理机构审定的各月实际进度款(含工程变更和索赔费用),见表2。

表2 施工单位各月实际进度款

时间/月	1	2	3	4	5	6
实际进度款/万元	40	50	40	35	30	25

事件三: 工程开工前,施工单位编制了单位工程主要材料需用计划、主要材料年度需用计划、主要材料季度以及月度需用计划。依据施工组织设计编制了周转料具需求计划。其中,主要材料月度需用计划对每项材料的名称、单位、数量、规格型号等内容做出了详细要求。随后,施工总承包单位根据材料清单采购了一批装饰装修材料。并对进场的装修材料进行了包括材料凭证、数量、规格、外观的验收。经计算分析,各种材料价款占该批材料款及累计百分比见表3。

表3 材料价款占比

序号	材料名称	材料单价/元	采购量/件	品种占比(%)
1	甲	1860	110	4
2	乙	1580	100	6
3	丙	156	320	11
4	丁	143	340	19
5	戊	11	2100	60

事件四：受疫情及经济萧条影响，建设单位于2022年5月20日正式通知A公司与监理单位，缓建尚未施工的其余子项目，施工单位遂提出工期索赔。2022年10月10日，鉴于无法确定复工时间，建设单位于当日书面通知甲施工单位解除施工合同。此前，甲施工单位已按照批准的计划订购了用于子项目D、E的设备，并支付定金30万元。

事件五：建设单位对已完工程室内防水进行了隐蔽工程验收。施工单位按要求进行了蓄水试验，检查无渗漏、排水畅通，随即进行了饰面层施工。

问题：

1. 事件一中，项目经理部对于项目资金的管理职责主要有哪些？项目资金预算表的主要内容包括什么？

2. 事件二中，该工程保留金总额为多少？依据表2，该工程每个月应扣保留金多少？总监理工程师1月~3月应签发的实际付款金额是多少？（计算结果均保留两位小数）

3. 事件三中，工程项目常用的材料计划还包括哪些？周转料具需求计划的编制依据还有哪些？主要材料月度需求计划中还包括哪些内容？

4. 事件三中，根据"ABC分类法"，计算每类材料的实际金额占总金额的比重，并分别指出重点管理、次要管理和一般管理材料名称。（计算结果保留两位小数）

5. 事件四中，建设单位是否可以解除施工合同？说明理由。若解除施工合同，根据《建设工程施工合同（示范文本）》的规定，甲施工单位应得到哪些费用补偿？施工索赔的起因有哪些？

6. 室内防水工程隐蔽验收记录的内容包括哪些？（如：密封防水处理部位）厨房、厕浴防水验收应满足哪些要求？

案 例 五

某施工单位承接了两栋住宅楼工程，装配整体式结构。总建筑面积65000m²，基础均为筏板基础，地下2层，地上30层。该工程位于市区核心地段。为宣传企业形象，总承包单位在现场办公室前空旷场地树立了悬挂企业旗帜的旗杆，旗杆与基座采用预埋件焊接连接。

项目部在编制的"项目环境管理规划"中，提出了包括现场文化建设、保障职工安全等文明施工的工作内容。现场临时设施布设，食堂制作间灶台及其周边的瓷砖高度为1.5m，地面做硬化、防滑处理；炊具、餐具等清洗和消毒后，存放在封闭的橱柜内。

项目部为控制成本，现场围墙分段设计，实施全封闭式管理，即东、南两面紧邻市区主要路段设计为1.8m高砖围墙，并按市容管理要求进行美化，西、北两面紧邻居民小区一般路段，设计为1.8m高普通钢围挡，部分围挡占据了交通路口。

基础筏板混凝土厚度为1.2m，混凝土方量为8200m³，底板混凝土强度等级为C40，抗渗等级为P10，采用跳仓法施工，各段浇筑量为4800m³、4390m³和6220m³。基础后浇带采用超前止水技术，施工单位绘制的施工详图如图5所示。

基础底板混凝土浇筑前，施工单位进场了一批低水化热的硅酸盐水泥，并进行放料取样，对水泥的强度、安定性、凝结时间、水化热进行检验。

装配式结构预制构件进场前，建设单位组织施工单位、监理单位清点了进场构件的数量，并对其外观质量和相关证明资料进行了查验。在对预制梁与板连接核心区、预制梁和预制叠合板现浇层的混凝土强度以及构配件的型号、规格、数量等内容核对无误后，施工单位开始后浇混凝土施工。

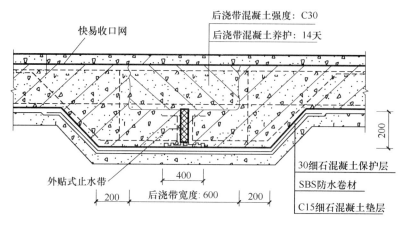

图 5　超前止水详图

问题：

1. 结合背景资料，说明动火等级，并写出相应的审批程序。施工现场进行动火作业时，为防止发生火灾，应做好哪些工作？

2. 现场文明施工还应包含哪些工作内容？分析食堂内的粮食、副食应如何管理？

3. 分别说明现场砖围墙和普通钢围挡的设计高度是否妥当？说明理由。交通路口占据道路的围挡还要采取哪些措施？

4. 基础筏板各段混凝土分别应留置多少组试块？后浇带超前止水详图中存在那些不妥之处？大体积混凝土所用水泥，其水化热检验应满足哪些要求？

5. 装配式混凝土预制构件安装前，应做好哪些准备工作？后浇混凝土的施工应满足哪些要求？

【参考答案】

一、单项选择题

题号	1	2	3	4	5	6	7	8	9	10
答案	D	C	A	D	C	B	C	C	D	B
题号	11	12	13	14	15	16	17	18	19	20
答案	D	B	D	C	B	A	B	A	D	D

二、多项选择题

题号	21	22	23	24	25	26	27	28	29	30
答案	ABCE	ACDE	ABCD	ABC	CE	CDE	ABCE	ABCD	ABCD	ABCD

【选择题考点及解析】

1.【考点】建筑设计构造——防火卷帘

【解析】

防火卷帘耐火极限	
卷帘类别	耐火极限/h
钢制普通型防火卷帘	1.5~3.0
钢制复合型	2.0~4.0
无机复合型	3.0~4.0
无机复合轻质	4.0

2.【考点】结构构造——砌体结构

【解析】

A 错误，根据《砌体结构通用规范》3.3.2，混凝土砌块砌体的灌孔混凝土强度等级不应低于 Cb20，且不应低于 1.5 倍的块体强度等级。

轻骨料混凝土小型空心砌块或加气混凝土砌块墙，不得用于"大湿大蚀高振动"：①建（构）筑物防潮层以下墙体；②长期浸水或化学侵蚀环境；③砌体表面温度高于 80℃的部位；④长期处于有振动源环境的墙体。

B 错误，预制钢筋混凝土板跨度大于 4.8m 并与外墙平行时，靠外墙的预制板侧边应与墙或圈梁拉结。

D 错误，基础圈梁设置，当设计无要求时，高度不小于 180mm，配筋不少于 4Φ12。

3.【考点】建筑设计构造要求——屋面

【解析】

A 正确，屋面应设置坡度，且坡度不应小于 2%。

屋面类型	最小坡度（%）	屋面类型	最小坡度（%）
卷材防水、刚性防水平屋面	2	波形瓦	10
平瓦	20	种植土屋面	2
油毡瓦	20	压型钢板	5

B 错误，楼地面应满足平整、耐磨、不起尘、防滑、易于清洁；并不强调经济性。

C 错误，幼儿园经常出入的通道应为防滑地面，卫生间要求防滑、防渗、易清洗。

D 错误，根据《建筑地面设计规范》（GB 50037—2013）3.8.5，不发火花的地面，必须采用不发火花材料铺设，地面铺设材料必须经不发火花检验合格后方可使用。

4.【考点】装配式混凝土结构

【解析】

装配整体式相比其全装配式，整体性更好。

全装配式 VS 装配整体式	
全装配式特点	装配整体式特点
1. 通常采用柔性连接技术	1. 具有良好的整体性能
2. 全预制装配式结构的恢复性能好	2. 具有足够的强度、刚度和延性

(续)

全装配式 VS 装配整体式	
全装配式特点	装配整体式特点
3. 震后只需对修复连接部位即可继续使用，具有较好的经济效益	3. 能安全抵抗地震力
优点	优点
1. 生产率高	1. 一次投资比全装配式少
2. 施工速度快	2. 适应性大
3. 构件质量好	3. 节省运输费用
4. 受季节性影响小	4. 便于推广
	5. 一定条件下也可缩短工期，实现大面积流水施工
	6. 结构的整体性良好
	7. 能取得较好的经济效果

5. 【考点】建筑卫生陶瓷——陶瓷制品
【解析】
A 错误，洗面器分为壁挂式、立柱式、台式、柜式，民用住宅装饰多采用台式。
B 错误，中密度纤维板简称"密度板"，其性能更加均衡——相较软质纤维板，其强度较高；相比硬质纤维板，保温隔声性更好；用途也最广泛。
D 错误，天然石材 B 类：可以用于Ⅰ类民建的外饰面及其他一切建筑的内外饰面（Ⅰ类民建包括养老院、幼儿园、医院、学校教室、住宅，诸如酒店、商场、图书馆、展览馆、文娱等场所属于Ⅱ类民建）。

6. 【考点】结构构造设计要求——钢结构
【解析】
A 错误，能承受在正常施工和使用期间可能出现的、设计荷载范围内的各种作用。
C 错误，在火灾条件下，应能在规定的时间内正常发挥功能。
D 错误，当发生爆炸、撞击和其他偶然事件时，结构能保持稳固性，不出现与起因不相称的破坏后果。

7. 【考点】结构构造——混凝土结构
【解析】

混凝土构件最小截面尺寸/mm

8. 【考点】砂浆种类
【解析】
A 错误，砌筑砂浆分为水泥砂浆、混合砂浆和专用砂浆。

B错误，水泥砂浆通常用于房屋防潮层以下的砌体；水泥石灰砂浆的性流动性、保水性均较好，常用于地上工程的墙体砌筑。

D错误，专用砂浆分两类：

① 砌块专用砂浆：由水泥、砂、水以及掺合料、外加剂机械拌和制成；专用于砌筑混凝土砌块。

② 蒸压砖专用砂浆：由水泥、砂、水以及掺合料、外加剂机械拌和制成；专用于砌筑蒸压灰砂砖砌体或蒸压粉煤灰砖砌体。

9.【考点】建筑钢材——钢材性能

【解析】

选项A，力学性能是钢材最重要的使用性能。

选项B，钢材的拉伸性能指标包括屈服强度、抗拉强度、伸长率。

选项C，强屈比是评价钢材可靠性的参数，即实测抗拉强度与标准屈服强度之比。

10.【考点】水泥性能及应用——技术指标

【解析】

通用硅酸盐水泥不同龄期的强度。

品种	强度等级	抗压强度/MPa	
		3d	28d
硅酸盐水泥 普通硅酸盐水泥	42.5	≥17.0【40%】	≥42.5
	42.5R	≥22.0【52%】	
	52.5	≥23.0【44%】	≥52.5
	52.5R	≥27.0【52%】	
矿渣水泥 火山灰水泥 粉煤灰水泥 复合水泥	32.5	≥10.0【31%】	≥32.5
	32.5R	≥15.0【46%】	
	42.5	≥15.0【35%】	≥42.5
	42.5R	≥19.0【45%】	

11.【考点】钢筋施工——钢筋绑扎

【解析】

A错误，钢筋接头的设置原则：设在弯矩较小处。连续梁板，上部受负弯矩影响，梁端弯矩最大，所以接头设在跨中1/3处；下部钢筋受正弯矩，影响跨中弯矩最大；所以设置在梁端部1/3处，且应避开箍筋加密区。【口诀：上中下端看13】。

B错误，框架核心区的钢筋比较稠密时，梁顶面主筋间至少要有30mm的净距。

C错误，双向主筋的钢筋网，必须将全部钢筋相交点扎牢；绑扎时应注意相邻绑扎点的钢丝扣要成八字形，以免网片歪斜变形。

12.【考点】深基坑支护——排桩

【解析】

《建筑地基基础工程施工规范》（GB 51004—2015）。

选项A，咬合桩适用于基坑侧壁安全等级为一级、二级、三级的基坑支护。

选项 C，采用软切割工艺的桩，应在Ⅰ序桩终凝前完成Ⅱ序桩的施工。

选项 D，Ⅰ序桩采用超缓凝混凝土，缓凝时间应≥60h；混凝土3d 强度不大于3MPa。

13. 【考点】混凝土工程——混凝土养护
【解析】
A 错误，浇筑完的混凝土应在其终凝前养护，防水混凝土应在其终凝后养护。
B 错误，混凝土的养护方法有自然养护和加热养护两类，现场施工一般为自然养护。
C 错误，混凝土自然养护包括：①浇水覆盖养护；②薄膜养护；③养生液养护。

14. 【考点】混凝土工程——混凝土浇筑
【解析】
A 错误，说反了，混凝土粗骨料粒径＞25mm 时，浇筑高度≤3m；粒径＜25mm 时，浇筑高度≤6m。
B 错误，两害相权取其轻，有主次梁的楼板宜顺着次梁方向浇筑。
D 错误，已浇筑混凝土强度达到1.2MPa 以前，不得在其上踩踏或安装模板及支架。

15. 【考点】防水工程——地下防水
【解析】
A 错误，防水混凝土宜采用早强水泥，即硅酸盐和普通硅酸盐水泥。若采用晚强混凝土，应经过试验确定。
C 错误，垂直施工缝应避开地下水和裂隙水较多的地段，宜与变形缝相结合。防水混凝土养护时间不得少于14d。
D 错误，双层卷材铺贴时，上下两层和相邻两幅卷材的接缝应错开1/3～1/2 幅宽，且两层卷材不得相互垂直铺贴。

16. 【考点】桩基安全——人工挖孔桩
【解析】
B 错误，桩孔开挖深度超过10m 时，应配置专门向井下送风的设备，严禁拖地和埋压土中。孔内电缆线必须有防磨损、防潮、防断等措施。
C 错误，挖孔桩各孔内用电严禁一闸多用，孔上电缆必须架空2.0m 以上，严禁拖地和埋压土中。
D 错误，照明应采用安全矿灯或12V 以下的安全电压。

17. 【考点】节能工程实体检验——墙体
【解析】
外墙节能构造钻芯检验由监理人见证，可以是业主委托第三方法定检测机构检验，也可以是施工单位实施。

18. 【考点】砌体结构——砌体基础
【解析】
砌体基础施工宜采用"三一"砌砖法（即一铲灰、一块砖、一挤揉）。砌体基础必须采用水泥砂浆砌筑。

19. 【考点】抹灰工程——施工工艺
【解析】
A 错误，当抹灰总厚度≥35mm 时，应采取加强措施。

（1）灰饼宜用 M5 水泥砂浆抹成 50mm 见方形状。
（2）冲筋根数应根据房间的宽度和高度确定，一般标筋宽度为 50mm。
（3）当墙面高度≤3.5m 时宜做立筋，两筋间距不大于 1.5m；当墙面高度＞3.5m 时宜做横筋，做横向冲筋时灰饼的间距不宜大于 2.0m。
（4）滴水线应整齐顺直，滴水线应内高外低，滴水槽的宽度和深度均不应小于 10mm。

20.【考点】屋面防水——机械固定法
【解析】

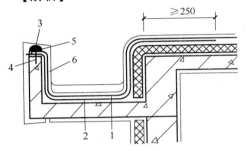

卷材、涂膜防水屋面檐沟
1—防水层 2—附加层 3—密封材料
4—水泥钉 5—金属压条 6—保护层

1. 檐沟和天沟的防水层下应增设附加层，附加层伸入屋面的宽度不应小于 250mm
2. 檐沟防水层和附加层应由沟底翻上至外侧顶部，卷材收头应用金属压条钉压，并应用密封材料封严，涂膜收头应用防水涂料多遍涂刷
3. 檐沟外侧下端应做鹰嘴或滴水槽
4. 檐沟外侧高于屋面结构板时，应设置溢水口

21.【考点】常用建筑结构体系和应用
【解析】
内筒与外筒由楼盖连接成整体，既抵抗竖向荷载，又抵抗水平荷载。

22.【考点】结构作用——永久作用
【解析】
根据《工程结构通用规范》4.1.1，结构自重的标准值应按结构构件的设计尺寸与材料密度计算确定。对于自重变异较大的材料和构件，对结构不利时自重标准值取上限值，对结构有利时取下限值。一句话概括：结构荷载，保守取值！

23.【考点】防水材料——堵漏灌浆材料
【解析】
E 不存在，堵漏灌浆材料："二丙环氧聚氨酯"——带着二丙（太阳镜）参加环法自行车赛，赛道面采用聚氨酯地坪材料制作。

24.【考点】玻璃幕墙——特点
【解析】
B 正确，这个主要是为了防止硅油渗出污染石材面板的表面。
D 错误，"不得云石应环氧"——云石胶属于不饱和聚酯胶黏剂，是粘接石材与石材的；粘接石材与挂件应选用"环氧树脂胶黏剂"。
E 错误，同一石材幕墙工程采用不同品牌的硅酮密封胶时，不得混用。

25.【考点】土方开挖及回填——检查项目
【解析】
土方开挖、回填的检查。

（1）土方开挖前：【口诀：支护水位线】
①支护结构质量；②定位放线；③排水和地下水控制系统；④周边及地下管线的保护。
（2）土方开挖中：【口诀：两水两平一边坡，分护压实留土墩】
①平面位置；②水平标高；③边坡坡度；④压实度；⑤排水系统；⑥地下水系统；⑦预留土墩；⑧分层开挖厚度；⑨支护结构变形。
（3）土方回填前：【口诀：坡底高墙】
①基底垃圾等杂物清除；②基底标高、边坡坡率；③基础外墙防水层和保护层。
（4）回填过程中：【口诀：水土压实重叠度】
①排水系统；②每层填筑厚度；③辗迹重叠程度；④含水量控制；⑤回填土有机质含量；⑥压实系数。
（5）回填结束后：①标高；②压实系数。

26.【考点】深基坑支护——排桩
【解析】
根据《建筑地基基础工程施工质量验收标准》（GB 50202—2018）7.2.4：
灌注桩排桩应采用低应变法检测桩身完整性，检测桩数不宜少于总桩数的20%，且不得少于5根。
采用"桩墙合一"时，①低应变法检测桩身完整性的检测数量应为总桩数的100%；②采用声波透射法检测的灌注桩排桩数量不应低于总桩数的10%，且不应少于3根。
当根据低应变法或声波透射法判定的桩身完整性为Ⅲ类、Ⅳ类时，应采用钻芯法进行验证。

27.【考点】钢-混凝土组合结构
【解析】
D错误，钢柱定位轴线应从地面控制轴线直接引上，不得从下层柱的轴线引上，避免误差累计。

28.【考点】混凝土结构——验收划分原则
【解析】
检验批和分项没有质的区别，只有批量大小之分。比如，钢筋工程是个分项；基础钢筋可单独作为一个检验批。

29.【考点】主体结构工程质量检查与检验
【解析】
E不完整，构件外观质量包括预埋件、插筋和预留孔洞的规格、位置、数量。

30.【考点】玻璃幕墙——特点
【解析】
单元式玻璃幕墙的优点是标准化、机械化生产，有利于节省工期、确保质量、造型丰富。

三、实务操作和案例分析题

案 例 一

1.（本小题9.0分）
（1）错误之处：
错误之一：立柱悬空设置。

(1.0分)

【解析】
使用操作平台时，立柱底端离地面不大于80mm，且立柱下方与地坪间应垫实。
错误之二：未设置剪刀撑。 (1.0分)
【解析】
移动式操作平台应设置剪刀撑。
错误之三：梯子的净宽为200mm。 (1.0分)
【解析】
梯子净宽应为400~600mm。
错误之四：扶梯踏步间距为600mm。 (1.0分)
【解析】
扶梯踏步间距不大于400mm。
错误之五：防护栏杆未设置挡脚板。 (1.0分)
【解析】
防护栏杆应设置高度不小于180mm的挡脚板，下杆应在上杆和挡脚板中间设置。
错误之六：横杆间距为800mm。 (1.0分)
【解析】
防护栏杆高度>1.2m时，应增设横杆，横杆间距不大于600mm。
错误之七：立杆间距2500mm。 (1.0分)
【解析】
防护栏杆立杆间距不应超过2000mm。
错误之八：防护栏杆开口处未设置活动防护绳。 (1.0分)
【解析】
防护栏杆开口处应设置活动防护绳。
错误之九：平台面积为12m²，高度为10m，高宽比为3∶1。 (1.0分)
【解析】
平台面积不大于10m²，高度不大于5m，高宽比不大于2∶1。
【评分准则：写出5项，即得5分】
（2）验收要求：【口诀：六级大风前中书】
① 操作平台的钢管和扣件应有产品合格证； (1.0分)
② 搭设前应对基础进行检查验收； (1.0分)
③ 搭设中应按楼层验收操作平台； (1.0分)
④ 6级以上大风等及停用超过1个月，复工前应进行检查。 (1.0分)

2．（本小题4.0分）
（1）检查环节包括：购置、租赁、安装、验收、使用、过程维护保养。 (2.0分)
（2）装置要求包括：齐全、灵敏、可靠、有无安全隐患。 (2.0分)

3．（本小题1.5分）
交叉作业安全防护网的搭设应满足：【口诀：24高低345，内外横杆杨玉环（钢筋环）】
（1）搭设时，每隔3m设一根支撑杆，支撑杆水平夹角不宜小于45°。 (0.5分)
（2）在楼层设支撑杆时，应预埋钢筋环或在结构内外侧各设一道横杆。 (0.5分)

(3) 安全防护网应外高里低，网与网之间应拼接严密。　　　　　　　　(0.5分)

4．（本小题5.5分）

（1）主要技术原因：

① 通道和楼层自然采光不足，楼层走道未设置照明；　　　　　　　　(0.5分)

② 9层管道井未设置固定式防护门、挡脚板及安全标志；　　　　　　(0.5分)

③ 管道井内未按要求设置安全平网。　　　　　　　　　　　　　　　(0.5分)

（2）采取的措施包括：

① 电梯井口应设置防护门，高度不应小于1.5m；　　　　　　　　　 (1.0分)

② 防护门底端距地面高度不应大于50mm，并应设置挡脚板。　　　 (1.0分)

（3）还应有：

① 负有安全生产监督管理职责的有关部门；　　　　　　　　　　　　(0.5分)

② 监察机关；　　　　　　　　　　　　　　　　　　　　　　　　　(0.5分)

③ 工会；　　　　　　　　　　　　　　　　　　　　　　　　　　　(0.5分)

④ 人民检察院。　　　　　　　　　　　　　　　　　　　　　　　　(0.5分)

案 例 二

1．（本小题4.0分）

（1）绘图：　　　　　　　　　　　　　　　　　　　　　　　　　　(1.0分)

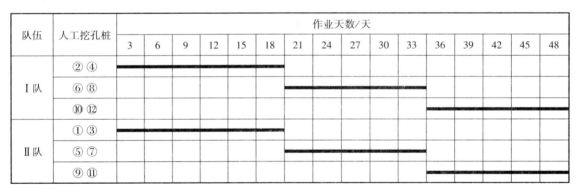

人工挖孔桩需要48天作业时间。　　　　　　　　　　　　　　　　　(0.5分)

（2）绘图：　　　　　　　　　　　　　　　　　　　　　　　　　　(1.0分)

人工挖孔桩需要 33 天作业时间。 (0.5 分)

（3）绘图： (1.0 分)

分项工程	持续时间/天		时间标尺/旬												
	北半幅	南半幅	1	2	3	4	5	6	7	8	9	10	11	12	13	14	15
施工准备	7		━													
雨水管	56	—		━━━━━━━━━━━												
路基垫层基层	37	37								━━━━				━━━━		
路面	5	5											━			━
人行道	5	5											━			━
清场	2															━

2.（本小题3.0分）

（1）进度管理程序：【口诀：计划交底实计变】
① 编制进度计划； (0.5 分)
② 进度计划交底，落实管理责任； (0.5 分)
③ 实施进度计划，进行进度控制和变更管理。 (0.5 分)

（2）应做好：【口诀：总分计划定方案】
① 编制项目实施总进度计划，确定工期目标； (0.5 分)
② 将总目标分解为分目标，制定相应细部计划； (0.5 分)
③ 制定完成计划的相应施工方案和保障措施。 (0.5 分)

3.（本小题3.0分）

（1）应体现从检验批、分项工程、分部工程、单位工程的过程控制。 (1.0 分)

（2）应事先确认：【口诀：人机法变】
① 对操作人员上岗资格进行鉴定； (0.5 分)
② 对施工机具进行认可； (0.5 分)
③ 对工艺标准和技术文件进行评审； (0.5 分)
④ 定期或在人员、材料、工艺参数、设备发生变化时，重新确认。 (0.5 分)

4.（本小题4.0分）

（1）包括：【口诀：三基两水土方边】
地基、基础、基坑支护、地下水控制、土方、边坡、地下防水。 (1.0 分)

（2）包括：【口诀：点线面检改管道】
① 验收前，基础墙面孔洞镶堵密实，有隐蔽工程验收记录； (1.0 分)
② 弹出楼层标高控制线、竖向结构主控轴线； (1.0 分)
③ 拆除模板，表面清理干净，结构存在缺陷处整改完成； (1.0 分)
④ 完成全部内容，检验、检测报告符合验收规范要求； (1.0 分)
⑤ 工程资料存在的问题均已悉数整改完成； (1.0 分)
⑥ 质监站整改通知单中的问题均已整改，并报送质监站归档； (1.0 分)
⑦ 安装工程中各类管道预埋结束，相应测试工作已完成。 (1.0 分)

【评分准则：写出3条，即得3分】

5. （本小题6.0分）

（1）主体结构包括：【口诀：四钢木砌铝合金】

混凝土结构、砌体结构、钢结构、钢管混凝土结构、型钢混凝土结构、铝合金结构、木结构。 （1.5分）

（2）节能验收条件：【口诀：前提资料看实体】

① 建筑节能各分项工程应全部合格； （0.5分）
② 质量控制资料应完整； （0.5分）
③ 外墙节能构造现场实体检验结果应对照图纸进行核查，并符合要求； （0.5分）
④ 外窗气密性能现场实体检测结果应对照图纸进行核查，并符合要求； （0.5分）
⑤ 建筑设备工程系统节能性能检测结果应合格； （0.5分）
⑥ 太阳能系统性能检测结果应合格。 （0.5分）

（3）检测项目：

① 层间变形性能； （0.5分）
② 硅酮结构胶的相容性和剥离黏结性试验； （0.5分）
③ 槽式预埋件和后置埋件的现场拉拔试验。 （0.5分）

案 例 三

1. （本小题2.0分）

（1）上部（受压区）钢筋接头宜设置在跨中1/3跨度范围内。 （1.0分）
（2）下部（受拉区）钢筋接头位置宜设置在梁端1/3跨度范围内。 （1.0分）

2. （本小题4.0分）

连接区段长度：$35 \times 25 = 875(\text{mm})$。 （1.0分）

理由：梁的焊接接头连接区段长度为35d，且不小于500mm。当同一连接区段内钢筋直径不同时，按直径大的钢筋计算连接区段长度。 （3.0分）

3. （本小题5.0分）

（1）接头面积百分率：$9^2 \times 3.14 / [(9^2 \times 3.14 + 10^2 \times 3.14) \times 2] = 22\%$。 （2.0分）
（2）满足要求。 （1.0分）

理由：同一连接区段内，当无具体设计要求时，梁的纵向受拉钢筋接头面积百分率不宜超过25%。 （2.0分）

4. （本小题9.0分）

（1）不妥之处：

不妥之一：对混凝土板选取3个测区进行回弹检测。 （0.5分）
正确做法：每个构件应选取不少于5个测区进行回弹检测及回弹值计算。 （0.5分）
不妥之二：选择板顶进行回弹检验。 （0.5分）
正确做法：楼板构件的回弹宜在板底进行。 （0.5分）
不妥之三：检测人员对最小2个测区各钻取一个芯样。 （0.5分）
正确做法：应将5个测区中按最小测区平均回弹值进行排序，并在其最小的3个测区各钻取1个芯样。 （1.0分）

不妥之四：芯样直径为 80mm。 (0.5分)
正确做法：芯样直径宜为 100mm，且不宜小于混凝土骨料最大粒径的 3 倍。 (1.0分)
(2) 该钻芯检验部位 C35 混凝土实体检验结论是不合格。 (1.0分)
理由：
① 钻芯检测 3 个芯样的抗压强度的平均值：$(28.5+31+32)/3=30.5(MPa)<35\times88\%=30.8(MPa)$；小于设计要求的混凝土强度等级值 88%，检测结果为不合格。 (1.5分)
② 钻芯检测 3 个芯样的抗压强度最小值：$28.5>35\times80\%=28(MPa)$，超过设计要求的混凝土强度等级值 80%，检测结果为合格。 (1.5分)

【解析】
同一强度等级的构件，当符合下列规定时，结构实体混凝土强度可判为合格：
① 3 个芯样抗压强度平均值不小于设计要求的混凝土强度等级值的 88%；
② 3 个芯样抗压强度最小值不小于设计要求的混凝土强度等级值的 80%。

案 例 四

1. (本小题 4.0 分)
(1) 主要职责：【口诀：预算收支两编报】
①【细则】制定本项目资金预算管理细则； (0.5分)
②【落实】组织落实资金收支管理，确保合理支出、及时收回； (0.5分)
③【编报】编制、上报和执行项目资金预算； (0.5分)
④【月报】编制项目预算执行情况月报。 (0.5分)
(2) 主要内容：①现金支出合计；②现金收入合计；③期初资金结余；④当月净现金流；⑤累计净现金流。 (2.0分)

2. (本小题 4.5 分)
(1) 保留金总额 $200\times3\%=6.00$(万元)。 (0.5分)
(2) 各月扣留。
① 第一个月扣留：$40\times10\%=4.00$(万元)； (0.5分)
② 第二个月扣留：2 万元。 (0.5分)
(3) 应签发。
预付款：$200\times15\%=30.00$ 万元； (1.0分)
4、5、6 月扣 $30/3=10$(万元/月)。 (0.5分)
① 第 1 个月：$40-4=36.00$(万元)； (0.5分)
② 第 2 个月：$50-2=48.00$(万元)； (0.5分)
③ 第 3 个月：40 万元。 (0.5分)

3. (本小题 3.0 分)
(1) 还包括：半成品加工计划；主要材料采购计划；临时追加计划。 (1.0分)
(2) 编制依据还包括：品种、规格、数量、进度、需用时间。 (1.0分)
(3) 还包括：主要技术要求；进场日期；提交样品时间。 (1.0分)

4. (本小题 7.0 分)
材料总金额：

$1860 \times 110 + 1580 \times 100 + 156 \times 320 + 143 \times 340 + 11 \times 2100 = 484240$（元）。　　　　(0.5 分)

（1）各类材料占比。

甲材料：$1860 \times 110 = 204600$（元）；$204600/484240 = 42.25\%$。　　　　(1.0 分)

乙材料：$1580 \times 100 = 158000$（元）；$158000/484240 = 32.63\%$。　　　　(1.0 分)

丙材料：$156 \times 320 = 49920$（元）；$49920/484240 = 10.31\%$。　　　　(1.0 分)

丁材料：$143 \times 340 = 48620$（元）；$48620/484240 = 10.04\%$。　　　　(1.0 分)

戊材料：$11 \times 2100 = 23100$（元）；$23100/484240 = 4.77\%$。　　　　(1.0 分)

（2）各类材料。

① 主要管理材料：甲材料、乙材料；　　　　(0.5 分)

② 次要管理材料：丙材料、丁材料；　　　　(0.5 分)

③ 一般管理材料：戊材料。　　　　(0.5 分)

5.（本小题 6.5 分）

（1）可以解除施工合同。　　　　(0.5 分)

理由：因不可抗力导致合同无法履行连续超过 84 天或累计超过 140 天的，发包人和承包人方可解除合同。　　　　(0.5 分)

（2）费用补偿：

① 已完合格工程的全部工程款；　　　　(1.0 分)

② 施工人员的遣返费；　　　　(1.0 分)

③ 施工机械的撤离费；　　　　(1.0 分)

④ 已订购设备的定金 30 万元；　　　　(1.0 分)

⑤ 已订购材料的相关损失。　　　　(1.0 分)

【评分准则：写出 3 条，即得 3 分】

（3）施工索赔的起因包括：

①合同对方违约；②合同条款错误；③合同发生变更；④工程环境变化；⑤不可抗力因素。　　　　(2.5 分)

6.（本小题 5.0 分）

（1）包括：【口诀：密部透水卷涂涂】

① 密封防水处理部位；　　　　(1.0 分)

② 管道、地漏等细部做法；　　　　(1.0 分)

③ 卷材、涂膜等防水层的搭接宽度和附加层；　　　　(1.0 分)

④ 刚柔防水各层次之间的搭接情况；　　　　(1.0 分)

⑤ 卷材、涂料、涂膜等防水层的基层；　　　　(1.0 分)

⑥ 卷材厚度、涂料涂层厚度、涂膜厚度。　　　　(1.0 分)

【评分准则：写出 3 条，即得 3 分】

（2）验收要求：

① 防水层完成后应做 24h 蓄水试验，确认无渗漏时再做保护层和面层；　　　　(0.5 分)

② 设备与饰面层施工完后还应在其上继续做第二次 24h 蓄水试验；　　　　(0.5 分)

③ 二次蓄水试验结果为无渗漏和排水畅通为合格，方可进行正式验收；　　　　(0.5 分)

④ 墙面间歇淋水试验应达到 30min 以上不渗漏。　　　　(0.5 分)

案 例 五

1. （本小题 5.0 分）
（1）属于三级动火。 (1.0 分)
（2）动火审批程序。
① 三级动火，应当由班组编制《动火审批表》； (0.5 分)
② 项目安全管理部门和项目责任工程师审批。 (0.5 分)
（3）应做好以下工作：
① 电工、焊工作业时，应取得动火证和操作证； (1.0 分)
② 动火作业需配备专门的看管人员和灭火器具； (1.0 分)
③ 动火前应先消除周边火灾隐患，必要时应设置防火隔离； (1.0 分)
④ 动火作业后，应确认无火源隐患后方可离去； (1.0 分)
⑤ 动火证当日当地有效；变更动火地点，需重新办理动火证。 (1.0 分)
【评分准则：写出 3 项，即得 3 分】

2. （本小题 4.5 分）
（1）还包括：
① 规范场容，保持作业环境整洁卫生； (0.5 分)
② 创造文明有序的安全生产条件； (0.5 分)
③ 减少对居民和环境的不利影响。 (0.5 分)
（2）还包括：
① 食堂储藏室的粮食存放台，距墙和地面应 >0.2m； (1.0 分)
② 食品应有遮盖，遮盖物品应有正反面标识； (1.0 分)
③ 各种作料和副食应存放在密闭器皿内，并应有标识。 (1.0 分)

3. （本小题 3.5 分）
（1）围挡高度：
① 东、南两面紧邻市区主要路段设计为 1.8m 高砖围墙，不妥。 (0.5 分)
理由：市区主要路段的施工现场围挡高度不应小于 2.5m。 (0.5 分)
② 西、北两面紧邻居民小区一般路段设计为 1.8m 高普通钢围挡，妥当。 (0.5 分)
理由：市区一般路段围挡高度不应小于 1.8m。 (0.5 分)
（2）包括：
① 距离交通路口 20m 范围内占据道路施工设置的围挡； (0.5 分)
② 其 0.8m 以上部分应采用通透性围挡； (0.5 分)
③ 采取交通疏导和警示措施。 (0.5 分)

4. （本小题 9.0 分）
（1）各段混凝土试块留置。
① 第一段应留置：18 组试块； (0.5 分)
② 第二段应留置：17 组试块； (0.5 分)
③ 第三段应留置：20 组试块。 (0.5 分)
（2）不妥之处：
不妥之一：30mm 细石混凝土保护层。 (1.0 分)

【解析】

底板的细石混凝土保护层厚度应大于 50mm。

不妥之二：后浇带两侧外扩长度为 200mm。 (1.0 分)

【解析】

外扩长度应大于 250mm。

不妥之三：后浇带宽度为 600mm。 (1.0 分)

【解析】

后浇带宽度不宜小于 800mm。

不妥之四：后浇带下部局部混凝土厚度为 200mm。 (1.0 分)

【解析】

埋设件端部或预留孔（槽）底部混凝土厚度不得小于 250mm，当厚度小于 250mm 时，应采取局部加厚措施。

不妥之五：后浇带混凝土强度等级为设计强度等级。 (1.0 分)

【解析】

强度等级比原结构强度提高一级。

不妥之六：后浇带混凝土养护时间为 14 天。 (1.0 分)

【解析】

后浇带混凝土养护时间不得少于 28 天。

（3）应满足：

① 3 天水化热不宜大于 250kJ/kg； (0.5 分)

② 7 天水化热不宜大于 280kJ/kg； (0.5 分)

③ 选用 52.5 强度等级水泥时，7 天水化热宜小于 300kJ/kg。 (0.5 分)

5．（本小题 8.0 分）

（1）应做好下列工作：【口诀：吊环规位三核对】

① 检查吊装设备及吊具是否处于安全状态； (1.0 分)

② 核实现场环境、天气、道路状况是否满足要求； (1.0 分)

③ 合理规划构件运输通道、临时堆放场地和成品保护措施； (1.0 分)

④ 进行测量放线、设置构件安装定位标识； (1.0 分)

⑤ 核对预制构件的混凝土强度以及构配件的型号、规格、数量； (1.0 分)

⑥ 核对已完结构的混凝土强度、外观质量、尺寸偏差； (1.0 分)

⑦ 核对构件装配位置、节点连接构造及临时支撑方案。 (1.0 分)

【评分准则：写出 4 项，即得 4 分】

（2）后浇混凝土应满足：

① 预制构件结合面疏松部分的混凝土应剔除并清理干净； (1.0 分)

② 模板安装尺寸及位置应正确，并应防止漏浆； (1.0 分)

③ 在浇筑混凝土前应洒水湿润，结合面混凝土应振捣密实； (1.0 分)

④ 连接部位后浇混凝土与灌浆料强度达到设计要求，方可撤除临时固定措施。

(1.0 分)